数据结构

解析・习题・课程设计

苏仕华　贾伯琪　黄学俊　编著

SHUJU JIEGOU

JIEXI XITI KECHENG SHEJI

中国科学技术大学出版社

内 容 简 介

本书是依据“数据结构”课程教学大纲和实验要求编写的，先对知识点内容进行解析，对解题思路进行分析，再给出同步练习。附录部分给出了同步练习参考答案、课程设计实例、模拟试题及参考答案、部分自学考试试题。

本书可作为学习“数据结构”课程的辅导教材，也可作为广大自学者的参考用书。

图书在版编目(CIP)数据

数据结构：解析·习题·课程设计/苏仕华，贾伯琪，黄学俊编著. —合肥：中国科学技术大学出版社，2009. 9

ISBN 978-7-312-02624-9

Ⅰ.数… Ⅱ.①苏…②贾…③黄… Ⅲ.数据结构—高等学校—教学参考资料 Ⅳ.TP311.12

中国版本图书馆 CIP 数据核字(2009)第 165896 号

出版 中国科学技术大学出版社

安徽省合肥市金寨路 96 号，邮编：230026

http://press.ustc.edu.cn

印刷 合肥现代印务有限公司

发行 中国科学技术大学出版社

经销 全国新华书店

开本 710 mm×960 mm 1/16

印张 23.5

字数 453 千

版次 2009 年 9 月第 1 版

印次 2009 年 9 月第 1 次印刷

定价 35.00 元

前 言

"数据结构"是计算机专业的必修、主干课程之一，也是信息等相关专业的必修课程。它旨在使读者学习分析研究计算机加工的数据对象的特性，学会数据的组织方法，以便选择合适的数据逻辑结构和存储结构以及相应的运算(操作)，将现实世界中的问题在计算机中表示和处理，这是进一步训练良好的程序设计技能的过程。在教学和学习过程中，解题能力和技巧的训练是一个重要的环节。为了帮助学习这门课程的读者，在学好和巩固知识的同时，加强实践动手能力的训练以及应对各种考试，我们编写了本书。

笔者在长期讲授"数据结构"这门课程中体会到，每次在布置课程设计或作业时，总是要苦思冥想，选什么样的题，如何评分等难以定夺，为此可能要伤透脑筋；而读者往往在如何利用书本中的基本知识和方法解决一些实际问题以及对问题的求解进行算法设计时感到难以下手。实践证明，在理解课程内容与能够较好地解决实际问题之间存在着明显差距，而算法设计完成的质量与基本程序设计素质的培养是密切相关的。要想理解和巩固所学的基本概念、原理和方法，牢固地掌握所学的基本知识、基本技能，达到融会贯通、举一反三的目的，就必须多做、多练、多见(见多识广)。正是为了达到上述目的，在本书中用一些实际的应用，对一些重要的数据结构和算法进行解读。经过循序渐进地训练，读者就可以掌握更多的程序设计技巧和方法，提高分析问题解决问题的能力。

本书遵循"数据结构"课程的教学大纲要求，内容共分10章，每章先介绍知识结构，再进行知识解析与解题思路的分析，并给出同步练习题及与本章内容相关的课程设计实验题；在附录中分别给出同步练习的参考答案、课程设计实验题解实例以及多套模拟试题及参考答案。本书也是中国科学技术大学出版社出版的《数据结构与算法解析》一书的配套教学参考书。

为了提高学生分析问题解决问题的能力，除了对主要知识进行了分析外，每章中都选择了一个或两个课程设计实例，这些设计内容丰富、涉及面广、难易适当，给学习"数据结构"这门课程的读者以启发，以达到掌握相关知识和开阔视野的目的。大部分设计题目都做了解析，并给出了参考算法和源程序代码，放在附录中。

本书由苏仕华承担主要编写工作，参加本书编写工作的还有贾伯琪、黄学俊等。

在本书的编写过程中，中国科学技术大学计算机系黄刘生教授、自动化系刘振安教授对本书提出了许多宝贵的意见和建议，另外在本书中还参考了大量作者的书籍和资料，笔者在此一并致以诚挚的谢意。

由于作者水平所限，加之时间仓促，书中难免存在一些缺点和错误，殷切希望广大读者及同行们批评指正。

编　者

目　录

第 1 章 概 论

本章的学习任务主要是熟悉各名词、术语的含义；掌握各种基本概念，特别是数据结构的逻辑结构、存储结构、运算 3 方面的内容以及这 3 方面的相互关系；熟悉 C 语言的书写规范；理解算法的 5 个要素的确切含义，即有穷性、确定性、可行性、输入和输出，从而掌握计算语句频度和估算算法时间复杂度的方法等，为学习数据结构打下基础。

1.1 知识解析

本章主要介绍数据、数据元素、数据对象、数据结构、存储结构和数据类型等概念；算法设计的基本要求；算法描述、算法分析以及估算算法时间复杂度的方法。本章是全书的开始，基本概念较多，但容易理解，所以对其中的内容一般常以单选题和填空题的形式进行考核；而算法时间复杂度的求解多半是与算法设计和分析联系在一起考核。

1.1.1 基础知识

数据(Data)是信息的载体，也是计算机程序加工的“原料”，它能够被计算机识别、存储和加工处理。随着计算机软件、硬件的发展以及计算机应用领域的扩大，数据的含义也随之拓广了，它不仅仅可以是数字和字符串，而且还可以是图形、图像、声音等。

数据元素(Data Element)是数据的基本单位。数据元素也称为元素、结点、顶点或记录。有时一个数据元素可以由若干个数据项(也可称为字段、域、属性)组成，数据项是具有独立含义的最小标识单位。

数据结构(Data Structure)指的是数据之间的相互关系，即数据的组织形式。虽然至今没有一个关于数据结构的标准定义，但它一般包括以下 3 个方面的内容：

◆ 数据元素之间的逻辑关系，也称为数据的逻辑结构；

◆ 数据元素及其关系在计算机存储器内的表示，称为数据的存储结构；

◆ 数据的运算，即对数据施加的操作。

数据的逻辑结构是从逻辑关系上描述数据，它与数据的存储无关，是独立于计算机的。数据的存储结构是逻辑结构用计算机语言的实现（亦称为映象），它是依赖于计算机语言的。数据的运算是定义在数据的逻辑结构上的，每种逻辑结构都有一个运算的集合，最常用的运算有检索、插入、删除、更新和排序等。

数据的逻辑结构有两大类：线性结构和非线性结构。

(1) 线性结构

线性结构的逻辑特征是：若结构是非空集，则有且仅有一个开始结点和一个终端结点，并且所有结点都最多只有一个直接前趋和一个直接后继。如线性表就是一个典型的线性结构。

(2) 非线性结构

非线性结构的逻辑特征是：一个结点可能有多个直接前趋或多个直接后继。如树形结构和图形结构就是典型的非线性结构。

数据的存储结构可用以下 4 种基本的存储方法实现：

(1) 顺序存储方法

该方法是把逻辑上相邻的结点存储在物理位置上相邻的存储单元里，结点间的逻辑关系由存储单元的邻接关系来体现。由此得到的存储表示称为顺序存储结构。

(2) 链接存储方法

该方法不要求逻辑上相邻的结点在物理位置上亦相邻，结点间的逻辑关系是由附加的指针字段表示的。由此得到的存储表示称为链式存储结构，通常要借助于程序语言的指针类型来描述它。

(3) 索引存储方法

该方法通常是在存储结点信息的同时，还建立附加的索引表。索引表中的每一项称为索引项，索引项的一般形式是：（关键字，地址），关键字是能惟一标识一个结点的那些数据项。若每个结点在索引表中都有一个索引项，则该索引表称之为稠密索引。若一组结点在索引表中只对应一个索引项，则该索引表称为稀疏索引。

(4) 散列存储方法

该方法的基本思想是根据结点的关键字，通过一个散列函数直接计算出该结点的存储地址。

1.1.2 算法描述

研究数据结构的目的在于更好地进行程序设计，而程序设计离不开数据的运算，这种运算的过程（或解题的方法）通常称为**算法**。

数据的运算是通过算法描述的。通俗地说，一个算法就是一种解题的方法。更严格地说，算法是由若干条指令组成的有穷序列，其中每条指令表示一个或多个操作。它必须满足以下 5 个准则：

① 输入：算法开始前必须给算法中用到的变量初始化，即一个算法的输入可以包含零个或多个数据。

② 输出：算法至少有一个或多个输出。

③ 有穷性：算法中每一条指令的执行次数是有限的，即算法必须在执行有限步后结束。

④ 确定性：算法中每一条指令的含义都必须明确，无二义性。

⑤ 可行性：算法是可行的，即算法中描述的操作都可以通过有限次的基本运算来实现。

因此，一个程序如果对任何输入都不会陷入无限循环，则它就是一个算法。

算法的含义与程序十分相似，但两者是有区别的。例如，一个程序就不一定满足有穷性。

一个算法可用自然语言、数学语言或约定的符号语言来描述。目前主要用两类语言描述算法，一种是类 PASCAL；另一种是类 C，类似于 C 语言，而又不完全相同。例如，要编写一个求 n！（n 的阶乘）的算法，实际上就是写一个 C 语言函数：

```
float fact(int n)
{ //求 n! 就是从 1 开始连乘至 n，即 n! =1×2×3×…×n
   int i;
   float k=1.0;
   for(i=1;i<=n;i++)
     k=k*i;
   return k;
}
```

1.1.3 算法分析

求解一个问题可能有多种不同的算法，那么如何来评价这些算法的优劣好坏而从中选择好的算法呢？显然，算法的“正确性”是首先要考虑的。所谓一个算法的正确性，是指对于一切合法的输入数据，该算法经过有限时间的执行都能得到正确的结果。除正确性外，还要考虑如下几点：

◆ 执行算法所耗费的时间，即时间复杂性；

◆ 执行算法所耗费的存储空间，主要是辅助空间，即空间复杂性；

◆ 算法应易于理解、易于编程、易于调试等，即可读性和可操作性。

其中，最主要的是时间复杂性。一个算法所耗费的时间，应是该算法中每条语句的执行时间之和，而每条语句的执行时间就是该语句的执行次数（也称频度）与该语句执行一次所需时间的乘积。

算法所耗费的时间采用**时间复杂度**来度量，一般不必精确计算出算法的时间复杂度，只要大致计算出相应的数量级，如 $O(1)$、$O(\log_2 n)$、$O(n)$或 $O(n^2)$等。

例如，计算下面算法的时间复杂度：

```
(1) for(i=0;i<n-1;i++)              n次
(2)   for(j=i+1;j<n;j++)            n(n-i)次
(3)     if(R[i]>R[j])               n(n-i-1)次
(4)     { temp=R[i];
(5)       R[i]=R[j];
(6)       R[j]=temp;
        }
```

以上程序段中频度最大的语句是(3)，其频度为 $f(n)=n(n-i-1)$，所以该程序段的时间复杂度为 $T(n)\approx O(n^2)$。

一般地，常用的时间复杂度有如下关系：

$$O(1)\leqslant O(\log_2 n)\leqslant O(n)\leqslant O(n\log_2 n)\leqslant O(n^2)\leqslant\cdots\leqslant O(n^k)\leqslant O(2^n)$$

一个算法占用的空间是指在计算机存储器上所占用的存储空间，主要考虑在算法过程中临时占用的存储空间的大小，称之为**空间复杂度**，一般以数量级形式给出。

简单性是指算法的易读性等。

对于较复杂的算法，我们可以将它分成几个容易估算的部分，然后利用“O”的求和原则和乘法原则计算整个算法的时间复杂度。

大“O”下的求和准则：若算法两部分的时间复杂度分别为 $T_1(n)=O(f(n))$和 $T_2(n)=O(g(n))$，则 $T_1+T_2=O(\max(f(n),g(n)))$；又若 $T_1(m)=O(f(m))$，$T_2(n)=O(g(n))$，则 $T_1+T_2=O(f(m)+g(n))$。

大“O”下的乘法准则：若算法两部分的时间复杂度分别为 $T_1(n)=O(f(n))$，$T_2(n)=O(g(n))$，则 $T_1\cdot T_2=O(f(n)\cdot g(n))$。

1.2 解题思路

本章概念较多,但比较容易掌握,难点是如何分析算法的时间复杂度。下面将通过实例来解析算法分析的思路。

【例 1.1】 分析计算下面程序段的时间复杂度。

```
(1)   s=0;
(2)   for (i=1;i<=n;i++)
(3)       for (j=1;j<=n;j++)
(4)           s=s+1;
```

【分析】 按常规求算法时间复杂度,该算法的第(1)行频度为 1;第(2)、(3)、(4)行的频度分别为 $n+1$、$n(n+1)$、n^2,因此算法中所有频度之和为 $T(n)=n^2+(n+1)+n(n+1)+1=2n^2+2n+2$,即 $f(n)=n^2$,所以该算法的时间复杂度为 $T(n)=O(f(n))=O(n^2)$。

我们知道,执行一条赋值语句与 n 无关,时间复杂度为 $O(1)$,因此 $T_4(n)=O(1)$;对于第(3)条语句,$T_3(n)=O(n)$,如果利用前面的求和准则,有 $T_4(n)+T_3(n)=O(n)$;第(2)条语句 $T_2(n)=O(n)$,而(2)与(3)、(4)是循环嵌套,故有 $T_2(n)*(T_3(n)+T_4(n))=O(n^2)$;对第(1)条语句,$T_1(n)=O(1)$,它与其他语句之间的关系是顺序执行,所以该程序段的算法时间复杂度是 $T_1(n)+T_2(n)*(T_3(n)+T_4(n))=O(n^2)$,与前面常规方法求的完全一样。

【例 1.2】 求下面程序段的算法时间复杂度。

```
x=0;
for (i=2;i<=n;i++)
  for (j=2;j<=i-1;j++)
    x=x+1;
```

【分析】 由于算法的时间复杂度考虑的只是对于问题规模 n 的增长率,则在难以精确计算基本操作执行次数(或语句频度)的情况下,只需要求出它关于 n 的增长率或阶即可。上述程序段中,语句 $x=x+1$ 执行次数关于 n 的增长率为 n^2,它是语句频度表达式 $(n-1)(n-2)/2$ 中增长最快的项,所以该程序段的算法时间复杂度为 $O(n^2)$。

【例 1.3】 求下面的起泡排序算法的时间复杂度。

```
change=1;
for(i=1;i<=n && change;i++)  {
```

```
    change=0;
    for (j=1;j<=n-i;j++)
      if (a[j]>a[j+1]){ a[j]与a[j+1]交换;change=1;}
}
```

【分析】 起泡排序是以“交换序列中相邻两个数”为基本操作。当 a 中初始序列为自小至大有序时，基本操作的执行次数为 0，但循环还是执行了 n－1 次；当初始序列为自大至小有序时，基本操作的执行次数为 n(n－1)/2。对这类算法的分析，一种解决的办法是计算它的平均值，即考虑它对所有可能的输入数据集的期望值，此时相应的时间复杂度为算法的平均时间复杂度。如假设 a 中初始输入数据可能出现 n! 种排列情况的概率相等，则起泡排序的平均时间复杂度 $T_{avg}(n)=O(n^2)$。然而在很多情况下，各种输入数据集出现的概率难以确定，算法的平均时间复杂度也就难以确定。另一种更可行的也是更常用的办法是讨论算法在最坏情况下的时间复杂度。例如，上述起泡排序的最坏情况为 a 中初始序列为自大至小有序，则起泡排序算法在最坏情况下的时间复杂度为 $T(n)=O(n^2)$。在本书以后各章中讨论的时间复杂度，除特别指明外，都是指最坏情况下的时间复杂度。

【例 1.4】 计算判断一个正整数是否为素数的算法的时间复杂度。

```
i=2;
while((n/i !=0 ) && (i< sqrt(n)))
  i++;
if(i > sqrt(n))
  printf("%d is peime",n) ;
else
  printf("%d is not prime",n);
```

【分析】 算法的时间复杂度是由嵌套最深层语句的频度决定的，判断是否是素数算法的嵌套最深层语句为“i++;”，它的频度由条件“((n/i !=0)&&(i<sqrt(n)))”决定，显然 i<sqrt(n)，即执行频度小于 sqrt(n)，所以其时间复杂度是 $O(\sqrt{n})$。

【例 1.5】 分析计算 n! 的递归函数的时间复杂度。

```
float fact ( int n)
{
   if (n<=1)
     return 1;            // ①
   else
     return n*fact(n-1);  // ②
}
```

【分析】 设 fact(n)的运行时间函数是 T(n)，该算法中语句①的运行时间是

O(1)，语句②的运行时间是 T(n−1)+O(1)。因此有

$$T(n)=\begin{cases}O(1) & n\leqslant 1\\ T(n-1)+O(1) & n>1\end{cases}$$

所以有

$$\begin{aligned}T(n)&=O(1)+T(n-1)\\&=2*O(1)+T(n-2)\\&=\cdots\\&=(n-1)*O(1)+T(1)\\&=n*O(1)=O(n)\end{aligned}$$

因此，算法 fact(n)的时间复杂度为 O(n)。

1.3 同步练习 1

一、单项选择题

1. 在数据结构中，从逻辑上可以把数据结构分为(　　)。

A. 紧凑结构和非紧凑结构　　B. 线性结构和非线性结构
C. 内部结构和外部结构　　D. 动态结构和静态结构

2. 若结点的存储地址与其关键字之间存在某种映射关系，则称这种存储结构为(　　)。

A. 顺序存储结构　　B. 链式存储结构
C. 索引存储结构　　D. 散列存储结构

3. 算法分析的两个主要方面是(　　)。

A. 正确性和简明性　　B. 时间复杂性和空间复杂性
C. 可读性和可维护性　　D. 数据复杂性和程序复杂性

4. 线性表采用链式存储结构存储时，要求内存中可用存储单元地址(　　)。

A. 可以是不连续的　　B. 部分地址必须是连续的
C. 必须是连续的　　D. 一定是不连续的

5. 算法指的是(　　)。

A. 计算机程序　　B. 解决问题的计算方法
C. 解决问题的有限运算序列　　D. 排序算法

二、填空题

6. 数据结构一般包括________、________和数据运算 3 个方面的内容。

7. 数据的逻辑结构可分为________、________两大类。

8. 数据的存储结构(物理结构)可以用________、________、________及散列存储 4 种存储方法表示。

9. 选用算法除了首先考虑"正确性"外,还要考虑________,________,算法应易于理解、易于编程、易于调试 3 点。

10. 设有一批数据元素,为了最快地存取某元素,宜用________结构存储;为了方便地插入一个元素,宜用________结构存储。

三、应用题

设 n 为正整数,分别写出下面各程序段的时间复杂度。

11.
```
for (i=1;i<=n;i++)
{ y=y+1;
  for (j=1;j<=2*n;j++)
    x=x+1;
}
```

12.
```
s=0;
while (n>=(s+1)*(s+1))
  s=s+1;
```

13.
```
x=1; sum=0;
for (i=1; i<=n; i++)
{ x=x*i;
  sum=sum+x;
}
```

14.
```
for(i=1;i<=n;i++)
    if(3*i<=n)
       for(j=3*i;j<=n;j++) {
         x++;
         y=3*x+2;
       }
```

15.
```
for(i=1;i<=n;i++)
    for(j=1;j<=i;j++)
       x=x+1;
         ...
```

第2章　线　性　表

本章主要介绍线性表的逻辑结构及其存储表示方法，以及定义在逻辑结构上的各种基本运算及其在存储结构上如何实现这些基本运算。要求在熟悉这些内容的基础上，能够针对具体应用问题的要求和性质，选择合适的存储结构，设计出相应的有效算法，解决与线性表相关的实际问题。

2.1　知识结构

对本章的考核内容要求较高，除对线性表的逻辑结构特征、线性表上定义的基本运算等内容要求了解之外，要求达到“综合应用”层次的较多，包括如下几个方面：

(1) 顺序表的含义及特点，即顺序表如何反映线性表中元素之间的逻辑关系；

(2) 顺序表上的插入、删除操作及其平均时间性能分析；

(3) 利用顺序表设计算法解决简单的应用问题；

(4) 链表如何表示线性表中元素之间的逻辑关系；

(5) 链表中头指针和头结点的使用；

(6) 单链表、双链表、循环链表链接方式上的区别；

(7) 单链表上实现的建表、查找、插入、删除以及链表的合并与分解等基本算法，分析其时间复杂度；

(8) 循环链表上尾指针取代头指针的作用，单循环链表上的算法与单链表上相应算法的异同点；

(9) 双链表的定义及其相关的算法；

(10) 利用链表设计算法解决简单的应用问题。

本章内容是全书的学习重点，对它的掌握直接影响后面许多章节的学习，因此本章大多数内容要求达到“综合应用”层次。对本章的学习，主要是通过对线性表的顺序存储和链式存储结构及在其基础上的基本运算算法的理解，并通过实例提高设计算法解决简单应用问题的能力，为后面章节的学习特别是第 3 章栈和队列的学习打下良好的基础。

2.2 知 识 解 析

本章的重点是熟练掌握顺序表（即线性表的顺序存储）和单链表上实现的各种基本操作的算法。因为本章内容是全书的基础和重点，所以也是考核的重点，在单项选择题和填空题中都会体现，而且在算法应用题中会将其有关操作结合起来进行考核。下面就有关知识点进行解析。

2.2.1 线性表的基础知识

线性结构中的所有结点按它们之间的关系可以排成一个线性序列：

$$(a_1, a_2, \cdots, a_i, a_{i+1}, \cdots, a_n)$$

其中，a_1是开始结点，a_n是终端结点，a_i是 a_{i+1}的前趋结点，而 a_{i+1}是 a_i的后继结点。通常把上述线性序列称为“线性表”，把线性结构中的结点称为元素。将一个线性表存储到计算机中，主要有两种存储方式，一种是顺序存储，另一种是链式存储。链式存储又可分为单链表（线性链表）和循环链表两种存储方式。

1. 顺序表

用顺序方法存储的线性表简称为**顺序表**。假设线性表中所有结点的类型是相同的，因此每个结点所占用的存储空间的大小亦是相同的。假设每个结点占用 c 个存储单元，其中的第一个单元的存储地址则是该结点的存储地址，并设表中开始结点 a_1的存储地址（简称为基地址）是 $LOC(a_1)$，那么结点 a_i的存储地址 $LOC(a_i)$可通过下式计算：

$$LOC(a_i)=LOC(a_1)+(i-1)*c \quad (1\leqslant i\leqslant n)$$

也就是说，在顺序表中，每个结点 a_i的存储地址是该结点在表中的位置 i 的线性函数，只要知道基地址和每个结点的大小，就可在相同时间内求出任一结点的存储地址。因此顺序表是一种随机存取结构。

线性表的顺序存储类型定义为：

```
typedef struct {
    DataType  data[ListSize];
    int  length; //当前表长
}SeqList;
```

其中,数据域 data 描述了线性表中数据元素占用的数组空间,元素的类型可在用户使用时根据需要定义;length 域存储表中实际存放的元素个数。

2. 单链表(线性链表)

在顺序表中,用一组地址连续的存储单元来依次存放线性表的结点,因此结点的逻辑次序和物理次序一致。而链表则不然,链表是用一组任意的存储单元来存放线性表的结点,这组存储单元既可以是连续的,也可以是不连续的,甚至是零散分布在内存中的任何位置上的。因此,链表中结点的逻辑次序和物理次序不一定相同。为了能正确表示结点间的逻辑关系,在存储每个结点的同时,还必须存储指示其后继结点的地址(或位置)信息,这个信息称为指针或链。这两部分信息组成了链表中的结点结构:

```
typedef  struct  node {
    DataType data;
    struct  node  * next;
}ListNode;
typedef LinkNode  * LinkList;
```

其中,data 域是数据域,用来存放结点的值;next 域是指针域(亦称链域),用来存放结点的直接后继的地址(或位置)。链表正是通过每个结点的链域将线性表的各个结点按其逻辑顺序链接在一起的。由于上述链表的每个结点只有一个链域,所以将这种链表称为**单链表**,单链表的存储结构如图 2.1 所示。有时根据操作方便需要,在链表的开始结点之前附加一个结点,并称它为**头结点**,带头结点的单链表存储结构如图 2.2 所示。所以,单链表又分为带头结点和不带头结点两种,一般没有说明的就假定是不带头结点的,在读写关于链表的操作算法时,要特别注意。

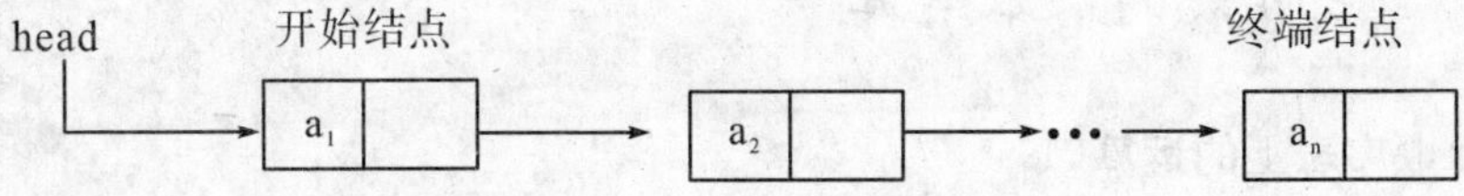

图 2.1　线性链表存储结构示意图

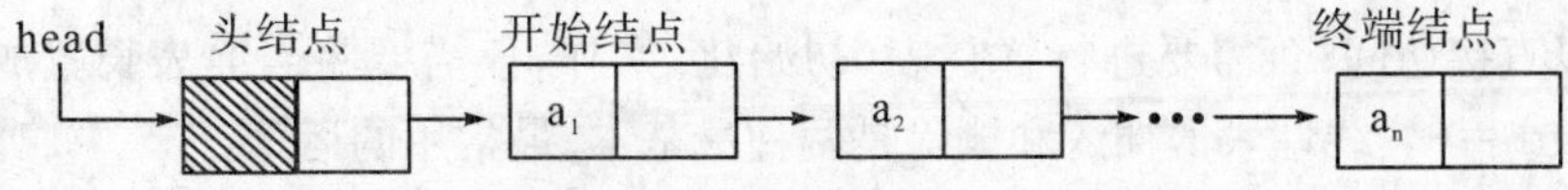

图 2.2　带头结点的线性链表存储结构示意图

例如,设计一个计算单链表(以 head 为头指针)长度的算法时,就需要知道该链表带不带头结点。下面给出带头结点的算法:

```
int LinkListLen(LinkList head)
{ //求带头结点单链表长度算法
```

```
    int i=0;
    LinkNode *p;
    p=head->next;
    while(p! =NULL)
    {   i++;
        p=p->next; //指针后移一个位置,使之指向下一个结点
    }
    return i;
}
```

若是不带头结点,算法仅有一条语句要改动,p=head->next 改成 p=head 即可。

3. 循环链表

循环链表是一种首尾相接的单链表。其特点是结点类型与单链表相同,无需增加存储量,仅是对表的链接方式稍作改变,即可使得表处理更加方便灵活。

在单链表中,将终端结点的指针域 NULL 改为指向表头结点或开始结点,就得到了单链形式的循环链表,并简称为单循环链表。在单循环链表中,所有结点被链在一个环上,为了使空表和非空表的处理一致,循环链表一般情况下都设有头结点。这样,空循环链表仅由一个自成循环的头结点表示。

由于循环链表中没有 NULL 指针,故涉及遍历表操作时,其终止条件就不再是像非循环链表那样判别 p 或 p->next 是否为空,而是判别它们是否等于某一指定指针,如头指针或尾指针等。

2.2.2 线性表的基本运算

1. 顺序表上的运算

在定义了上述线性表的顺序结构之后,线性表的有些运算是很容易实现的。若 L 是 SeqList 类型的顺序表,那么随机存取表中第 i 个结点,只要用L. data[i-1]就可以直接访问;若需要进行置空表(初始化)操作,仅需要将当前表长置成 0,即 L. length=0。线性表的插入和删除是两种最基本、最常用的运算。

(1) 插入运算 InsertList (SeqList &L, TypeData x, int i)

线性表的插入运算是指在线性表的第 i-1 个结点和第 i 个结点之间插入一个新结点 x,就是使长度为 n 的线性表:

$$(a_1, a_2, \cdots, a_{i-1}, a_i, \cdots, a_n)$$

变为长度为 n+1 的线性表:

$$(a_1, a_2, \cdots, a_{i-1}, x, a_i, \cdots, a_n)$$

由于线性表逻辑上相邻的结点在物理结构上也是相邻的，因此在插入一个新结点之后，线性表的逻辑关系发生了变化，其物理存储关系也要发生相应的变化，除非 i=n+1，否则必须将原线性表的第 i,i+1,…,n 个结点分别向后移动 1 个位置，空出第 i 个位置以便插入新结点 x。

(2) 删除运算 DeleteList(SeqList &L,int i)

线性表的删除运算是指将表中第 i($1\leqslant i\leqslant n$)个结点删除，使长度为 n 的线性表：

$$(a_1,a_2,\cdots,a_{i-1},a_i,a_{i+1},\cdots,a_n)$$

变为长度为 n-1 的线性表：

$$(a_1,a_2,\cdots,a_{i-1},a_{i+1},\cdots,a_n)$$

同插入操作一样，删除操作也使线性表的逻辑结构和存储结构都发生了相应的变化，插入是后移结点，而删除则是前移结点，除非 i=n 即直接删除终端结点，才不需要移动结点。

2. 单链表上的基本运算

线性表在单链表存储结构上的基本运算有建表、查找、插入和删除等，下面分别简单介绍这几种单链表的运算。

(1) 建立单链表

动态建立单链表的常用方法有两种：一种是头插法，另一种是尾插法。

① 头插法建表 CreateListF(void)

该方法从一个空表开始，重复读入数据，生成新结点，将读入的数据存放到新结点的数据域中，然后将新结点插入到当前链表的表头上，直到读入结束符为止。

② 尾插法建表 CreateListR(void)

头插法建立链表是将新结点插入在表头，算法比较简单，但建立的链表中结点的顺序和输入时的顺序相反，理解时不大直观。如若需要和输入次序一致，可使用尾插法建立链表。该方法是将新结点插入在当前链表的表尾上，因此需要增设一个尾指针 rear，使其始终指向链表的尾结点。

(2) 查找运算(带头结点)

在单链表中，任何两个结点的存储位置之间没有固定的联系，每个结点的存储位置包含在其直接前趋的指针域中，因此，在单链表中存取第 i 个或某个指定结点时，必须从表头结点开始搜索，所以链表结构是非随机存取的存储结构。若链表带头结点，要特别注意**头结点**和**表头结点**(即开始结点)的区别。

① 按结点序号查找 GetNodei(LinkList head,int i)

要在单链表中查找第 i 个结点，就必须从链表的第 1 个结点(结点序号为 1)开始，序号为 0 的是头结点，p 指向当前结点，j 为计数器，其初始值为 1，当 p 扫描下一个结点时，计数器加 1。当 j=i 时，指针 p 所指向的结点就是要找的结点。

② 按结点值查找 LocateNodek(LinkList head,DataType k)

在单链表中按值查找结点，就是从链表的开始结点出发，顺链逐个将结点的值和给定值 k 进行比较，若遇到相等的，则返回结点的存储位置，否则返回 NULL。按值查找算法要比按序号查找更为简单。

(3) 插入运算 InsertList(LinkList head,int i,DataType x)

从前面顺序表的插入运算中，我们知道，插入运算是将值为 x 的新结点插入到表的第 i 个结点的位置上，即插入到 a_{i-1} 与 a_i 之间。然而，链表和顺序表的插入运算是不同的，顺序表在插入时要移动大量的结点，而链表在做插入时不需要移动结点，但需要用移动指针来进行位置查找。

算法思想：先使 p 指向 a_{i-1} 的位置，然后生成一个数据域值为 x 的新结点 *s，再进行插入操作。

(4) 删除运算 DeleteList(LinkList head,int i)

删除运算就是将链表的第 i 个结点从表中删去。由于第 i 个结点的存储地址存储在第 i－1 个结点的指针域 next 中，因此要先使 p 指向第 i－1 个结点，然后使得 p－>next 指向第 i＋1 个结点，再将第 i 个结点释放掉。

3. 循环链表上的运算

(1) 单循环链表

由于循环链表中没有 NULL 指针，所以涉及遍历操作时，其终止条件不再是像非循环链表那样判别 p 或 p－>next 是否为空，而是判别它们是否等于某一指定指针，如头指针或尾指针等。

例如，以下是一个在循环链表中查找一个数据域值等于 x 的结点的算法：

```
ListNode * LoctNode(LinkList head)
{//在带头结点的单循环链表 head 中查找值为 x 的结点
    ListNode * p=head－>next;//从第一个结点(即开始结点)开始，逐个比较
    while(p! =head && p－>data! =x)//直到 p 为 head 或 p－>data 为 x 为止
        p=p－>next; //p 指向下一个结点
    return p;          //若 p 为 head 则查找失败，否则 p 指向找到的结点
}
```

(2) 双循环链表

在单链表上给定结点前插入一个新结点，必须使用一指针指向给定结点的直接前趋，由于单链表是单向的，因此需要从表头开始向后搜索链表才能找到已知结点直接前趋；同理，在单链表上删除给定结点的运算也同样存在这样的问题。而双向链表既有向前链接的链，也有向后链接的链，所以在做链表上结点的插入和删除操作时就显得十分方便。

在双向链表的给定结点前插入一结点的操作非常简单。设 p 为给定结点的指

针,x为待插入结点的值,其实现算法如下:

```
void DLInsert(DLNode *p,DataType x)
{ //将值为x的新结点插入到带头结点的双向链表中指定结点*p之前
    DLNode *s=(DLNode *)malloc(sizeof(DLNode)); //申请新结点
    s->data=x;
    s->prior=p->prior;
    s->next=p;
    p->prior->next=s;p->prior=s;
}
```

2.3 解题思路

本章的概念问题较多,相关的选择题和填空题相对来说比较容易,但作为应用题出现时,其内容是综合性的,主要是以算法等形式出现,因此在下面的讨论中,主要进行算法设计和分析。

2.3.1 顺序表上的相关操作

顺序表上的基本运算(插入和删除)其实现的基本思想在2.2节中给出了相关的解释,下面将介绍并分析有关的算法。

【例2.1】 已知顺序表L递增有序,试写一算法删除顺序表中值重复多余的元素,使得所得结果表中各元素值均不相同。

【分析】 由于顺序表递增有序,值相同的元素必为相邻的元素,因此依次比较相邻两个元素,若值相等,则删除其中一个,否则继续向后查找,直至搜索完毕。算法如下:

```
void DeleteDP(SeqList & L)
  {
    int i,j;
    i=1;
    while(i<=L.length-1)
      if(L.data[i]! =L.data[i+1])
        i++; //元素值不相等,继续向下找
      else {
        for(j=i+2; j<=L.length; j++)
```

```
        L.data[j-1]=L.data[j];//删除第 i+1 个元素
        L.length=L.length-1;//表长减 1
    }
}
```

【例 2.2】 已知线性表的长度为 n，以顺序存储方式存储，试写一算法将线性表逆置。

【分析】 可以设线性表为(a_1，a_2，…，a_n)，逆置之后为(a_n，a_{n-1}，…，a_1)，并且表以顺序存储方式存储，算法的基本思想是：以表长的一半为循环控制次数，将表中最后一个元素同顺数第一个元素交换，将倒数第二个元素同顺数第二个元素交换……直至交换完为止。具体算法如下：

```
void Converts(SeqList & A)
{
  DataType x;
  int i,k;
  k=A.length/2;
  for(i=1;i<=k;i++) {
    x=A.data[i];
    A.data[i]=A.data[A.length-i+1];
    A.data[A.length-i+1]=x;
  }
}
```

这个算法只需要进行数据元素的交换操作，其主要时间花在 for 循环上，因此整个算法的时间复杂度显然为 O(n)。

【例 2.3】 试写一算法，找出顺序表中元素的最大值和最小值，并返回其所在位置。

【分析】 如果在查找元素最大值和最小值时各扫描一遍所有元素，则至少要比较 2n 次，为此，可以使用一次扫描找出最大和最小的元素。实现本功能的算法如下：

```
void MaxMin(SeqList L,DatdType &max,DateType &min,int & k,int &j)
 {  int i;
    max=L.data[1]; min=L.data[1];
    k=j=1; //先假设第一个元素既是最大值也是最小值
    for(i=2;i<=L.length;i++)
        if(L.data[i]>max) {
             max=L.data[i]; k=i;
        }
```

```
        else
            if(L.data[i]<min){
                min=L.data[i]; j=i;
            }
}
```

在这个算法中,用到了引用操作"&",所谓"引用",就是当调用该函数时,调用语句中对应于引用形参的实参为变量,对应的引用变量就是该变量的别名。

该算法的最坏情况是线性表中的元素递减有序排列,这时 L.data[i]>max 条件均不成立,比较的次数为 n-1(设表长为 n)次,另外每次都要比较 L.data[i]<min,同样需要比较 n-1 次,因此,总的比较次数为 2(n-1)。

最好的情况是表中的元素递增有序排列,这时 L.data[i]>max 条件均成立,不会再执行 else 后的比较,所以总的比较次数为 n-1。

该算法的平均比较次数为(2(n-1)+(n-1))/2=3(n-1)/2,因此它的时间复杂度为 O(n)。

2.3.2 线性链表上的相关操作

顺序表上是可以随机存取的,而链式存储结构的线性表几乎所有的操作都必须从表的一端开始遍历链表,在编写算法时要特别注意这一点。

【例 2.4】 试写一个算法,将一个头结点指针为 a 的单链表 A 分解成两个单链表 A 和 B,其头结点指针分别为 a 和 b,使得 A 链表中含有原链表 A 中序号为奇数的元素,而 B 链表中含有原链表中序号为偶数的元素,并保持原来的相对顺序。

【分析】 根据题目要求,需要遍历整个链表 A,当遇到序号为偶数的结点时,将其删除,并在删除时把这些结点链接到 B 表中,一直到遍历结束。具体实现算法如下:

```
void(LinkList  a,LinkList b)
{ //按序号奇偶分解单链表
   LinkNode *p, *q, *r;
   p=a;
   b=a->next;
   r=b;
   while(p< >NULL && p->next< >NULL){
     q=p->next;              //q指向偶数序号的结点
     p->next=q->next;        //将q从原链表A中删除
     r->next=q;              //将q结点连接到B链表的末尾
     r=q;                    //r总是指向B链表的最后一个结点
```

```
    p=p->next;          //p指向原链表A中的奇数序号的结点
    }
  r->next=NULL;
}
```

这个算法要从头至尾扫描整个链表，所以它的时间复杂度是O(n)。

【例2.5】 已知有一个单链表L(至少有一个结点)，其头指针为head，试写一个算法将该单链表逆置，即最后一个结点变成第一个结点，倒数第二个结点变成第二个结点，如此等等。

【分析】 这个题目与例2.2的顺序表逆置要求是一样的，只不过是线性表的存储结构不同，但对于链式结构来说，比顺序表的逆置要困难得多。本题算法的思想是：从头到尾扫描单链表L，将第一个结点的next域指向NULL，将第二个结点的next域指向第一个结点，将第三个结点的next域指向第二个结点，如此等等，直到最后一个结点，使用head指向它，这样就达到了本题的要求。实现本题功能的算法如下：

```
void  Converts(LinkList head)
{//单链表的逆置
  ListNode  *p, *q, *r;
  p=head;
  q=p->next;
  p->next=NULL;      //第一个结点的next域置为空值NULL
  while(q< >NULL)    //表L遍历结束时终止
  { r=q->next;
    q->next=p;       //后一个结点的next域指向前一个结点
    p=q;
    q=r;
  }
  head=p;     //head指向最后一个结点
}
```

【例2.6】 已知有一个结点数据域为整型，且结点按数据域值从大到小顺序排列的循环链表(L为头结点指针，表非空)，试写一算法插入一个结点s(其数据域值为x)至循环链表的适当位置使链表仍保持有序性。

【分析】 要解决这个问题，首先要弄清楚循环链表和单链表的区别。判断单链表是否访问结束，是判断结点的指针域是否等于NULL，而循环链表是判断结点的指针域是否等于头指针。因此，实现本题功能的算法如下：

```
void InsertList(LinkList L,int x)
{ //将值为x的新结点插入到有序循环链表中适当的位置
```

```
    ListNode  *s, *p, *q ;
    s=(ListNode  *)malloc(sizeof(ListNode));//申请存储空间
    s->data=x;
    p=L;
    q=p->next;        //q指向开始结点
    while(q->data > x && q! =L)
    { //查找插入位置
        p=p->next; //p指向双亲结点
        q=p->next; //q指向当前结点
    }
    p->next=s;        //插入 s 结点
    s->next=q;
}
```

该算法在最好情况下,也就是插入到第一个结点前面时,循环一次也不执行;在最坏情况下,即插入到最后一个结点之后时,循环执行 n 次,因此,该算法的时间复杂度为 O(n)。

【例 2.7】 设有一循环双链表,其结点类型结构包括 3 个域:prior、data 和 next,其中 data 为数据域;next 为指针域,指向其后续结点;prior 也为指针域,其值为空(NULL),因此,该双链表其实是一个单循环链表。试写一算法,将该表修改为真正的双链表。

【分析】 该题目的要求,其实就是将表中的每个 prior 域填上相应的前趋结点的地址。假设该链表的头指针为 head,实现本题要求的算法如下:

```
void trans(DlinkList head)
{
  DlistNode   *p, *q ;
  p=head->next;//使 p 指向下一个结点
  q=head;       //使 q 指向 p 的前一个结点
  while(p! =head)
  {//依次从左向右访问每个结点,对每个结点的 prior 赋值
    p->prior=q;//p 的前趋结点为 q 所指向的结点
    q=p;          //q 指向当前结点
    p=p->next; //p 指向下一个结点
  }
  head->prior=q;
  //循环结束后,q 指向最后一个结点,使得 head 的
  //prior 域指向最后一个结点
}
```

2.4　同步练习 2

一、单项选择题

1. 在长度为 n 的顺序表的第 i(1≤i≤n＋1)个位置上插入一个元素，元素的移动次数为(　　)。

A. n－i＋1　　B. n－i

C. i　　D. i－1

2. 若一个顺序表中第一个元素的存储地址为 1000，每个元素占 4 个地址单元，那么，第 6 个元素的存储地址应是(　　)。

A. 1020　　B. 1010

C. 1016　　D. 1024

3. 带头结点的单链表(以 head 为头指针)为空的判断条件是(　　)。

A. head！＝NULL　　B. head－＞next＝＝head

C. head－＞next＝＝NULL　　D. head＝＝NULL

4. 在单循环链表中，p 指向表中任一结点，判断表访问未结束的条件是(　　)。

A. p！＝NULL　　B. p！＝head

C. p－＞next！＝head　　D. p－＞next！＝NULL

5. 在一个单链表中，已知 q 指向 p 所指向结点的前趋结点，若要在 q，p 所指结点之间插入一个 s 指向的新结点，则应执行的操作是(　　)。

A. q－＞next＝s； s－＞next＝p；

B. p－＞next＝s； s－＞next＝q；

C. s－＞next＝p－＞next；p－＞next＝s；

D. p－＞next＝s－＞next； s－＞next＝p；

6. 在一个单链表中，若要删除 p 指向结点的后续结点，则应执行的操作是(　　)。

A. q＝p－＞next； p－＞next＝p－＞next－＞next； free(q)；

B. p＝p－＞next； q＝p－＞next； p＝q－＞next； free(q)；

C. q＝p－＞next－＞next； p＝p－＞next； free(q)；

D. p＝p－＞next－＞next； q＝p－＞next； free(q)；

二、填空题

7. 在一个长为 n 的顺序表中，删除表中第 i 个元素需要向前移动______个元素。

8. 在顺序表中，插入或删除一个元素需要平均移动______个元素，具体移动的元素个数与______有关。

9. 顺序表中，逻辑上相邻的元素在物理存储位置上______相邻；链表结构中，逻辑上相邻的元素在物理位置上______相邻。

10. 已知顺序表中一个元素的存储位置是 x，每个元素占 c 个字节，求其后续元素存储位置的计算公式为______；已知单链表中某一结点由 p 指向，求其后续结点存储地址的操作为______。

11. 在用 p 指针访问单链表时，判断访问未结束的条件是______；在用 p 指针访问单循环链表时，判断访问未结束的条件是______。

12. 已知 p 指向双向链表的中间某个结点，从给定的操作语句中选择合适的填在下面问题的要求后面。

(1) 在 p 结点后插入 s 结点的语句序列是________________。

(2) 在 p 结点前插入 s 结点的语句序列是________________。

(3) 删除 p 结点的直接后继结点的语句序列是__________。

(4) 删除 p 结点的直接前驱结点的语句序列是__________。

(5) 删除 P 结点的语句序列是________________________。

A. p－＞next＝s;　　B. p－＞prior＝s;

C. s－＞next＝p;　　D. s－＞prior＝p;

E. p－＞next＝p－＞next－＞next;　　F. p－＞prior＝p－＞prior－＞prior;

G. p－＞next－＞prior＝s;　　H. p－＞prior－＞next＝s;

I. s－＞next＝p－＞next;　　J. q＝p－＞next;

K. q＝p－＞prior;　　L. free(p);

M. dispose(q);　　N. s－＞prior＝p－＞prior;

O. p－＞prior－＞next＝p－＞next;　　P. p－＞prior－＞prior－＞next＝p;

Q. p－＞next－＞next－＞prior＝p;　　R. p－＞next－＞prior＝p－＞prior;

13. 下面是一个在带头结点的单链表 head 中删除所有数据域值为 x 的结点的算法，但不完善，请在空出的地方填上适当的语句，使之成为完整的算法。

```
void DeleX(LinkList head,DataType x)
{ LinkNode *p, *q, *s;
  p=head;q=p->next;
```

```
    while(q! =NULL)
      if(q->data==x){
        s=q;     q=q->next;
        free(s); ____(1)____;
      }
      else {
        p=q; ____(2)____;
      }
  }
```

三、算法设计题

14. 设有两个顺序表 A 和 B,分别递增有序,试写一算法,从 A 中删除与 B 中相同的那些元素(也就是计算 A－B)。

15. 已知 head 是指向一个带头结点的单链表的头指针,p 指向该链表的任一结点,试写一算法将 p 所指向的结点与其后续结点位置交换。

16. 已知两单链表 A 和 B 表示两个集合,其元素值递增有序,试写一算法求 A 和 B 的交集 C,要求 C 同样以元素值递增的单链表形式存储。

17. 设有一个带头结点的双向循环链表,head 为链表的头指针,试写一算法,实现在值为 x 的结点之前插入一个值为 y 的结点。

2.5 课 程 设 计

1. 一元多项式的运算。

以链表存储结构存储多项式,结点数据域包括系数、指数项,要求实现多项式链表的建立、多项式的相加(减)以及多项式链表的输出等。有余力的同学可以实现多项式的乘法运算。(本设计在附录Ⅱ中附有参考实例。)

2. 通讯录管理系统设计与实现。

以链表为存储结构,链表结点数据域包括:编号、姓名、性别、联系电话和地址,完成通讯录链表的建立、结点的插入、结点的查询、结点的删除以及通讯录链表的输出等功能。(本设计在附录Ⅱ中附有参考实例。)

3. 约瑟夫生者死者游戏。

约瑟夫游戏的大意是:30 个旅客同乘一条船,因为严重超载,加上风浪大作,危险万分。因此船长告诉乘客,只有将全船一半的旅客投入海中,其余人才能幸免于难。无奈，大家只得同意这种办法，并议定 30 个人围成一圈，由第一个人数起，依次报数，数到第 9 人，便把他投入大海中，然后再从他后面的下一个人数起，数到第 9 人，再将他扔进大海中，如此循环地进行，直到剩下 15 个乘客为止。问哪些位置是将被扔下大海的位置。

要求用单循环链表来解决这一问题。

第3章 栈和队列

栈和队列是两种特殊的线性表,它们的逻辑结构和线性表相同,只是其运算规则较线性表有更多的限制,故又称它们为运算受限的线性表。栈和队列被广泛地应用于各种程序设计问题中。本章主要讨论栈和队列的逻辑结构、它们在两种存储结构上的基本运算及栈和队列在程序设计中的应用。

3.1 知识结构

对本章的考核内容要求也很高,除了栈和队列的特点这一点要求简单了解之外,其他内容均要求达到"综合应用"层次。要求达到"综合应用"层次的知识点有:

(1) 栈的逻辑结构特点,栈与线性表的异同;

(2) 顺序栈和链栈上实现的进栈、退栈等基本算法;

(3) 栈的"上溢"和"下溢"概念及其判别条件;

(4) 利用栈设计算法解决简单的应用问题;

(5) 队列的逻辑结构特点,队列与线性表的异同;

(6) 顺序队列(循环队列)和链队列上实现的入队、出队等基本算法;

(7) 队列的"上溢"和"下溢"概念及其判别条件;

(8) 使用数组实现的循环队列取代普通的顺序队列的原因;

(9) 循环队列中对边界条件的处理方法;

(10) 利用队列设计算法解决简单的应用问题。

本章要求在学习上一章线性表的基础上,掌握栈和队列两种数据结构的特点,懂得在什么样的问题中应该使用哪种结构;熟悉栈(队列)和线性表在逻辑结构、存储结构上的相同之处和不同之处;掌握顺序栈、链栈、循环队列、顺序队列及链队列的基本运算。

3.2 知识解析

本章重点是顺序栈、链栈、循环队列及链队列的存储结构及其基本运算，要求能够熟练掌握。本章难点是理解递归算法执行过程中栈的状态变化过程以及循环队列对边界条件的处理问题。

利用队列或栈设计算法解决简单的应用问题也是本章重点。

下面对要考核知识点相关的内容进行解析，使读者进一步加深对上述内容的掌握和理解。

3.2.1 基本概念

1. 栈的逻辑定义

栈(Stack)是限定在表的一端进行插入和删除运算的线性表。通常将插入、删除的一端称为**栈顶**(Top)，另一端称为**栈底**(Bottom)。不含元素的栈称为**空栈**。

假设栈 $S=(a_1,a_2,\cdots,a_n)$，若栈中元素按 $a_1,a_2,\cdots,a_n$ 的次序进栈，其中 a_1 为栈底元素，a_n 为栈顶元素，则退栈的次序是 $a_n,a_{n-1},\cdots,a_1$。也就是说，栈的修改是按后进先出的原则进行的。因此，栈又被称为后进先出(Last In First Out)的线性表，简称为 LIFO 表。

【例 3.1】 对于一个栈，给出输入序列为 abc，试写出全部可能的输出序列。

【分析】 因为栈受限在一端输入或输出，而且有“后进先出”的特点，所以本题有如下几种情况：

a 进 a 出 b 进 b 出 c 进 c 出 产生输出序列 abc
a 进 a 出 b 进 c 进 c 出 b 出 产生输出序列 acb
a 进 b 进 b 出 a 出 c 进 c 出 产生输出序列 bac
a 进 b 进 b 出 c 进 c 出 a 出 产生输出序列 bca
a 进 b 进 c 进 c 出 b 出 a 出 产生输出序列 cba

不可能产生输出序列 cab。

因此，本题的答案是：abc，acb，bac，bca，cba。

2. 队列的逻辑定义

队列也是一种运算受限的线性表，它只允许在表的一端进行插入，而在另一端进行删除。允许删除的一端称为**队头**，允许插入的一端称为**队尾**。

队列同现实生活中的购物排队相仿，新来的成员总是加入队尾，每次离开的成员总是队头。换言之，先进入队列的成员总是先离开队列。因此，队列亦称作先进先出(First In First Out)的线性表，简称为 FIFO 表。

当队列中没有元素时称为空队列。在空队列中依次加入元素 $a_1,a_2,\cdots,a_n$之后，a_1是队头元素，a_n是队尾元素，显然退出队列的次序也只能是 $a_1,a_2,\cdots,a_n$，也就是说，队列的修改是依先进先出的原则进行的。

3.2.2 栈和队列的基本运算

1. 栈的基本运算

栈的基本运算有 6 种：

(1) 置空栈 InitStack(S)

构造一个空栈。

(2) 判栈空 StackEmpty(S)

若 S 为空栈，返回 TRUE，否则返回 FALSE。

(3) 判栈满 StackFull(S)

若 S 为满栈，返回 TRUE，否则返回 FALSE。

(4) 进栈(入栈) Push(S,x)

若栈 S 未满，则将元素 x 插入 S 栈的栈顶。

(5) 退栈(出栈) Pop(S)

若栈 S 为非空，则将栈顶元素删除，并返回该元素。

(6) 取栈顶元素 GetTop(S)

若栈 S 为非空，则返回栈顶元素，但不改变栈顶指针。

2. 队列的基本运算

队列的运算同栈的运算类似，不同的是删除运算是在表的头部(即队首)进行。

(1) 置空队列 InitQueue(Q)

构造一个空队列。

(2) 判队空 QueueEmpty(Q)

若队列 Q 为空，返回 TURE，否则返回 FALSE。

(3) 入队列 EnQueue(Q,x)

若队列 Q 未满，则在队列 Q 的队尾插入元素 x。

(4) 出队列 DeQueue(Q)

若队列为非空，则删除 Q 的队头元素(结点)，并返回该元素。

(5) 取队头 QueueFront(Q)

若队列为非空，则返回Q的队头元素(结点)。

3.2.3 栈和队列的存储结构

1. 顺序栈

(1) 顺序栈的相关知识

由于栈是运算受限的线性表，因此线性表的存储结构对栈也适用。栈的顺序存储结构简称为**顺序栈**。类似于顺序表的定义，顺序栈也用C语言的数组来实现。因为栈底位置是固定不变的，所以可以将栈底位置设置在数组的最底端(即下标为0)；栈顶位置是随着进栈和退栈操作而变化的，故需用一个整型量top来指示当前栈顶位置，通常称top为栈顶指针。因此，顺序栈的类型定义只需将顺序表类型定义中的长度属性length改为top，SeqList改为SeqStack即可。因此，可定义顺序栈如下：

```
#define StackSize 100 //栈空间的大小应根据实际需要来定义，这里假设为100
typedef int DataType;//DataType的类型可根据实际情况而定，这里假设为int
typedef struct {
  DataType data[StackSize];//数组data用来存放表结点
  int top; //表示栈顶指针
}SeqStack;
SeqStack S;
```

设S是SeqStack类型的顺序栈，S.data[0]是栈底元素，那么栈顶S.data[S.top]是正向增长的，即进栈时需将S.top加1，退栈时需将S.top减1。因此，S.top<0表示空栈，S.top=StackSize−1表示栈满。当栈满时再做进栈运算必定产生空间溢出，简称**上溢**；当栈空时再做退栈运算也将产生溢出，简称**下溢**。

(2) 多栈共享存储空间

在使用多个栈的时候，往往会出现这样的情况，即其中一个栈发生溢出，而其余栈可能尚有很多空间，针对这种情况，引入多栈共享存储空间的设计。设可用空间为v[0..m−1]，两个栈共享存储空间的示意图如图3.1所示。

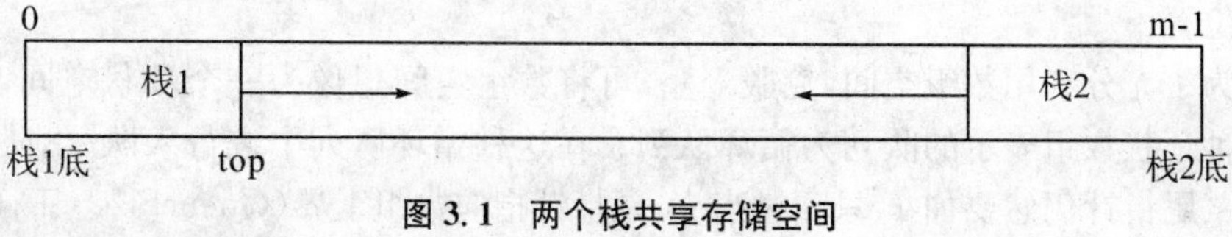

图3.1 两个栈共享存储空间

设存储结构定义为：

```
typedef struct {
```

```
    DataType data[m];
    int top,bot;
}DuStack;
```

基本思想是：在事先无法估算每个栈的最大容量时，首先将 m 个存储空间分配给两个栈，其中一个栈顶指针 top 从 0 开始递增，而另一个指针 bot 则从 m－1 开始递减，这样就对整个空间实现了共享。

2. 栈的链式存储

顺序栈的存储空间是固定的，这就带来了两个问题，一是某些时刻突发性地需要入栈大量数据时，可能会导致栈上溢；另一个问题是即使在绝大部分时间里不需要使用栈（栈为空），仍需要分配同样的存储空间，这就造成了空间的浪费。为避免这两种情况的出现，可以采用链式存储结构来存储栈。栈的链式存储结构称为**链栈**。链栈是运算受限的单链表，其插入和删除操作限制在表头位置上（栈顶）进行，因此不必设置头结点，将单链表的头指针 head 改为栈顶指针 top 即可。因此，可定义链栈类型如下：

```
typedef strunt stacknode {
  DataType data;
  struct stacknode * next;
}StackNode;
typedef StackNode * LinkStack;
LinkStack top;
```

3. 顺序循环队列

队列的顺序存储结构称为**顺序队列**。顺序队列实际上是运算受限的顺序表。和顺序表一样，顺序队列也必须用一个向量空间来存放当前队列中的元素。由于队列的队头和队尾的位置是变化的，因而要设置两指针 front 和 rear 分别指示队头元素和队尾元素在向量空间中的位置，它们的初值在队列初始化时均应置为 0。入队时，将新元素插入 rear 所指的位置，然后将 rear 加 1；出队时，删去 front 所指的元素，然后将 front 加 1，并返回被删除元素。由此可见，当头、尾指针相等时队列为空。在非空队列里，头指针始终指向队头元素，而尾指针始终指向队尾元素的下一位置。

为了充分利用数组空间，克服上溢，可将数组空间想像为一个环状空间，并称用这种环状数组表示的队列为**循环队列**。在这种循环队列中进行入队、出队运算时，头、尾指针仍然要加 1，只不过当头、尾指针指向数组上界（QueueSize－1）时，其加 1 运算的结果是指向数组下界 0。这种循环意义上的加 1 运算可描述为：

```
if(i+1==QueuSize)//i 表示 Q.rear 或 Q.front
  i=0;
```

```
else
  i=i+1;
```

利用求余(%)运算可以将上述操作简化为：

```
i=(i+1) % QueueSize;
```

显然,因为循环队列中出队元素的空间可被重新利用,除非向量空间被队列元素全部占用,否则不会溢出。因此真正实用的顺序队列是循环队列。在循环队列的运算中,要涉及一些边界条件的处理问题。如指定教材图 3.7 所示的循环队列中,由于入队时队尾指针 Q. rear 向前追赶队头指针 Q. front,出队时队头指针向前追赶队尾指针,因此,队列无论是空还是满,Q. rear=Q. front 都成立,由此可见,仅凭队列的头、尾指针是否相等是无法判断队列是"空"还是"满"的。解决这个问题有多种方法,常用的一般有 3 种。其一是另设一个标志位以区别队列是"空"还是"满";其二是设置一个计数器记录队列中元素的个数;其三是少用一个元素空间,入队前测试尾指针在循环意义下加 1 后是否等于头指针,若相等则认为队列满,即尾指针 Q. rear 所指向的单元始终为空;出队时测试队头指针是否等于队尾指针,若相等则认为队空。

我们采用第 3 种方法来定义循环队列的操作,为此先给出循环队列的类型定义如下：

```
typedef struct {
  int front;    //队头指针,始终指向队头元素
  int rear;     //队尾指针,始终指向空单元,前一个单元为队尾元素
  DataType data[QueueSize];
}CirQueue;
```

4. 链队列

队列的链式存储结构简称为**链队列**,是一个限制在表头删除和表尾插入的单链表。显然仅有单链表的头指针不便于在表尾做插入操作,为此再增加一个尾指针,指向链表上的最后一个结点。于是,一个链队列由一个头指针和一个尾指针惟一确定。和顺序队列类似,我们也将这两个指针封装在一起,将链队列的类型 LinkQueue 定义为一个结构类型：

```
typedef struct qnode {
   DataType data;
   struct qnode * next;
}QueueNode;//链队列结点类型
typedef struct {
   QueeNode* front;//队头指针
   QueeNode * rear;//队尾指针
} LinkQueue;//链队列类型
```

队列一般是不带头结点的，但和单链表类似，为了简化边界条件的处理，在队头结点之前附加一个头结点，并设队头指针指向此结点，因此，空链队列和非空链队列结构如图 3.2 所示。

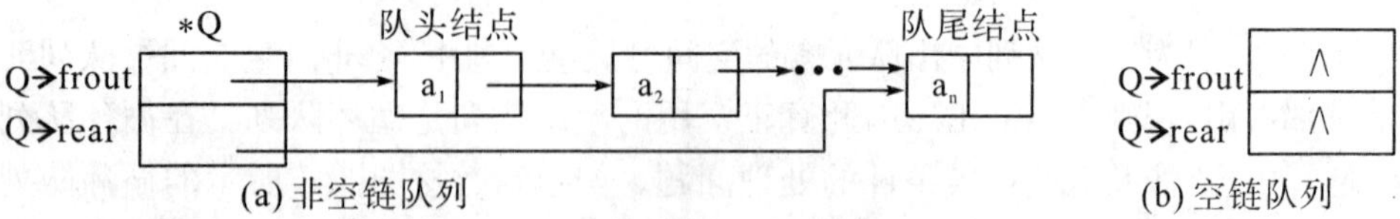

图 3.2　非空链队列和空链队列示意图

注意队列的队头结点和头结点的区别。

5. 循环链队列的运算

假设用一个带头结点的循环单链表表示队列（称为循环链队列），该队列只设一个指向队尾结点的指针 rear，不设头指针，试编写相应的置空队列、入队（即插入）和出队（即删除）算法。循环链队列的结构如图 3.3 所示。

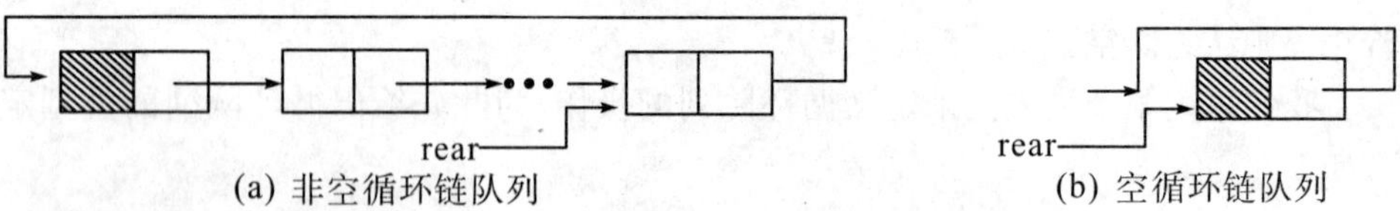

图 3.3　循环链队列示意图

按题目的已知条件和假设，可定义该循环链队列的类型为：

```
typedef struct queuenode {
    DataType  data;
    struct  queuenode * next;
} QueueNode;
QueueNode *  rear;
```

(1) 置空队列

因为带头结点，所以置空队列要首先生成一个结点作为头结点，令尾指针指向头结点。其算法如下，生成的队列结构如图 3.3(b)所示。

```
void InitQueue(QueueNode  *  rear)
 {//只设尾指针的循环链队列置空算法
    rear=(QueueNode  * )malloc(sizeof(QueueNode));
    rear->next=rear;
 }
```

(2) 入队运算

在队列中插入一个结点是在队尾进行的，所以应在循环链队列的尾部插入一个结点。插入的过程是：生成一个新结点 s，将队尾的指针域值赋给新结点的指针域(即 s－＞next＝rear－＞next),把新结点指针 s 赋给原尾指针 rear 的指针域(即 rear－＞next＝s),再把 s 赋给 rear(即 rear＝s)。入队算法如下:

```
void  EnQueue(QueueNode * rear, DataType x)
{
  QueueNode * s=(QueueNode *)malloc(sizeof(QueueNode));//申请新结点
  s->data=x;
  s->next=rear->next;
  rear->next=s;
  rear=s;
}
```

(3) 出队运算

在队列中删除一个结点,首先要判断队列是否为空,若不为空,则可进行删除操作,否则显示出错。删除的思想是将原头结点删掉,把队头结点作为新的头结点。具体实现算法如下(要特别注意头结点和队头结点的区别):

```
DateType DelQueue(QueueNode  * rear);
{  QueueNode * s, * t;
   Datatype  x;
   if(QueueEmpty(rear))
     Error("Queue Empty");
  else {
     s=rear->next;       //S 指向头结点
     rear->next=s->next;//删除头结点
     t=s->next;//使 t 指向队头结点
     x=t->data;//保存队头结点的数据域值
     free(s);// 释放被删除的头结点
     return x;//返回删除的数据
   }
}
```

3.3 解 题 思 路

本章涉及的概念较多,根据对 2000～2002 年的全国自学考试真题的统计,本章考核的内容占本门课程内容的 10%左右。特别是栈,相对于队列而言,所占比例更大一些。因此,掌握本章的相关内容是必需的。下面通过例题来分析解题的思路,加深对考核知识的理解。

3.3.1 栈的特性

栈的重要特性就是操作按后进先出的原则进行,有时将其称为后进先出表(或LIFO表),其插入和删除操作都限定在表的一端(称为栈顶)。

【例3.2】 设一个栈的输入序列为1,2,3,4,5,则下列序列中不可能是栈的输出序列的是(　　)。

A. 1,2,3,4,5　　　　B. 5,4,3,2,1

C. 2,3,4,5,1　　　　D. 4,1,2,3,5

【分析】 这类题目一般采用排除法,即根据栈的"先进后出"的操作规则,排除掉可能的输出序列,剩下的自然就是答案了。本题中,选项A是可能的输出序列,因为1进1出,2进2出……即得出栈序列1,2,3,4,5;选项B也是可能的输出序列,1,2,3,4,5依次入栈,出栈即是5,4,3,2,1;对选项C,其操作是1、2进栈,2出栈,3进3出,4进4出,5进5出,最后1出栈。因此本题的答案是D。

3.3.2 循环队列的特点

循环队列的特点是把其存储空间看成是一个环形的表,将尾指针从后面追赶上头指针看作队满,即把尾指针加1后对队列最大空间取模((Q. rear+1) % QueueSize),取模的结果与队头指针(Q. front)比较,相等为队满,此时,队列中实际上尚留有一个空单元,而尾指针指向的始终是空单元。另外,在这里要特别注意,在入队或出队时,队头和队尾指针的加1操作为:Q. rear=(Q. rear+1) % QueueSize和Q. front=(Q. front+1)% QueueSize。

【例3.3】 假设Q是一个有11个元素存储空间的循环队列,初始状态为Q. front=Q. rear=0,写出执行下列操作后头、尾指针的变化情况,若不能入队,请指出其元素,并说明理由。

d,e,b,g,h入队;　d,e出队;

i,j,k,l,m入队;　b出队;

n,o,p,q,r入队。

【分析】 本题的入队和出队的变化情况是这样的:当元素d,e,b,g,h入队后,Q. rear=5,Q. front=0;元素d. e出队后,Q. rear=5,Q. front=2;元素i,j,k,l,m入队后,Q. rear=10, Q. front=2;元素b出队后,Q. rear=10,Q. front=3;此时让n,o,p入队,Q. rear=2,Q. front=3, 再让q入队时,(Q. rear+1) % Queue-

Size=Q. front,即队列满,故将产生溢出。

3.3.3 栈的应用举例

【例 3.4】 圆括号匹配的检验。对于输入的一个算术表达式字符串,试写一算法判断其中圆括号是否匹配,若匹配返回 TRUE,否则返回 FALSE。这在高级语言的编译系统中是一个很重要的应用。

【分析】 本题可利用栈的操作来实现:循环读入表达式中的字符,如遇左括号"("就进栈;遇右括号")",则判断栈是否为空,若为空,则返回 FALSE,否则退栈;循环结束后再判断栈是否为空,若栈空则说明括号匹配,否则不匹配。其实现算法如下:

```
Boolean Expr(SeqStack S)
{ InitStack(S);//初始化栈 S
   ch=getchar();
   while(ch! ='\n')
    { if(ch=='(')
         Push(S,Ch);//遇左括号进栈
      else
         if(ch==')')
            if(StackEmpty(S))return FALSE;
            else x=Pop(S);//遇右括号退栈
         ch=getchar();//读入下一个字符
    }//end of while
   if(StackEmpty(S)) return TRUE;
   else return FALSE;
}
```

【例 3.5】 字符串回文的判断。利用顺序栈的基本运算,试设计一个算法,判断一个输入字符串是否中心对称(也就是所谓的"回文",即正读和反读均相同的字符序列),例如 ababbaba,abcba 都是中心对称的字符串。

【分析】 所谓"中心对称",首先要知道中心在哪儿,有了中心位置之后,就可以从中间向两头进行比较,若完全相同,则该字符串是中心对称,否则不是。这样就要求出串的长度,然后将前一半字符入栈,再利用退栈操作将其与后一半字符进行比较。因此可设计算法如下:

```
int  Symmetry ( )
{  SeqStack  S;
   InitStack(S);//初始化栈 S
```

```
    int  j,k,i=0;
    char str[80];
    gets(str);//输入字符串
    while (str[i]! ='\0') i++; //求串长度
    for(j=0;j<i/2;j++)
        Push(S,str[j]); //前一半字符入栈
    if(i % 2! =0)    //字符串长度为奇数
        k=i+1;
    else
        k=i;
    for(j=k;j<i;j++) //后一半字符与栈中字符比较
        if(str[j]! =Pop(S))
            return  0;   //有不相同字符,即不对称
        else
            continue;
     return 1;           //完全相同,即对称
}
```

【例 3.6】 **栈与递归**。已知函数如下所示,试写一个递归算法,实现其功能。

$$fu(n)=\begin{cases}n+1 & 若\ n<2\\ fu(\lfloor n/2\rfloor)*fu(\lfloor n/4\rfloor) & 若\ n\geqslant 2\end{cases}$$

【分析】 用递归算法来实现是比较简单的,其算法如下:

```
float  fu(int n)
{
    if(n<2)
        return (n+1);
    else
        return fu(n/2) * fu(n/4);
}
```

或者为:

```
float  fu(int n)
{  float f1,f2;
   if(n<2)
      return (n+1);
   else
      {
         f1=fu(n/2);
         f2=fu(n/4);
```

```
        return(f1 * f2);
    }
}
```

这样可能更容易理解些。现假如有如下主函数：

```
main( )
{ int n=10;
  printf("fu( )= %f\n",fu(n));
}
```

其调用和执行过程如下所示：

```
0:      fu(10)=fu(5) * fu(2)     // n>=2
1:      fu(5) =fu(2) * fu(1)
2:      fu(2) =fu(1) * fu(0)
3:      fu(1) =2;   fu(0)=1    // n<2
4:因此, fu(2)=fu(1) * fu(0)=2 * 1=2
5:      fu(5)=fu(2) * fu(1)=2 * 2=4
6:      fu(10)=fu(5) * fu(2)=4 * 2=8
```

最后的结果应为:8.0000,体现了栈的"后进先出"特点。

【例 3.7】 设栈 S=(1,2,3,4,4,5,6,7),其中 7 为栈顶元素。请写出调用 algo(S)后栈 S 的状态(其中"&S"为引用,调用变量的别名)。algo( )函数为:

```
void algo(SeqStack &S)
{  int i=0;
   CirQueuq Q;SeqStack T; //定义一个队列和一个栈
   InitQueue(&Q);InitStack(&T);//初始化队列和栈
   while(! StackEmpty(S))
   {
     if((i=! i)! =0)Push(&T,Pop(&S));
     else EnQueue(&Q,Pop(&S));
   }
   while(! QueueEmpty(Q))
      Push(&S,DeQuque(&Q));
   while(! StackEmpty(T))
      Push(&S,Pop(&T));
}
```

【分析】 函数的第一个循环的作用是当 S 栈不空时,将栈中元素从栈顶开始,序号为奇数的压入 T 栈中,序号为偶数的存入队列 Q 中,循环结束时,S 为空栈,栈 T 中有元素 7、5、3、1,1 为栈顶元素,队列 Q 中有元素 6、4、2,6 是队头元素;第二个循环是把队列 Q 中的元素全部压入 S 栈中,此时 S 栈中有元素 6、4、2,2 是栈顶元素;第三个循环是将栈 T 中的所有元素压入栈 S 中,因此,最后的 S=(6,4,2,1,3,5,7),其中栈顶元素为 7。

3.4 同步练习 3

一、单项选择题

1. 栈的操作原则是(　　)。

A. 顺序进出　　B. 后进后出

C. 后进先出　　D. 先进先出

2. 进栈序列为 a,b,c,则通过入、出栈操作可能得到的 a,b,c 的不同排列个数为(　　)。

A. 4　　B. 5

C. 6　　D. 7

3. 字母 a,b,c,d,e 按顺序入栈,则出栈的输出序列不可能是(　　)。

A. decba　　B. dceab

C. abcde　　D. edcba

4. 判断一个顺序栈 st(最多可存储元素 StackSize 个)为栈满的条件是(　　)。

A. st. top! =StackSize　　B. st. top! =0

C. st. top==-1　　D. st. top==StackSize-1

5. 在向顺序栈中压入元素时(　　)。

A. 先存入元素,后移动栈顶指针　　B. 谁先谁后无关紧要

C. 先移动栈顶指针,后压入元素　　D. 同时进行

6. 一个队列的入队序列是 1,3,5,7,9,则出队的输出序列只能是(　　)。

A. 9,7,5,3,1　　B. 1,3,5,7,9

C. 1,5,9,3,7　　D. 9,5,1,7,3

7. 判断一个顺序队列 sq(最多可存储元素 QueueSize 个)为空队列的条件是(　　)。

A. sq. rear==sq. front　　B. sq. rear==0

C. sq. front==QueueSize　　D. sq. rear==QueueSize+1

8. 判断一个循环队列 cq（最多可存储元素 QueueSize 个）为满队列的条件是（　　）。

A. cq. rear==cq. front

B. cq. rear=QueueSize

C. (cq. rear+1) % QueueSize==cq. front

D. cq. rear % QueueSize +1 ==cq. front

二、填空题

9. 假设以 S 和 X 分别表示进栈和退栈操作，则对输入序列 a,b,c,d,e 进行一系列栈操作 SSXSXSSXXX 之后，得到的输出序列为__________。

10. 假设 S. data[0.. maxsize-1]为一个顺序存储的栈，变量 top 指示栈顶元素的位置。能做进栈操作的条件是________________；如要把栈顶元素弹出到 x 中，需执行语句：_______________。

11. 设顺序栈存放在 S. data[0.. maxsize-1]中，栈底位置是 maxsize-1，则栈空条件是____________，栈满条件是____________。

12. 若循环队列用数组 data[0.. m-1]存储元素值，用 front 和 rear 分别作为头、尾指针，则当前元素个数为__________。

13. 栈和队列都是__________结构。对于栈，只能在__________插入和删除元素；对于队列，只能在__________插入元素、在__________删除元素。

14. 从循环队列中删除一个元素时，其操作是先__________，后__________。

三、解答题

15. 编号为 1,2,3 的 3 辆列车依次进入一个栈式结构的站台，那么可能得到的 3 辆列车的出站序列有哪些？不可能出现的序列是什么？

16. 假设输入栈的元素为 a,b,c，在栈 S 的输出端得到一个输出序列为 a,b,c，试写出在输入端所有可能的输入序列。

17. 简述下面所给算法的功能（假设栈元素为整数类型）。

```
(1) void  ex31(SeqStack S)
    {
     int A[80],i,n;
     n=0;
     while(! empty(S))
     {
```

```
            A[n]=pop(S);
            n++;
        }
        for(i=0;i<n;i++)
            push(S,A[i]);
    }
(2) void ex32(SeqStack *S,int c)
    {
      SeqStack T;
      int d;
      while(! StackEmpty(S))
        {
          d=pop(S);
          if(d! =c) push(T,d);
        }
      while(! StackEmpty(T))
        {
          d=pop(T);
          push(S,d);
        }
    }
```

18. 写出下列程序段的输出结果(栈结点数据域为字符型 char)。

```
SeqStack  S;
char  x,y;
x='c';  y='k';
push(S,x);    push(S,'a');
push(S,y);    x=pop(S);
push(S,'t');  push(S,x);
x=pop(S);  push(S,'s');
while (! StackEmpty(S) )
{
  y=pop(S);
  putchar(y);
}
putchar(x);
……
```

19. 在循环队列的顺序存储结构下,分别写出入队(插入元素)、出队(删除元素)时改变队尾或队头的操作语句。

四、算法设计题

20. 利用两个栈 S1 和 S2 模拟一个队列，如何用栈的运算来实现队列的插入、删除运算？试写出算法。

21. 试设计一个算法，输入一字符串，检查串中是否含有圆括号，当圆括号匹配时输出括号内的串，否则给出出错信息。

22. 试利用循环队列（长度为 k）存储，编写求斐波那契序列的前 n(n>k)项($f_0,f_1,\cdots,f_{n-1}$)的算法，函数定义如下：

$$f(n)=\begin{cases}0 & n=0\\ 1 & n=1\\ f(n-2)+f(n-1) & n\geqslant 2\end{cases}$$

3.5 课程设计

1. 八皇后问题。

设计要求：要求用栈和队列的运算来实现。八皇后问题是在 8×8 的国际象棋棋盘上安放 8 个皇后，要求没有一个皇后能够“吃掉”任何其他一个皇后，即没有两个或两个以上的皇后占据棋盘上的同一行或同一列或同一条对角线。

2. 表达式求值问题。

设计要求：以字符序列的形式从终端输入语法正确的、不含变量的整数表达式，利用给定的算符优先关系，实现对算术四则混合运算表达式的求值，并演示在求值过程中运算符栈、操作数栈、输入字符和主要操作的变化过程。（本设计在附录Ⅱ中附有设计样例。）

第4章　串

串又称为字符串，是一种特殊的线性表，它的每个元素仅由一个字符组成。字符串是非数值处理中的主要对象，在许多领域如信息检索、文本编辑、符号处理等方面得到越来越广泛的应用。在高级语言中也引入了串数据类型概念，并且串变量与其他变量，如整型、实型等一样，可以进行各种运算。

4.1　知识结构

在各种不同类型的应用中所处理的字符串有不同的特点，要想有效地实现字符串的处理，必须根据具体情况选择适当的存储结构，为此在本章中将讨论一些串的存储方法以及基本运算的实现。对本章内容的考核要求不是很高，需要考核的知识点除了串的概念、串的运算及串与线性表的关系等内容要求达"领会"层次外，其余的均只要求达到"简单应用"层次，它们是：

(1) 串的两种存储表示；

(2) 串上实现的模式匹配算法及其时间性能分析；

(3) 使用C语言提供的串操作函数构造与串相关的算法解决简单的应用问题。

这一章内容不是很多，主要是要掌握串的各种存储结构，比较它们的优缺点，从而学会在何时选用何种存储结构为宜；熟练掌握串的基本运算，并能利用这些基本运算实现串的其他各种运算。

4.2　知识解析

本章的重点：一是掌握串的两种存储表示；二是掌握在串上实现的模式匹配算法，这也是本章的难点。

4.2.1 串的概念

串(或字符串)是零个或多个字符组成的有限序列。一般记为 S="$a_0 a_1 \cdots a_{n-1}$",其中 S 是串名,双引号括起的字符序列是串值;$a_i(0 \leqslant i \leqslant n-1)$可以是字母、数字或其他字符;串中所包含的字符个数称为该串的长度。长度为零的串称为**空串**,它不包含任何字符。

通常将仅由一个或多个空格组成的串称为**空白串**。串中任意个连续字符组成的子序列称为该串的**子串**,包含子串的串相应地称为**主串**。

串是一种特殊的线性表,它的每个结点一般情况下仅由一个字符组成,因此存储串的方法也就是存储线性表的一般方法,存储串有顺序存储(即把串的字符顺序地存入连续的存储单元中)和链式存储(用单链表形式存储串)两种方式。

4.2.2 顺序串

串的顺序存储结构简称为**顺序串**。与顺序表类似,顺序串是用一组地址连续的存储单元来存储串中的字符序列,因此可用高级语言的字符数组来实现。按存储分配的不同可将顺序串分为如下两类。

1. 静态存储分配的顺序串

在用字符数组存储字符串时,可用一个整数来表示串的长度,那么该长度减 1 的位置是串值的最后一个字符的位置。此时顺序串的类型定义完全和顺序表类似:

```
#define MaxStrSize  256  //定义串的最大长度
typedef struct {
  char ch[MaxStrSize];
  int length;
}SeqString;
```

这种表示的优点是涉及串长的操作速度快。

2. 动态存储分配的顺序串

用字符数组来存储字符串,串值空间的大小 MaxStrSize 是固定的(即静态的),这种定长的串值空间难以适应插入、链接等操作,为此可以使用动态分配存储方式来定义串类型。较为简单的定义是:

```
typedef  char  * String;
```

4.2.3 链串

顺序串上的插入和删除操作不方便,需要移动大量的字符,为此可用单链表方式来存储串值，串的这种链式存储结构简称为**链串**。其类型可定义如下：

```
typedef struct node {
    char data;
    struct node * next;
 }LinkStrNode;//结点类型
typedef inkStrNode * linkString;//链串类型
LinkString S;//串的头指针
```

一个链串由头指针惟一确定。这个类型定义与单链表的类型定义没有本质性的区别，几乎是一样的，链串与单链表的差异仅在于其结点数据域指定为单个字符。这种存储结构便于插入和删除运算，但存储空间利用率太低。为了提高存储密度，可使每个结点存放多个字符。通常将结点数据域存放的字符个数定义为结点的大小。这样虽然提高了结点的存储密度，但在做插入、删除运算时，可能会引起大量的字符移动，给运算带来不便，所以一般情况下都采用前面定义的结点类型，用空间换时间。

4.2.4　串运算的实现

由于串是特殊的线性表，故顺序串和链串上实现的运算分别与顺序表和单链表上进行的操作类似，况且C语言的串库<string. h>里提供了丰富的串函数来实现各种基本运算，因此我们对各种串运算的实现不做讨论。先介绍一下子串定位运算的有关概念。**子串定位**运算又称串的**模式匹配**或**串匹配**，是指在主串中找子串首次出现的位置。此运算的应用非常广泛，例如，在文本编辑程序中，经常要查找某一特定单词在文本中出现的位置，显然，找到一个解决此问题的有效算法能极大地提高文本编辑程序的响应性能。在串匹配中，一般将主串称为**目标(串)**，将子串称为**模式(串)**。

1. 模式匹配

对串S="abbabaa"，T="aba"，则以T作为模式串、S为主串的朴素模式匹配过程如下：

第一趟匹配，i从1开始，j也从1开始：

```
a  b  b  a  b  a        i=3
‖  ‖  ‖                          失败
a  b  a                 j=3
```

第二趟匹配，i回溯到从2开始，而j再从1开始：

```
a  b  b  a  b  a        i=2
   ‖                             失败
```

```
        a               j=1
```

第三趟匹配,i从3开始,而j再从1开始:

```
a  b  b  a  b  a     i=3
      ‖                        失败
      a              j=1
```

第四趟匹配,i从4开始,而j再从1开始:

```
a  b  b  a  b  a
      ‖  ‖  ‖                  成功
      a  b  a
```

2. 子串的插入算法 insert(S,S1,i)(利用静态数组存储串)

该算法的实现应该说是比较简单的,先移动主串中第i个位置以后的字符,空出子串插入的空间,然后将子串中的字符逐个写入其中。

```
SeqString insert(SeqString S,SeqString S1,int i)
{
    int j;
    if(i>=S.length||S.length + S1.length>MaxStrSize)
        printf("插入位置越界");
    else
      {
          for(j=S.length-1;j>=i;j--)
              S.ch[S1.length+j]=S.ch[j];
              //从第i个位置开始空出连续S1.length个位置
          for(j=0;j<S1.length;j++)
              S.ch[i+j-1]=S1.ch[j];//把S1填入S中空出的位置上
          S.length=S.length+S1.length;//修改S的串长度
      }
    return S;
}
```

3. 动态存储串的比较算法 strcmp(S,T)

该算法比较字符串S和T的大小,当S>T时返回值大于0,S=T时返回0,S<T时则返回值小于0,采用动态结构存储串。具体算法如下:

```
typedef char * String;
int strcmp(String S, String T)
{
    while( *S== *T && *S! ='\0' && *T! ='\0')
    { //当两串对应字符相等并且不是串结束符时,循环比较
```

```
        S++;
        T++;
    }
    return (*S-*T);
}
```

4. 静态存储串的比较算法 strcmp(S,T)

试写一算法，实现顺序串(字符数组)的比较运算：当 S>T 时，函数值为 1；当 S=T 时，函数值为 0；当 S<T 时，函数值为 -1。

【分析】 本题与动态存储串的比较算法设计要求类似，都是串比较，但是串的存储结构不同，前者是动态存储，而本题则要求用字符数组结构(静态)。总的思路是：先比较 S 和 T 两串的公共长度部分的对应字符，若 S 中字符大于 T 中字符，则返回 1；若前者字符小于后者字符，则返回 -1；相等时则继续向后比较。当比较完公共长度对应字符后，函数仍然没有返回，则说明两串在公共长度部分的对应字符均相等，因此只要比较两串的长度即可：若两串长度相等则返回 0 值；若 S 长度大于 T，则返回 1；若 S 长度小于 T，则返回 -1。实现本题功能的算法如下：

```
int strcmp(SeqString S, SeqString T)
{//串比较，若 S>T，返回 1；若 S=T，返回 0；若 S<T，返回 -1
  int i=0;
  while(i<S.len && i<T.len)
  {
    if(S.ch[i]>T.ch[i])
      return 1;
    else
      if(S.ch[i]<T.ch[i])
        return -1;
    i++;
  }
  if(S.len==T.len)
    return 0;
  else
    if(S.len>T.len)
        return 1;
    else
        return -1;
}
```

4.3　解题思路

【例 4.1】 字符串定位运算。从串 s1(为顺序存储结构)中第 k 个字符起求出首次与字符串 s2 相同的子串的起始位置。

【分析】 本题的算法思想是:从第 k 个元素开始扫描 s1,当其元素值与 s2 的第一个元素的值相同时,判断它们之后的元素值是否依次相同,直到 s2 结束为止,若都相同则返回当前位置值,否则继续上述过程直至 s1 扫描完为止。其实现算法如下:

```
#define MaxStrSize  256  //定义串的最大长度
typedef struct {
   char ch[MaxStrSize];
   int len;
}SeqString;//串类型定义
int  PartPosition(SeqString s1, SeqString s2,int k)
{
   int  i, j;
   i=k; //作为扫描 s1 的下标
   j=0; //作为扫描 s2 的下标
   while (i<s1.len && j<s2.len)
     if (s1.ch[i]==s2.ch[j])
     {  i++; j++;} //使下标移向下一个字符位置
     else
     { i=i-j+1; j=0;}//使 i 下标回溯到原位置的下一个位置,
                      //使 j 指向 s2 的第一个字符,再重新比较
     if (j>=s2.len )
       return  i-s2.len; //表示 s1 中存在 s2,返回其起始位置
     else
       return  0;  //表示 s1 中不存在 s2,返回 0
}
```

【例 4.2】 从串 s 中删除所有与串 t 相同的子串。

【分析】 这一题可利用例 4.1 的函数。其实现的过程为:从位置 1 开始调用函数 PartPosition(),若找到了一个相同子串,则将其删除;从位置 2 开始调用函数 PartPosition()寻找子串,找到则删除……直至串 s 结束。其算法如下:

```
void  DelDupStr (SeqString &s, SeqString t)
{
  int  j, k, i=0;
  while (i<s.len )
  {
      if ((k=PartPosition (s, t,i))>0 )
      {
          for(j=k+t.len; j<s.len; j++)
              s.ch[j-t.len]=s.ch[j]; //删除从 k 开始的子串
          s.len=s.len-t.len;          //修改 s 串的长度
      }
      i ++;
  }
  s.ch[s.len]='\0'; /*赋一个串结束符*/
}
```

【例 4.3】 已知 S 和 T 是用结点大小为 1 的单链表存储的两个串，试设计一个算法找出 S 中第一个不在 T 中出现的字符。

【分析】 根据题意，要用到两重循环，从 S 中取出第一个字符，与 T 串中的每个字符依次进行比较，如果一直没有遇到相同的字符，则 S 中取出的字符就是要求的字符，退出循环；若遇到相同的字符，则从 S 中取出第二个字符与 T 中字符进行比较……

该题的具体算法如下：

```
char FindChar(LinkString S,LinkString T)
{
    LinkStrNode   *p, *q;
    p=S;
    while(p! =NULL)
    {  q=T;
       while(q! =NULL)
       {  if(p->data! =q->data)
            q=q->next; //继续下一个字符的比较
          else
            break;      //若有相同的字符则跳出内循环
       }
       if(q==NULL)
            return p->data; //返回要求的字符
       p=p->next;
```

```
    }
    return "#"; //没有要求的字符
}
```

要特别注意,算法和程序是有区别的,算法不等于程序。例如要调试上述算法,必须要在算法之前加上如下程序类型说明段:

```
#include "stdio.h"
typedef struct node {
    char data;
    struct node *next;
} LinkStrNode;
typedef LinkStrNode *LinkString;
```

4.4 同步练习 4

一、单项选择题

1. 串是(　　)。

   A. 任意多个字符的序列　　B. 零个或多个字符组成的有限序列

   C. 不少于一个字母的序列　　D. 大于一个的字符序列

2. 设有两个串 s 和 t,求 s 在 t 中首次出现的位置的运算称为(　　)。

   A. 连接　　B. 模式匹配

   C. 求子串　　D. 求串长

3. 字符串 sl=“ABCDEFG”,s2=“PQRST”,则执行运算“s=strcat(substr(sl,2,length(s2)),substr(sl,length(s2),2))”后的串值为(　　)。

   A. “BCDEF”　　B. “BCDEFG”

   C. “BCPQRST”　　D. “BCDEFEF”

4. 如下叙述中正确的是(　　)。

   A. 串是一种特殊的线性表　　B. 串的长度必须大于零

   C. 串中元素只能是字母　　D. 空串就是空白串

二、简答题

5. 空串和空白串有什么区别?

6. 串是一种特殊的线性表，特殊在哪里？

7. 什么叫模式匹配？什么是模式？

8. 两串相等的充分必要条件是什么？

三、应用题

9. 设有串 S="good"，T="I am a student"，给出下面每次操作的结果(操作是前后关联的)：

(1) substr(T,8,7)

(2) len(T)

(3) strchr(S,"night!")

(4) replace(T,8,7,"teacher")

(5) insert(T,8,substr(S,1,4))

10. 已知串 S="(xyz)+ * "，T="(x+z) * y"，试利用求子串和置换等操作，将串 S 转换为串 T。

11. 下列算法的功能是比较两个链串的大小，其返回值为：

$$\text{comstr}(S_1,S_2)=\begin{cases}1 & \text{当 s1>s2 时}\\ 0 & \text{当 s1=s2 时}\\ -1 & \text{当 s1<s2 时}\end{cases}$$

请在空白处填入适当的内容。

```
int  comstr(LinkString  s1 , LinkString  s2)
{//s1 和 s2 为两个链串的头指针
    while(s1 && s2){
        if(s1->data > s2->data)return - 1;
        if(s ->data > s2 ->data)return 1;
        ____(1)____;
        ____(2)____;
    }
    if(____(3)____)return -1;
    if(____(4)____)return 1;
     ____(5)____;
}
```

四、算法设计题

12. 子串匹配个数统计。采用顺序结构存储串，试写一个算法 SubStrCount

(S,T)计算一个子串在一个主串中出现的次数,如果该子串不在主串中出现,返回0值,否则返回出现的次数。

13. 已知采用顺序结构存储的串S,试写一算法删除S中第i个字符开始的j个字符。

14. 设S和T是两个采用顺序结构存储的串,试写一个算法将串S中的第i个字符到第j个字符之间的字符(包括第i和第j个字符)用串T替换。

15. 设S和T是两个采用顺序结构存储的串,试写一个比较两串是否相等的函数,若相等则返回真值TRUE,否则返回假值FALSE。

4.5 课程设计

设计要求:写两个算法,一个是标准的朴素模式匹配算法,另一个是给定位置的匹配算法,并要求编程输入一个文本,每个单词不包含空格并不跨行,统计给定单词在文本文件中出现的总次数,单词由字符序列构成且区分大小写;检索输出某个单词出现在文本中的次数以及每次出现的相应位置。提示:朴素匹配算法的基本思路是将给定子串与主串从第一个字符开始比较,找到首次与子串完全匹配的子串为止,并记住该位置。但为了实现统计子串出现的个数,不仅需要从主串的第一个字符位置开始比较,而且需要从主串的任一给定位置检索匹配字符串。

第 5 章　多维数组和广义表

前 4 章讨论的线性表、栈、队列和串都是线性的数据结构，它们的逻辑特征是：每个数据元素至多有一个直接前趋和一个直接后继。本章介绍的多维数组和广义表则是两种复杂的非线性结构，将主要介绍多维数组的逻辑结构特征及其存储方法、特殊矩阵和稀疏矩阵的压缩存储方法以及广义表的逻辑结构和存储表示。

5.1　知 识 结 构

本章的内容不是很难，考核的要求也不是很高，对所有要掌握的内容都只要求达到“了解”的层次，它们是：

(1) 多维数组的逻辑结构特征；

(2) 多维数组的顺序存储结构及地址计算方式；

(3) 特殊矩阵和稀疏矩阵的概念；

(4) 特殊矩阵压缩存储时的下标变换方法；

(5) 稀疏矩阵的三元组表表示方法及有关算法；

(6) 广义表的有关概念及其与线性表的关系；

(7) 广义表的括号表示和图形表示之间的转换；

(8) 求给定的非空广义表的表头和表尾运算。

本章要求熟悉和理解以上各条内容，并注重一些计算和算法，如数组在按行优先顺序的存储结构中的地址计算方法、特殊矩阵在压缩存储时的下标变换以及稀疏矩阵的三元组表表示方法及有关算法。

5.2　知 识 解 析

本章的学习重点是熟悉上面要求的多维数组的存储方式、矩阵的压缩存储方式、广义表的定义及其求表头和表尾的运算、稀疏矩阵的压缩存储表示下实现的算法等。

5.2.1 多维数组

数组是一种常用的数据类型，前面介绍过的向量就是一维数组，二维以上的数组称为多维数组。多维数组是一种复杂的数据结构，数组元素之间的关系既不是线性的，也不是树形的，但所有元素必须具有相同的数据类型。矩阵通常是用二维数组存储。

一般情况下都是采用顺序存储方式来表示数组。通常有两种顺序存储方式，以二维数组 A 为例：

$$A_{m\times n}=\begin{bmatrix} a_{11} & a_{12} & \cdots & a_{1n} \\ a_{21} & a_{22} & \cdots & a_{2n} \\ \cdots & \cdots & \cdots & \cdots \\ a_{m1} & a_{m2} & \cdots & a_{mn} \end{bmatrix}$$

(1) 按行优先顺序，即将数组元素按行向量排列，第 i+1 个行向量紧接在第 i 个行向量后面。对数组 A，按行优先顺序存储的线性序列为：

$$a_{11},a_{12},\cdots,a_{1n},a_{21},a_{22},\cdots,a_{2n},\cdots,a_{m1},a_{m2},\cdots,a_{mn}$$

在 PASCAL、C 语言中，数组是按行优先顺序存储的。

(2) 按列优先顺序，即将数组元素按列向量排列，第 j+1 个列向量紧接在第 j 个列向量之后。对数组 A，按列优先顺序存储的线性序列为：

$$a_{11},a_{21},\cdots,a_{m1},a_{12},a_{22},\cdots,a_{m2},\cdots,a_{1n},a_{2n},\cdots,a_{mn}$$

在 FORTRAN 语言中，数组就是按列优先顺序存储的。

按上述两种方式顺序存储的数组，只要知道开始结点的存储地址(即基地址)，维数和每维的上、下界，以及每个元素所占用单元数，就可以将数组元素的存储地址表示为其下标的线性函数。例如，二维数组 $A_{m\times n}$ 按行优先顺序存储在内存中，假设每个元素占 d 个存储单元，那么在 C 语言中的数组元素 a_{ij} 的地址计算函数为：

$$LOC(a_{ij})=LOC(a_{00})+(i\times n+j)\times d$$

例如，有数组 $A_{4\times 5}$，d=2，$LOC(a_{00})=100$，则数组元素 a_{23} 的存储地址为：

$$LOC(a_{23})=100+(2\times 5+3)\times 2=126$$

进一步推广，若三维数组 $A_{m\times n\times p}$ 按行优先顺序存储在内存中，则数组元素 a_{ijk} 的地址计算函数为：

$$LOC(a_{ijk})=LOC(a_{000})+(i\times n\times p+j\times p+k)\times d$$

5.2.2 特殊矩阵

矩阵是很多科学与工程计算问题中研究的数据对象，通常用二维数组来表示。某些特殊的矩阵中往往有许多相同的元素（或零元素），为了节省存储空间，可以对这类矩阵进行压缩存储。所谓的压缩存储就是指对多个值相同的元素只分配一个存储空间（零元素不分配空间）。将数据值相同的元素或零元素在矩阵中的分布有一定规律的矩阵称为**特殊矩阵**。特殊矩阵一般有以下几种：

1. 对称矩阵

在一个 n 阶方阵 A 中，若元素满足 $a_{ij}=a_{ji}(0\leqslant i,j\leqslant n-1)$，则称 A 为**对称矩阵**。对称矩阵中的元素关于主对角线对称，所以只需要存储矩阵中上三角或下三角中的元素，让两个对称的元素共享一个存储空间。按 C 语言的“按行优先”存储主对角线（包括主对角线）以下的元素，在这个下三角矩阵中，第 i 行（$0\leqslant i\leqslant n-1$）恰好有 i+1 个元素，需存储的元素总数为：$\sum_{i=0}^{n-1}(i+1)=n(n+1)/2$，可将这些元素存放在一个向量（一维数组）sa[0..n(n+1)/2]中。为了便于访问对称矩阵中的元素，必须在元素 a_{ij} 和 sa[k]之间找到一个对应关系，这个对应关系为：

$$k=I\times(I+1)/2+J$$

其中，$I=\max(i,j)$，$J=\min(i,j)$，$0\leqslant k\leqslant n(n+1)/2$。因此，$a_{ij}$ 的地址可用下面的公式计算：

$$\begin{aligned}LOC(a_{ij})&=LOC(sa[k])=LOC(sa[0])+k\times d\\&=LOC(sa[0])+[I\times(I+1)/2+J]\times d\end{aligned}$$

2. 三角矩阵

以主对角线划分，三角矩阵有上三角和下三角两种。上三角矩阵的下三角（不包括主对角线）中的元素均为常数 C。下三角矩阵正好相反，它的主对角线上方均为常数 C。在多数情况下，三角矩阵的常数 C 为零。

三角矩阵中的重复元素 C 可共享一个存储空间，其余的元素正好有 n(n+1)/2 个，因此，三角矩阵可压缩存储在 sa[0..n(n+1)/2]中，其中 C 存放在向量的最后一个分量中。

在上三角矩阵中，sa[k]和 a_{ij} 位置的对应关系为：

$$k=\begin{cases}i\times(2n-i+1)/2+j-i & 当\ i\leqslant j\\ n\times(n+1)/2 & 当\ i>j\end{cases}$$

在下三角矩阵中，sa[k]和 a_{ij} 位置的对应关系为：

$$k=\begin{cases}i\times(2n-i+1)/2+j-i & 当\ i\geqslant j\\ n\times(n+1)/2 & 当\ i<j\end{cases}$$

3. 稀疏矩阵

设矩阵 $A_{m\times n}$中有 s 个非零元素，若 s 远远小于矩阵元素的总数，则称 A 为**稀疏矩阵**。为了节省存储单元，用压缩存储方法只存储非零元素。由于非零元素的分布一般没有规律，因此在存储非零元素时，还必须存储适当的辅助信息，最简单的方法是将非零元素的值和它所在的行号、列号作为一个结点存放在一起，这就是惟一确定一个非零元素的三元组(i,j,v)。

若将表示稀疏矩阵的非零元素的三元组按行优先的顺序排列，则得到一个其结点均是三元组的线性表，我们将该线性表的顺序存储结构称为**三元组表**。

那么在这样的三元组表上是如何进行查找的呢？下面给出在三元组表存储的矩阵 A 中查找数据值为 x 的结点的算法：

```
int findval(TriTupleTable a, DataType x)
{//三元组表的查找
    int i=0,j;
    j=a.t;//非零元素个数送 j
    while(i<=j && a.data[i].v! =x)
        i++;
    if(i>j)return 0;//查找不成功
    return 1;//查找成功
}
```

5.2.3　广义表

广义表(又称列表)是线性表的推广。在指定教材第 2 章中，我们把线性表定义为 n(n≥0)个元素的有限序列。线性表的元素仅限于原子项，原子是结构上不可分割的成分，它可以是一个数或一个结构，若放松对表元素的这种限制，允许其具有自身结构，就产生了广义表的概念。

广义表是 n(n≥0)个元素 $a_1,a_2,\cdots,a_n$的有限序列，其中 a_i或者是原子或者是一个广义表。通常记作 $LS=(a_1,a_2,\cdots,a_n)$。LS 是广义表的名字，n 为它的长度。若 a_i是广义表，则称它为 LS 的子表。

通常用圆括号将广义表括起来，用逗号分隔其中的元素。为了区分原子和广义表，书写时用大写字母表示广义表，用小写字母表示原子。若广义表 LS 非空(n≥1)，则 a_1是 LS 的表头，其余元素组成的表$(a_2,\cdots,a_n)$称为 LS 的表尾。一个表展开后所含括号的层数称为广义表的深度。

下面是一些广义表的示例：

(1) A=()　　一个空表，其长度为 0

(2) B=(e)　　只有一个原子 e,其长度为 1

(3) C=(a,(b,c,d))　其长度为 2,第一个元素为 a,第二个元素为子表(b,c,d)

(4) D=(A,B,C)　其长度为 3,3 个元素又都是表,代入后 D=(( ),(e),(a,(b,c,d)))

(5) E=(a,E)　是一个递归的表,其长度为 2。E 相当于一个无限的广义表 E=(a,(a,(a,…)))

从上述的定义和例子可以知道,广义表的元素可以是子表,而子表的元素还可以是子表……因此,广义表是一个多层次的结构,可以用图来形象地表示,例如广义表 D 可形象地表示为图 5.1。另外一点就是广义表还可以是一个递归的表。

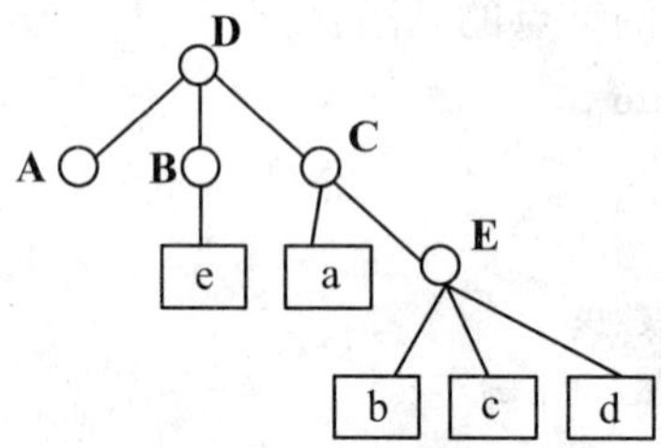

图 5.1　广义表的图形表示

和线性表类似,可以对广义表进行查找、插入和删除运算。由于广义表在结构上较线性表复杂得多,因此广义表的运算比线性表复杂,这里只要求掌握广义表的两个重要的基本运算:取表头 head(LS)和取表尾 tail(LS)。

根据表头和表尾的定义可知,任何一个非空的广义表其表头可能是原子,也可以是子表,但其表尾必定为子表。例如:

head(B)=e

tail(B)=( )

head(D)=A=( )

tail(D)=(B,C)=((e),(a,(b,c,d)))

5.3　解 题 思 路

5.3.1　矩阵运算

在科学与工程计算问题中,矩阵是一种常见的数学对象。在高级语言编程时,简单而又自然的方法就是将一个矩阵描述为一个二维数组。矩阵在这种存储表示之下，可以对其元素进行随机存取，各种矩阵运算也非常简单。

【例 5.1】 如果矩阵 A 中存在这样的一个元素 A[i][j]，它既是第 i 行元素中的最小值，又是第 j 列元素中的最大值，则称此元素为该矩阵的一个马鞍点。假设以二维数组存储矩阵 $A_{m\times n}$，试编写求出矩阵中所有马鞍点的算法。

【分析】 按照题意，先找出每行中的最小值，存入数组 Min[m]之中，再找出每列中的最大值，存入数组 Max[n]之中，若某元素既在 Min[i]中，又在 Max[j]中，则该元素 A[i][j]就是马鞍点，找出所有这样的元素。因此，实现该题要求的算法可设计如下(假设数组 A 为 4 行 5 列)：

```
void  MaxMin(int A[4][5],m, n)
{   int  i, j;  int  Max[5], Min[4];
    for(i=0; i<m; i++) //找出每行的最小值元素，存入 Min 数组中
    {   Min[i]=A[i][0];
        //先假设第 i 行第一个元素最小，然后再与后面的元素比较
        for(j=1; j<n; j++)
            if (A[i][j] < Min[i] )
               Min[i]=A[i][j];
    }
    for(j=0; j<n; j++){ //找出每列的最大值元素，存入 Max 数组中
        Max[j]=A[0][j];
        //先假设第 j 列第一个元素最大，然后再与后面的元素比较
        for(i=1; i<m; i++)
          if(A[i][j] < Max[i])Max[j]=A[i][j];
    }
    for(i=0; i<m; i++) //判断是否为马鞍点
        for(j=0; j<n; j++)
            if(Min[i]==Max[j])
               printf("(%d,%d)",i,j); //显示马鞍点
}
```

【例 5.2】 已知 A 和 B 是两个 n×n 阶的对称矩阵，因为是对称矩阵，所以仅需要输入下三角元素值存入一维数组，试写一算法求对称矩阵 A 和 B 的乘积。

【分析】 如果是两个完整的矩阵相乘，其算法是比较简单的(但也要搞清楚)，但由于是对称矩阵，采用了压缩存储，故计算前要搞清楚对称矩阵的第 i 行和第 j 列的元素数据在一维数组中的位置。位置的计算公式为：

$l=i\times(i+1)/2+j$　当 $i\geqslant j$ 时(A_{ij}，B_{ij}处在下三角中)

$l=j\times(j+1)/2+i$　当 $i<j$ 时(A_{ij}，B_{ij}处在上三角中)

其中 l 代表 A_{ij} 或 B_{ij} 在其存储数组中的位置，而且 $0 \leqslant l < n(n+1)/2$。因此实现本题功能的算法如下：

```
void matrixmult(int a[],b[],c[20][20],int n)
{  //n为A、B矩阵下三角元素个数,a,b分别为一维数组,
   //存放矩阵A和B的下三角元素值,c存放A和B的乘积
   for(i=0;i<20;i++)
     for(j=0;j<20;j++){
       s=0;
       for(k=0;k<n;k++){
          if(i>=k)//表示元素为下三角的元素,计算在a数组中的下标
            l1=i*(i+1)/2+k;
          else   //表示元素为上三角的元素,计算下标
            l1=k*(k+1)/2+i;
          if(k>=j)//表示元素为下三角的元素,计算在b数组中的下标
            l2=k*(k+1)/2+j;
          else
            l2=j*(j+1)/2+k;
          s=s+a[l1]+b[l2];
       }
       c[i,j]=s;
     }
}
```

【例 5.3】 试写一个算法，建立顺序存储稀疏矩阵的三元组表。

【分析】 假设 A 为稀疏矩阵，B 为存放 A 矩阵的三元组表。在这个算法中要进行二重循环来判断每个矩阵元素是否为零，若不为零，则将其行、列下标及其值存入 B 中。算法如下：

```
void CreateTriTupleTable(TriTupleTable *B,int A[20][20],int m,int n)
{    int i,j,k=0;
     for(i=0;i<m;i++)
       for(j=0;j<n;j++)
          if(A[i][j]! =0){    //找出非零元素
             b->data[k].i=i;//记录非零元素行下标
             b->data[k].j=j;//记录非零元素列下标
             b->data[k].v=A[i][j];//保存非零值
             k++;              //统计非零元素个数
          }
     b->m=m; b->n=n;   //记录矩阵行列数
```

```
    b->t=k;    //保存非零个数
}
```

5.3.2　广义表的运算

【例5.4】 已知有下列广义表，试求出每个广义表的表头head()、表尾tail()、表长length()和深度depth()。

(1) A=(a,(b,c,d),e,(f,g))；　　(2) B=((a))；

(3) C=(y,(z,w),(x,(z,w),a))；　　(4) D=(x,((y),B),D)。

【答案】 (1) head(A)=a，tail(A)=((b,c,d),e,(f,g))，length(A)=4，depth(A)=2；

(2) head(B)=(a)，tail(B)=( )，length(B)=1，depth(B)=2；

(3) head(C)=y，tail(C)=((z,w),(x,(z,w),a))，length(C)=3，depth(C)=3；

(4) head(D)=x，tail(D)=(((y),B),D)，length(D)=3，depth(D)=∞。

值得注意的是，广义表()和(( ))不同，前者为空表，其长度为0；后者长度为1，可分解得到其表头、表尾均为空表()。

5.4　同步练习5

一、单项选择题

1. 对矩阵的压缩存储是为了(　　)。

A. 方便运算　　B. 节省空间

C. 方便存储　　D. 提高运算速度

2. 二维数组M的元素是4个字符(1个字符占1个存储单元)组成的串，行下标i的范围从0到7，列下标j的范围从0到9，则存放M需要存储单元数为(　　)。

A. 360　　B. 480　　C. 240　　D. 320

3. N是一个5×8的二维数组，当N按行优先方式存储时，表示该数组的第10个元素的是(　　)。

A. N[2][2]　　B. N[2][1]　　C. N[1][1]　　D. N[1][2]

4. 二维数组M[i][j]的元素是4个字符(每个字符占1个存储单元)组成的串，行下标i的范围从0到4，列下标j的范围从0到5，M按行存储时元素

M[3][5]的起始地址与 M 按列存储时元素(　　)的起始地址相同。

A. M[2][4]　B. M[3][4]　C. M[3][5]　D. M[4][4]

5. 稀疏矩阵的压缩存储方法一般有两种,即(　　)。

A. 二维数组和三维数组　B. 三元组和散列

C. 散列和十字链表　D. 三元组和十字链表

6. 矩阵 A 是一个对称矩阵,为了节省存储空间,将其下三角部分(图 5.2 所示)按行序存放在一维数组 SA[0..n(n+1)/2]中,对任一下三角部分元素 a_{ij}($i \geqslant j$),在一维数组 SA 中的下标 k 的值是(　　)。

A. j*(j-1)/2+i-1　B. i*(i+1)/2+j

C. j*(j+1)/2+i-1　D. i*(i-1)/2+j

$$A=\begin{bmatrix} a_{00} & & & \\ a_{10} & a_{11} & & \\ \cdots & \cdots & \ddots & \\ a_{n0} & a_{n1} & \cdots & a_{n-1n-1} \end{bmatrix}$$

图 5.2　矩阵 A 的下三角部分

二、填空题

7. 将三角矩阵 A[8][8]的下三角部分逐行地存储在起始地址为 1000 的内存单元中,已知每个元素占 4 个单元,则 A[6][4]的起始存储地址为__________。

8. 已知数组 A[10][10]表示对称矩阵,其中每个元素占 5 个单元,现将其下三角部分按行优先顺序存储在起始地址为 1000 的连续的存储单元中,则 A[4][5]对应的地址为__________。

9. 广义表((a),a)的表头是__________,表尾是__________。

10. 广义表((a))的表头是__________,表尾是__________。

11. 广义表(((a)))的表头是__________,表尾是__________。

12. 取出广义表 A=((x,y,z),(a,b,c,d))中原子 b 的函数是__________。

13. 取出广义表 A=((x,(a,b,c,d)))中原子 c 的函数是__________。

14. 广义表 A=(x,((a,b),c,d)),函数 head(head(tail(A)))的运算结果是__________。

三、解答题

15. 已知二维数组 A[m][n]按行优先顺序存储在内存中,假设每个元素占 d

个存储单元，第一个元素的存储地址表示为 LOC(A[0][0])，写出计算数组 A 的任一元素 A[i][j]的存储地址的公式。

16. 已知二维数组 A[5][10]按行优先顺序存储在内存中，假设每个元素占 3 个存储单元，第一个元素的存储地址即 LOC(A[0][0])＝1000，计算出 LOC(A[3][4])的值。

17. 已知有一个 10 阶对称矩阵 A，采用压缩存储方式存储(以行序为主，每个元素占 1 个单元)，其起始地址为 1100，写出 A[4][5]的地址。

18. 求下面各广义表的表头和表尾：

(1) ((a,b),c,d)；

(2) (a,b,c)；

(3) ((a,b,c))；

(4) (a,(b,c),d)；

(5) ((a,b),(c,(d,( ))))。

19. 求下面各广义表的长度和深度：

(1) ((a),((b),c),(((d))))；

(2) (a,(a,b),d,e,((i,j),k))；

(3) (((a,b),(c,(d,e))；

(4) ((a),((b),c),(((d))))。

20. 写出下面所给稀疏矩阵对应的三元组表。

$$\begin{bmatrix} 0 & 0 & 1 & 0 \\ 0 & -5 & 0 & 2 \\ 0 & 3 & 0 & 0 \\ 4 & 0 & -2 & 0 \end{bmatrix}$$

5.5　课 程 设 计

1. 稀疏矩阵的压缩存储和运算。

为了节省存储单元，对稀疏矩阵，用压缩存储方法只存储非零元素。由于非零元素的分布一般没有规律，因此在存储非零元素时，还必须存储适当的辅助信息。要求不使用三元组表存储稀疏矩阵，并基于此存储方式编写矩阵加法、矩阵转置等算法。

2. 广义表的运算。

同线性表类似,可以对广义表进行各种运算。由于广义表在结构上较线性表复杂得多,因此广义表的运算也比线性表复杂。本设计要求实现广义表的建立、查找、输出、取表头、取表尾、求深度、求逆表等。(本设计在附录Ⅱ中附有样例供参考。)

第6章 树

本章的内容较多,也是本课程的一个重点,因此要抓住重点,从中建立树形结构的概念,体会如何将非线性结构线性化的思想,从而加深对树及二叉树概念的理解。对一些主要的概念,要做到熟记、熟练。学习本章的内容还要阅读理解大量的有关算法,并通过一些实例来加深对这些算法的理解。

6.1 知识结构

本章内容较多,考核要求较高,除了部分内容要求达到"领会"层次外,更多的内容是要求达到"简单应用"和"综合应用"层次。

要求达到"领会"层次的知识点有:

(1) 树的逻辑结构特征,树的不同表示方法;

(2) 树的常用术语及含义;

(3) 二叉树的三种遍历算法,理解其执行过程;

(4) 确定三种遍历所得到的相应的结点访问序列;

(5) 以遍历算法为基础,设计有关算法解决简单的应用问题;

(6) 二叉树线索化的目的及实质;

(7) 在中序线索树中查找给定结点的中序前趋和中序后继的方法;

(8) 查找给定结点的前序前趋和后序后继的方法;

(9) 树和森林与二叉树之间的转换方法;

(10) 树的各种存储结构及其特点,树的两种遍历方法。

要求达到"简单应用"层次的知识点有:

(1) 二叉树的递归定义及树与二叉树的差别;

(2) 二叉树的性质,了解相应的证明方法;

(3) 二叉树的两种存储方法,它们的特点及适用范围;

(4) 最优二叉树和最优前缀码的概念及特点;

(5) 哈夫曼算法的思想；

(6) 根据给定的叶结点及其权值构造出相应的最优二叉树；

(7) 根据最优二叉树构造对应的哈夫曼编码。

要求达到"综合应用"层次的知识点有：

(1) 二叉树的三种遍历算法，理解其执行过程；

(2) 确定三种遍历所得到的相应的结点访问序列；

(3) 以遍历算法为基础，设计有关算法解决简单的应用问题。

本章的学习重点主要是：熟悉二叉树的定义、性质；熟练掌握二叉树的存储结构、二叉树的遍历；了解最优二叉树的特性，掌握建立最优二叉树和哈夫曼编码的方法。

6.2 知 识 解 析

在树形结构中，二叉树最为重要，本章的重点就是要掌握二叉树遍历算法及有关应用；难点是使用本章所学到的有关知识编写实现二叉树各种运算的算法，解决与树或二叉树相关的应用问题。

6.2.1 树的概念和术语

1. 树的表示方法

在不同的应用场合，树的表示方法也不尽相同。除最常用的**树形**表示法外，通常还有三种表示法，它们是**嵌套集合**表示法、**凹形**表示法和**广义表**表示法。

2. 术语

结点的度：一个结点拥有的子树数称为该结点的度。

树的度：一棵树中结点的最大度数定义为该树的度。

叶结点(或终端结点)：度为零的结点称为叶结点。

结点的层数：是从根算起，设根的层数为 1，其余结点的层数等于其双亲结点的层数加 1。

树的深度：树中结点的最大层数称为树的深度(或高度)。

6.2.2　二叉树概述

1. 二叉树的性质

二叉树有两个非常重要的性质，它们是：

性质 1　二叉树的第 i 层上的结点数最多为 2^{i-1} $(i\geqslant 1)$。

性质 2　深度为 k 的二叉树至多有 2^k-1 个结点。

满二叉树和完全二叉树是二叉树的两种特殊情形。

满二叉树　一棵深度为 k 且有 2^k-1 个结点的二叉树称为满二叉树。

完全二叉树　若一棵二叉树至多只有最下面的两层上结点的度数可以小于 2，并且最下一层上的结点都集中在该层最左边若干位置上，则此二叉树称为完全二叉树。

2. 二叉树的存储

(1) 顺序存储

顺序存储一棵二叉树时，首先要对该树中每个结点进行编号，然后以各结点的编号为下标，把各结点的值对应存储到一维数组中。树中各结点的编号与等深度的完全二叉树对应位置上结点的编号相同。注意，编号从 0 开始。

顺序存储方式有时会产生很大的浪费，如一个深度为 k 的歪斜树，却需要 2^k-1 个存储分量来存储。

(2) 链式存储(二叉链表)

在二叉树的链式存储中，通常采用的方法是：每个结点中设置三个域，即值域、左指针域和右指针域。用 data 表示值域，用 lchild 和 rchild 分别表示指向左、右子树(孩子)的指针域，相应的类型说明为：

```
typedef struct node {
    DataType data;
    struct node * lchild, * rchild;
}BinTBode;
typedef  BinTNode * BinTree;
```

在一棵二叉树中，所有类型为 BinTNode 的结点及一个指向根结点(即开始结点)的 BinTree 型头指针 bt，就构成了二叉树的链式结构，将其称为**二叉链表**。二叉树上的有关运算一般都是采用链式存储结构。

6.2.3　二叉树的运算

1. 二叉树的遍历

遍历是二叉树上最重要的运算之一，它是二叉树上进行其他运算的基础。所谓遍历,是指沿着某条搜索路线,依次对树中每个结点访问一次且仅访问一次。

二叉树的定义是递归的,一棵非空的二叉树是由根结点、左子树、右子树这 3 个基本部分组成的,因此遍历一棵非空二叉树的问题可分解为 3 个子问题:访问根结点、遍历左子树和遍历右子树。根据二叉树上 3 个基本部分访问的先后顺序,有 3 种遍历方案:**前序遍历**、**中序遍历**和**后序遍历**。显然,遍历左、右子树的子问题和遍历整棵二叉树的问题具有相同的特征属性,因此可很容易地写出 3 种遍历的递归算法:

◆ **前序遍历二叉树**:若二叉树非空,则依次访问根结点,前序遍历左子树,前序遍历右子树。

◆ **中序遍历二叉树**:若二叉树非空,则依次中序遍历左子树,访问根结点,中序遍历右子树。

◆ **后序遍历二叉树**:若二叉树非空,则依次后序遍历左子树,后序遍历右子树,访问根结点。

由此可见,二叉树的遍历是以一定的规则将二叉树中的结点排成一个线性序列,在这个线性序列中,每个结点(除第一个和最后一个结点外)有且仅有一个直接前驱和一个直接后继。这也称为非线性结构的线性化。

2. 非递归遍历算法

教材中一般仅介绍二叉树的递归遍历算法,因为其相对较简单,但理解比较困难。为了加深对遍历的理解,这里将简单地讨论非递归的遍历算法。

根据递归算法执行过程中递归工作栈的状态变化状况,可很容易地写出相应的非递归算法。例如,从中序遍历递归算法的执行过程可知,递归工作栈中包括两项,一项是递归调用的语句编号,另一项则是指向根结点的指针。当栈顶记录中的指针值为非空时,应该遍历左子树,即指向左子树根结点的指针进栈。当栈顶记录中的指针值为空时,则应该退至上一层。此时,若是从左子树返回,则应访问当前栈顶记录中指针所指向的根结点;若是从右子树返回,则说明当前层已遍历结束,继续退栈。由此可以得到非递归的中序遍历算法。

(1) 利用栈的非递归中序遍历算法:

```
void Inorder1(BinTree bt)
{ //同样采用二叉链表存储结构,并假定结点值为字符型
  InitStack(S);Puch(S,bt);
  while(! StackEmpty(S))
  { while(GetTop(S))
      Push(S,GetTop(S)->lchild);//一直到左子树空为止
      p=Pop(S);                     //空指针退栈
    if(! StackEmpty(S)) {
```

```
            printf("%c",GetTop(S)->data);//访问根结点
            p=Pop(S);Push(S,p->rchild);//右子树进栈
        }
    }
}
```

(2) 根据(1)的算法思想,也可以用指针数组来实现,其算法如下:

```
void Inorder2(BinTree  bt)
{ //二叉树非递归中序遍历算法
    top=0; ST[top]=bt;//ST为一指针数组
    do {  while (ST[top]! =NULL)
          { //扫描根结点及其所有的左结点并将其地址装入数组
            top-top+1;
            ST[top]=ST[top-1]->lchild;
          }
          top=top-1;
          if (top>0) //判断数组中地址是否访问完
          { printf ("%c", ST[top]->data); //访问结点
             ST[top]=ST[top]->rchild; //扫描右子树
          }
    } while (top! =0) );
}
```

类似中序遍历,可设计出利用栈对二叉链表树进行前序遍历的非递归算法。算法思想是:利用栈,先将二叉树根结点指针入栈,然后执行出栈,获取栈顶元素值(即结点指针),若不为空值,则访问该结点,再将右、左子树的根结点指针分别入栈,依次重复出栈入栈,直至栈空为止。具体实现算法如下:

```
void Preorder1(BinTree bt)
{ //非递归前序遍历二叉树
    InitStack(S);//初始化栈
    Push(S,bt);  //根结点指针进栈
    while(! StackEmpty(S))
    {
        p=Pop(S);//出栈
        if(p! =NULL)
        { printf("%c",p->data);//访问结点,假设数据域为字符型
          Push(S,p->rchild);//右子树入栈
          Push(S,p->lchild);//左子树入栈
        }
```

```
    }
}
```

【例 6.1】 对如图 6.1 所示二叉树,写出其前、中、后序遍历序列。

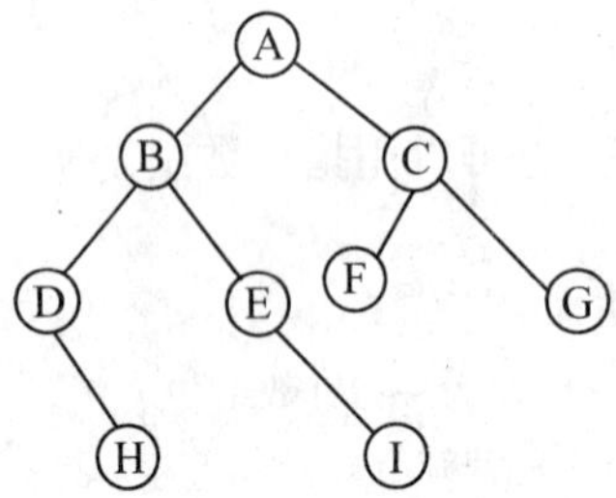

图 6.1

前序遍历序列为:ABDHEICFG。

中序遍历序列为:DHBEIAFCG。

后序遍历序列为:HDIEBFGCA。

6.2.4 线索二叉树

从上一节的讨论中我们知道,遍历二叉树是按一定的规则将二叉树中的结点排列成一个线性序列,即得到二叉树中结点的前序序列或中序序列或后序序列,这实质上是对一个非线性结构的线性化操作,使每个结点(除第一个结点和最后一个结点外)在这个线性序列中有且仅有一个直接前趋和一个直接后继。

但是,当用二叉链表作为二叉树的存储结构时,因为每个结点中只有指向其左、右孩子结点的指针域,所以从任一结点出发只能直接找到该结点的左、右孩子,而一般情况下无法直接找到该结点在某种遍历序列中的前趋和后继结点。为了能直接得到结点的前趋和后继结点,可在每个结点中再增加两个指针域来存放遍历时得到的前趋和后继信息。但这种方法将大大降低存储空间的利用率,故并不可取。而另一方面,在有 n 个结点的二叉链表中必定存在 n+1 个空指针域,因此可以利用这些空指针域来存放指向结点在某种遍历次序下的前趋和后继结点的指针,这种指向前趋和后继结点的指针称为**线索**,加上线索的二叉链表称为**线索链表**,相应的二叉树称为**线索二叉树**。

在一个线索二叉树中,为了区分一个结点的左、右孩子指针域中存放的是指向其孩子的指针,还是指向其前趋或后继的线索,可在结点结构中增加两个线索标志域:一个是左线索标志域,用 ltag 表示;另一个是右线索标志域 rtag,ltag 和 rtag 只能取值 0 或 1。增加线索标志域后的结点结构如下:

lchild	ltag	data	rtag	rchild

其中：

$$ltag=\begin{cases}0 & \text{lchild 域指向结点的左孩子}\\1 & \text{lchild 域指向结点的前趋}\end{cases}$$

$$rtag=\begin{cases}0 & \text{rchild 域指向结点的右孩子}\\1 & \text{rchild 域指向结点的后继}\end{cases}$$

线索链表的结点类型可定义如下：

```
typedef struct node {
    DataType data;
    int ltag,rtag;
    struct node *lchild,*rchild;
}BinThrNode;                    //线索链表结点类型
typedef BinThrNode *BinThrTree;//定义线索链表类型
```

对一棵二叉树中的所有结点的空指针域按照某种遍历次序加线索的过程称为**线索化**。那么如何对二叉树进行线索化呢？只要按某种次序遍历二叉树，在遍历过程中用线索取代空指针即可。中序线索化的具体实现思想是：

（1）如果根结点的左孩子指针域为空，则将左线索标志域置1，同时把前趋结点的指针赋给根结点的左指针域，即给根结点加左线索；

（2）如果根结点的右孩子指针域为空，则将右线索标志域置1，同时把后继结点的指针赋给根结点的右指针域，即给根结点加右线索；

（3）将根结点指针赋给存放前趋结点指针的变量，以便当访问下一个结点时，取此根结点作为前趋结点。

设 pre 为存放前趋结点指针的指针变量，它始终指向刚刚访问过的结点，初值置为空；设 bt 指向当前正在访问的结点，初始指向二叉树的根结点。显然，*pre 是结点*bt 的前趋结点，*bt 则是*pre 的后继结点。

例如，对如图6.2所示的二叉树按中序遍历进行线索化，在遍历过程中用线索取代空指针，即可得到如图6.3所示的中序线索链表。

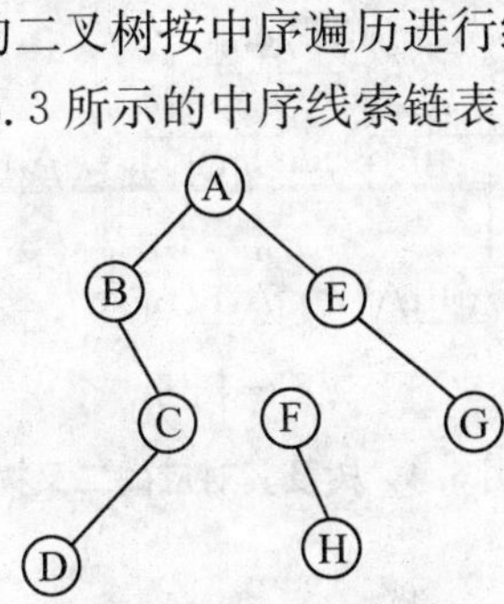

图6.2 一棵二叉树

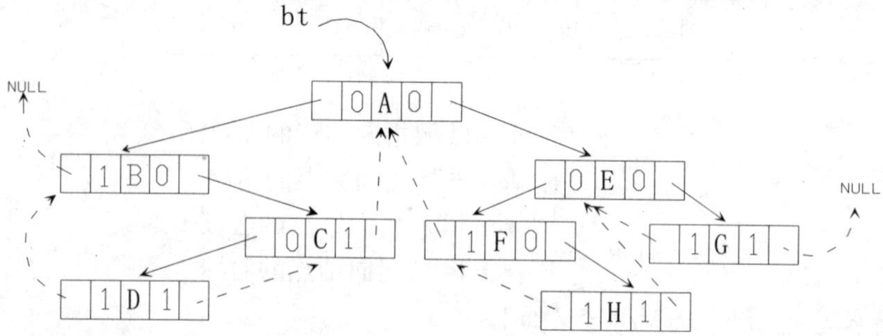

图 6.3　二叉线索链表

6.2.5　树和森林

1. 树的存储结构

常用的树的表示方法有三种:(1) 双亲表示法;(2) 孩子表示法;(3) 孩子兄弟链表表示法。最有用的是孩子兄弟链表表示法,它对于理解二叉树到树、森林的转换是非常重要的。这种存储结构在存储结点信息的同时,要附加两个分别指向该结点最左孩子和右邻兄弟的指针域 fch 和 nsib。其结构可定义如下:

```
typedef struct csnode {
    DataType data;
    struct csnode * fch, * nsib;
}CSNode;
typedef CSNode * CSTree;
CSTree T; //T就是定义的树
```

例如,对如图 6.4(a)所示的一棵树,按上述类型定义可得到一棵对应的二叉链表树以及相应的二叉树,如图 6.4(b)、图 6.4(c)所示。

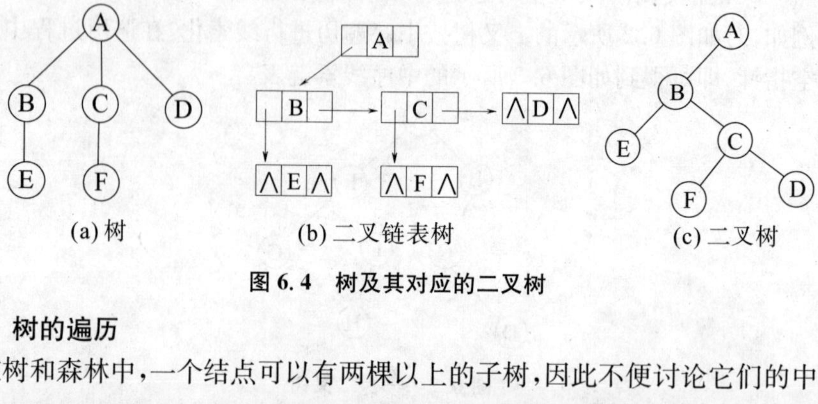

图 6.4　树及其对应的二叉树

2. 树的遍历

在树和森林中,一个结点可以有两棵以上的子树,因此不便讨论它们的中根次序遍历,但仍然可研究其前根次序和后根次序的遍历。

设有树 T,结点 R 是它的根,根的子树从左到右依次为 $T_1,T_2,\cdots,T_k$。树的两种遍历方法定义为:

(1) 前序遍历树 T。

① 若树 T 非空,访问根结点 R;

② 依次前序遍历根 R 的各子树 $T_1,T_2,\cdots,T_k$。

(2) 后序遍历树 T。

① 若树 T 非空,依次后序遍历根 R 的各子树 $T_1,T_2,\cdots,T_k$;

② 访问根结点 R。

注意 前序遍历一棵树恰好等价于前序遍历该树对应的二叉树,后序遍历树恰好等价于中序遍历该树对应的二叉树。

3. 树、森林与二叉树的转换

在树或森林与二叉树之间有一个自然的一一对应关系,即任何一棵树或一个森林都可惟一对应一棵二叉树;反之,任何一棵二叉树也能惟一地对应一棵树或一个森林。

要把树或森林转换为二叉树,就必须找到一种结点与结点之间至多用两个量说明的关系。我们知道树中每个结点至多只有一个最左边的孩子(长子)和一个右邻的兄弟,按照这种关系,只需要按下面的方法即可将一棵树转换成二叉树:首先在所有兄弟结点之间加一道连线;再对每个结点,除了保留长子的连线外,去掉该结点与其他孩子的连线。由于树根没有兄弟,所以转换后二叉树根结点的右子树必为空,如图 6.4(c)所示。

将一个森林转换为二叉树的方法是:先将森林中的每棵树转换为二叉树,然后将各二叉树的根结点看作是兄弟连在一起,就形成了一棵二叉树。

反过来,可以把二叉树转换成树或森林,方法是:若结点 x 是双亲 y 的左孩子,则把 x 的右孩子、右孩子的右孩子……都与 y 用连线连起来,最后去掉所有双亲到右孩子的连线。

6.2.6 哈夫曼树

1. 基本术语

◆ **路径和路径长度**:若在一棵树中存在着一个结点序列 $k_1,k_2,\cdots,k_j$,使得 k_i 是 k_{i+1} 的父结点($1\leqslant i\leqslant j$),则称该结点序列是从 k_1 到 k_j 的路径。从 k_1 到 k_j 所经过的分支数称为这两点之间的路径长度。

◆ **结点的权和带权路径长度**:树中的结点上赋予的一定意义的实数,称为该结点的权。从树根结点到该结点之间的路径长度与该结点上权的乘积称为该结点的带权路径长度。

◆ **树的带权路径长度**：树中所有叶子结点的带权路径长度之和，称为树的带权路径长度，记为：

$$WPL = \sum_{i=1}^{n} w_i l_i$$

其中 n 表示叶子结点个数，w_i和 l_i分别表示叶子结点 k_i的权值和根到 k_i之间的路径长度。

◆ **哈夫曼树**：在权值为 $w_1, w_2, \cdots, w_n$的 n 个叶子结点构成的所有二叉树中，带权路径长度 WPL 最小的二叉树称为哈夫曼树，又称**最优二叉树**。

2. 构造哈夫曼树

构造哈夫曼树的算法思想如下：

(1) 根据与 n 个权值$\{w_1, w_2, \cdots, w_n\}$对应的 n 个结点构成 n 棵二叉树的森林 $F=\{T_1, T_2, \cdots, T_n\}$，其中每棵二叉树 T_i都只有一个权值为 w_i的根结点，其左、右子树均为空。

(2) 在森林 F 中选出两棵根结点的权值最小的树作为一棵新树的左、右子树，且置新树的附加根结点的权值为其左、右子树上根结点的权值之和；从 F 中删除这两棵树，同时把新树加入到 F 中。

(3) 重复(1)和(2)，直到 F 中只有一棵树为止，此树便是哈夫曼树。

3. 哈夫曼编码

利用哈夫曼树求得的用于通信的二进制编码称为哈夫曼编码。哈夫曼树中，从根到每个叶子都有一条路径，对路径上的各分支约定指向左子树的分支表示“0”码，指向右子树的分支表示“1”码，取每条路径上的“0”和“1”的序列作为和各个叶子对应的字符的编码，这就是哈夫曼编码。

通常我们把数据压缩的过程称为编码，反之，解压缩的过程称为解码。例如，字符串“ABCDBACA”中有四种字符，只需要用 2 位二进制码表示即可：A、B、C、D 分别为 00、01、10、11，那么上述字符串即被编码为：0001101101001000，总长为 16 位。译码时两位一分即可。但在信息传递时，总希望总长能尽可能地短，即采用最短码。如果对每个字符设计长度不等的编码，且让出现次数较多的字符用尽可能短的编码，那么传送电文的总长便可缩短。例如，设计字母 A、B、C 和 D 的编码分别为 0、1、00 和 01，则上述 8 个字符的电文可转换成总长为 11 的编码 01000110001。然而，编码总长虽然短了，但是这样的电文无法译码。例如编码串的前 4 位“0100”既可以译成“ABAA”，也可以译成“ABC”，还可以译为“CD”等。

因此，若要设计一种长短不等的编码，则必须是任一字符的编码都不是另一个字符编码的前缀，这种编码称为前缀编码。

可以利用二叉树来设计二进制的前缀编码：图 6.5 所示的二叉树，左分支表示字符“0”，右分支表示字符“1”，则可以用根结点到叶结点的路径上分支字符组成的串作为该叶结点的字符编码，由此可得到字符 A、B、C、D 的二进制前缀编码分别为 0、10、110、111。

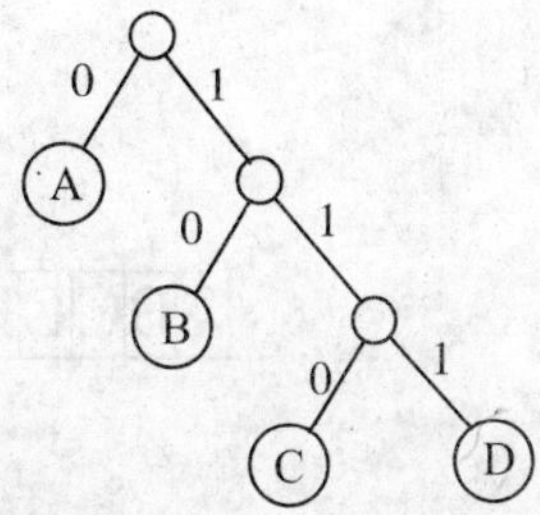

图 6.5　前缀编码树示例

假设每种字符在电文中出现的次数为 w_i，编码长度为 l_i，电文中有 n 种字符，则电文编码总长为 $\sum w_i l_i$。若将此对应到二叉树上，w_i 为叶结点的权，l_i 为根结点到叶结点的路径长度，则 $\sum w_i l_i$ 恰好为二叉树上的带权路径长度。

因此，设计电文总长最短的二进制前缀编码，就是以 n 种字符出现的频率作为权，构造一棵哈夫曼树，此构造过程称为哈夫曼编码。

6.3　解题思路

6.3.1　二叉树的遍历

根据二叉树的递归定义，遍历一棵非空二叉树的问题可分解为 3 个子问题：即访问根结点、遍历左子树和遍历右子树。若分别用 D、L 和 R 表示以上 3 个问题，则有 DLR、LDR、LRD、DRL、RDL、RLD 六种次序遍历方案。其中前 3 种方案是按先左后右次序遍历根的两棵子树，而后 3 种则是按先右后左次序遍历两棵子树。由于两者对称，因此我们在这里仅讨论前 3 种次序的遍历方案。

在遍历方案 DLR 中，因为访问根结点的操作在遍历左、右子树之前，故称之为前序(Preorder)遍历或先根遍历；在方案 LDR 中，访问根结点的操作在遍历左子树之后、遍历右子树之前，故称之为中序(Inorder)遍历或中根遍历；在方案 LRD 中，因为访问根结点的操作在遍历左、右子树之后，故称之为后序(Postorder)遍历或后根遍历。显然，遍历左、右子树的问题仍然是遍历二叉树的问题，故形成了递归，当二叉树为空时递归遍历结束。根据三种遍历二叉树的递归算法思想得到的访问结点的序列称为遍历序列，按中序遍历算法得到的序列称为**中序序列**，类似地有**前序序列**和**后序序列**。下面通过例题来进一步解析二叉树的遍历。

【例 6.2】　已知二叉树的顺序存储结构如图 6.6(a)所示，要求画出其二叉树，并写出该二叉树的前序、中序和后序的遍历序列。

【分析】　(1) 二叉树的顺序存储结构，是把二叉树的所有结点按照一定的次

0	1	2	3	4	5	6	7	8	9	10	11	12
A	B	C	D	E	G	φ	φ	φ	F	φ	φ	H

(a)

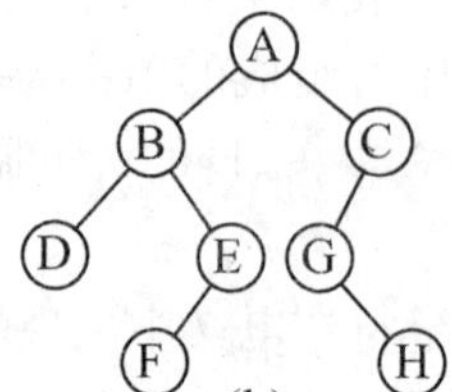

(b)

图 6.6　顺序存储结构的二叉树

序存储到一片连续的存储单元中，因此必须把结点安排成一个适当的线性序列，这也就是所谓的非线性结构的线性化。为了能用结点向量中的相对位置来表示结点之间的逻辑关系，必须按完全二叉树的形式来存储树中的结点，若二叉树不是完全二叉树，就要添加一些实际上并不存在的“虚结点”，用“φ”表示。所以，只要按完全二叉树的层次顺序即可画出该二叉树，如图 6.6(b)所示。

(2) 本题二叉树的各种遍历结果如下：

前序遍历序列：ABDEFCGH。

中序遍历序列：DBFEAGHC。

后序遍历序列：DFEBHGCA。

【例 6.3】 试编写一个非递归的按层遍历二叉链表树的算法。

其算法思想是：采用一队列 Q，若树不空，先将二叉树根结点输出，并将根结点指针入队，然后出队，若根结点有左子树，则将左子树的根结点输出并将其指针入队，若其有右子树，则将其右子树的根结点输出并入队，再出队，如此下去，直至队列空为止。因此，可设计实现要求的算法如下：

```
void TransLevel(BinTree bt)
{ //按层遍历二叉树，从上到下，从左到右
    InitQueue(Q);//初始化队列为空队列
    if(bt==NULL)
        return;    //二叉树为空，返回
    else
    {
        printf("%c",bt->data); //输出根结点，假设其数据域为字符型
        EnQueue(Q,bt);          //根结点指针入队
        while(! QueueEmpty(Q))
        {
          bt=DeQueue(Q);    //出队列
          if(bt->lchild! =NULL)
          { printf("%c",bt->lchild->data); //输出左子树根结点
```

```
            EnQueue(Q,bt－＞lchild);            //左子树入队列
          }
          if(bt－＞rchild! ＝NULL)
          { printf("%c",bt－＞rchild－＞data); //输出右子树根结点
            EnQueue(Q,bt－＞rchild);            //右子树入队列
          }
        }//end of the while
      }//end of the if
  }
```

6.3.2 哈夫曼树

如何生成哈夫曼树、哈夫曼编码呢？下面通过例题来加深理解。

【例 6.4】 学生的成绩在 5 个等级上的分布是不均匀的，现假设其分布规律如表 6.1 所示。试以 5,15,40,30 和 10 为权值构造一棵有 5 个叶结点(用 a,b,c,d,e 表示)的哈夫曼树。

表 6.1

分数	0～59	60～69	70～79	80～89	90～100
比例数	0.05	0.15	0.40	0.30	0.10

【分析】 按照构造哈夫曼树的算法，很容易一步一步地得到如图 6.7(a)所示的最优二叉树。

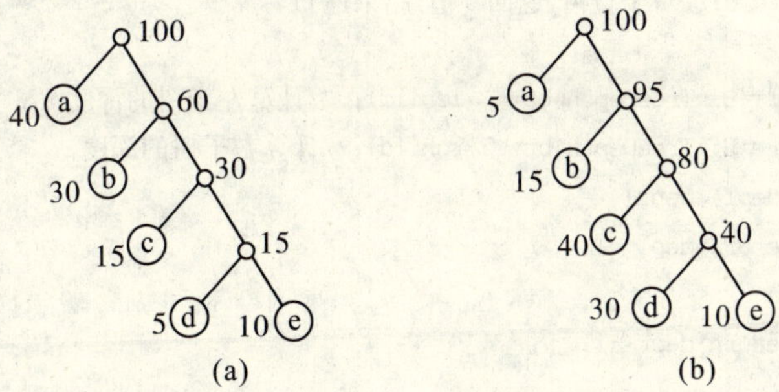

图 6.7 构造哈夫曼树示意图

如果按常规编程实现学生成绩等级的判断，可用下面程序段：

```
if (score＜60) dj＝"bad";
    else if(score＜70) dj＝"pass";
        else if(score＜80) dj＝"general";
```

```
        else if(score<90) dj="good";
            else dj="excellent";
```

由此程序段可得到如图 6.7(b)所示的二叉判定树，那么此二叉树和图 6.7(a)表示的二叉树进行比较，它们的带权路径长度分别为：

(a)　WPL=5×4+10×4+15×3+30×2+40×1=205

(b)　WPL=30×4+10×4+40×3+15×2+5×1=315

另外，如果根据图 6.7(a)所示的二叉判定树来编写程序，对两者的执行操作进行比较，假设输入 10000 个数据，按图 6.7(b)所示的判定过程进行操作，共需要进行 31500 次；而按图 6.7(a)所示的判定过程进行操作，则只需要 22000 次。如果输入数据更多，则差距会更大。因此，要设计一个好的判定程序，就需要按要求去建立相应的哈夫曼树。

6.3.3　二叉树上的其他运算

【例 6.5】　求二叉树的深度(或高度或层数)。

【分析】　若一棵二叉树为空，则它的深度为 0，否则它的深度等于其左、右子树中的最大深度加 1。设 depl 和 depr 分别表示左、右子树的深度，则二叉树的深度为 max(depl,depr)+1。

因此，求二叉树深度的递归算法可设计如下：

```
int BinTreeDepth(BinTree bt)
{//求由 bt 指向的二叉树的深度
    if(bt==NULL)
      return 0;//对于空树，返回 0 值，结束递归
    else
    { depl=BinTreeDepth(bt->lchild); //计算左子树的深度
      depr=BinTreeDepth(bt->rchild);//计算右子树的深度
      if(depl>depr)
        return depl+1;
      else
        return depr+1;
    }
}
```

【例 6.6】　以二叉链表为存储结构，试编写在二叉树中查找值为 x 的结点及求 x 所在结点在树中层数的算法。

【分析】　(1) 按值查找。该算法比较简单，无论是利用三种遍历算法的哪一种，都很容易实现，不妨用前序遍历算法：

```
BinTNode  *P;//定义一全局变量
void  FindBT(BinTree T)
{  if ((T! =NULL)&&(! found))
    {  if (T->Data==x)
       { P=T;  found=1;}
      else
        { FindBT(T->lchild);
          FindBT(T->rchild);
        }
    }
}
BinTNode * FindX(BinTree  T, DataType  x)
{
    int  found=0;
    P=NULL;  FindBT(T);
    return(P);
}
```

(2) 求结点的层次。依照题意,仍然采用递归算法。设 p 指向查找的结点;h 为 p 所指结点所在的层数,其初值为 0,树为空时返回 0;lh 指示二叉树 T 的层数(即高度),其初值为 1。实现算法如下:

```
int h=0; //h定义为一个全程量
void Level (BinTree T, BinTNode *p, int lh)
{   if (T==NULL)
      h=0;
    else
      if(T==p)
         h=lh;
       else {
           Level (T->lchild,p, lh+1) ;
           if(h==0)
              Level (T->rchild,p, lh+1);
       }
}
```

下面给出一棵实例二叉链表树,并带有假设的地址,其中 T 值为 100,P 值为 500,如图 6.8 所示,以此来分析和解释上述算法的执行过程及每一过程中相关的变量值的变化:

调用　　T　　T->data　　p->data　　h　　lh

(1) Level(T,p,1)	100	'a'	'e'	1	−1
(2) Level(T－>lchild,p,lh+1)	200	'b'	'e'	−1	2
(3) Level(T－>lchild,p,lh+1)	400	'd'	'e'	−1	3
(4) Level(T－>lchild,p,lh+1)	NULL		'e'	0	4
(5) Level(T－>rchild,p,lh+1)	NULL		'e'	0	4

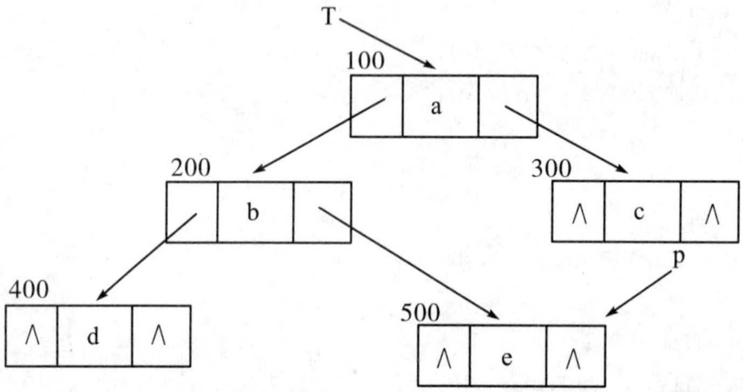

图 6.8　二叉链表树

因为地址 400 的左、右孩子结点均为空，所以执行要回溯到(2)查找右子树：

Level(T－>rchild,p,lh+1)　　300　'e'　　　'e'　　3　3

接着回溯到(1)，因为 h=3 而不是 h=−1，不查找右子树，算法结束，得到最终结果为 h=3，即 p 指向的结点在二叉树的第三层。

6.4　同步练习 6

一、单项选择题

1. 对一棵有 100 个结点的完全二叉树从根开始，每一层从左到右依次对结点进行编号，根结点的编号为 1，则编号为 49 的结点的左孩子编号为(　　)。

   A. 99　　B. 98　　C. 50　　D. 48

2. 设深度为 k 的二叉树上只有度为 0 和度为 2 的结点，则此类二叉树中所包含的结点数至少为(　　)。

   A. k+1　　B. 2k+1　　C. 2k−1　　D. 2k

3. 已知某二叉树的后序遍历序列是 dabec，中序遍历序列是 debac，则它的前序遍历序列是(　　)。

A. acbed B. cedba C. Deabc D. decab

4. 若某二叉树的前序遍历序列是 abdgcefh，中序遍历序列是 dgbaechf，则其后序遍历序列是(　　)。

A. bdgcefha B. gdbecfha C. bdgaechf D. gdbehfca

5. 如果某二叉树的前序遍历序列是 stuwv，后序遍历序列是 wuvts，那么该二叉树的中序遍历序列是(　　)。

A. uwvts B. vwuts C. uwtvs D. wutsv

6. 按照二叉树的定义，具有 3 个结点的二叉树有(　　)种。

A. 5 B. 4 C. 3 D. 6

7. 深度为 4 的二叉树至多有(　　)个结点。

A. 17 B. 13 C. 18 D. 15

8. 一棵二叉树如图 6.9 所示，其后序遍历序列为(　　)。

A. abdgcefh B. bgdaechf C. gdbehfca D. abcdefgh

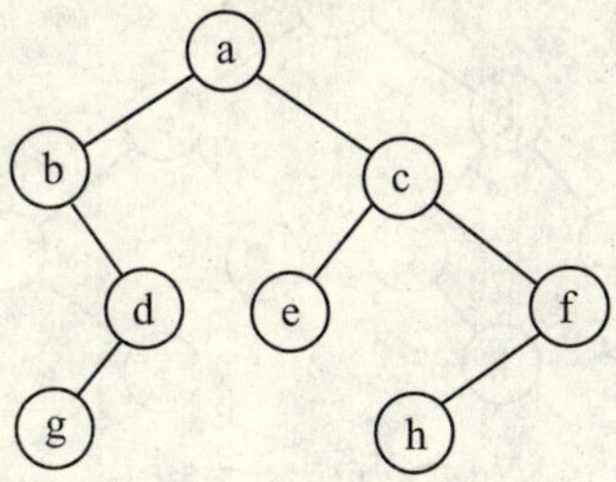

图 6.9　一棵二叉树

9. 以二叉链表作为二叉树的存储结构，在具有 n 个结点的二叉链表中(n>0)，空链域的个数为(　　)。

A. 2n−1 B. n+1 C. n−1 D. 2n+1

10. 一棵左子树为空的二叉树在先序线索化后，其空指针域数为(　　)。

A. 0 B. 1 C. 2 D. 不确定

二、填空题

11. 由二叉树的________序和________序遍历序列可以惟一确定一棵二叉树。

12. 已知二叉树的前序遍历序列为 ABCDEFG，中序遍历序列为 DBCAFEG，则其后序遍历序列为________。

13. 深度为 k 的完全二叉树至多有________个结点，至少有________个结点。

14. 任意一棵二叉树，若度为 0 的结点个数为 n_0，度为 2 的结点个数为 n_2，则 n_0 等于________。

15. 一棵二叉树的第 i(i≥1)层最多有________个结点。

三、解答题

16. 对如图 6.10 所示的树,画出其孩子兄弟链表存储结构。

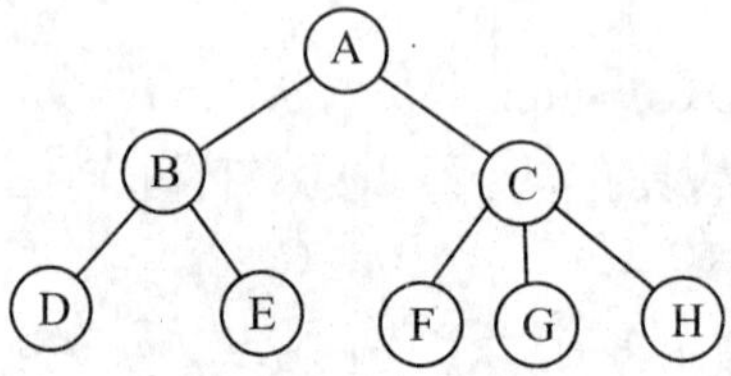

图 6.10 一棵树

17. 如图 6.11 所示的二叉树,分别写出其前序、中序、后序遍历序列。

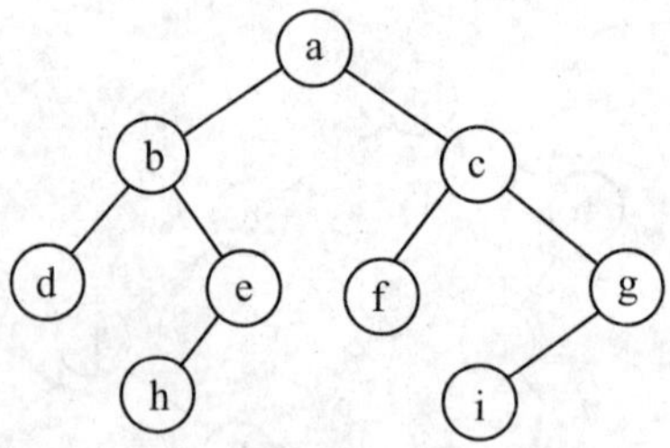

图 6.11 二叉树

18. 已知一棵二叉树的中序遍历序列为 cbafehgd,后序遍历序列为 cbfhgeda,画出此二叉树。

19. 画出如图 6.12 所示的二叉链表树的中序线索二叉树。

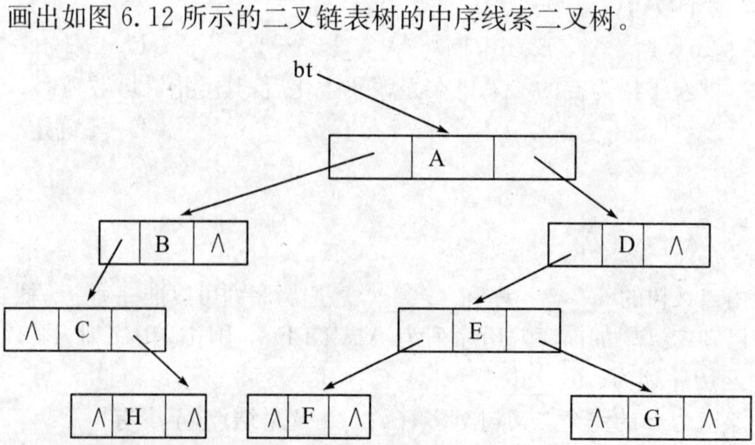

图 6.12 二叉链表树

20. 分别以 8,11,13,5,17,25,21 作为叶结点的权值,构造一棵哈夫曼树,并求该二叉树的带权路径长度 WPL。

21. 假设用于通讯的电文仅由 8 个字母组成,字母在电文中出现的频率分别为 0.10,0.07,0.16,0.05,0.19,0.23,0.12,0.08。试为这 8 个字母设计哈夫曼编码。

四、算法设计题

22. 以二叉链表作为存储结构,试利用指针数组编写非递归的前序遍历二叉树的算法。

23. 以中序线索二叉链表作为存储结构,根结点指针为 bt,试编写从根开始按层遍历二叉树的算法。

24. 以中序线索二叉链表作为存储结构,试编写查找某结点 * p 的中序前趋结点的算法。

6.5　课程设计

1. 求二叉树上结点的路径。

设计要求:在采用链式存储结构存储的二叉树上,bt 指向根结点,p 指向任一给定的结点,编程实现求出从根结点到给定结点之间的路径。

我们知道,在二叉树上无论采用哪种遍历方法,都能够访问遍树中的所有结点,由于访问结点的顺序不同,前序遍历和中序遍历都很难达到设计的要求,但采用后序遍历二叉树是可行的,因为后序遍历是最后访问根结点,按这个顺序将访问过的结点存储到一个顺序栈中,然后再输出即可。因此,我们可非递归后序遍历二叉树 bt,当后序遍历访问到结点 * p 时,此时栈 stack 中存放的所有结点均为给定结点 * p 的祖先,这些祖先连在一起便构成了一条从根结点到结点 * p 之间的路径。

另外,为了加深对遍历二叉树的理解,这里顺便把实现二叉树的非递归遍历也加入到这个设计要求中。(该设计在附录Ⅱ中附有样例供参考。)

2. 哈夫曼编码的应用。

设计要求:对输入的一串电文字符,实现哈夫曼编码;再对哈夫曼编码生成的代码串进行译码,输出电文字符串。

第7章　图

在图结构中，结点之间的关系可以是任意的，图中任意两个元素之间都可能相关，因此，图比线性表和树形结构复杂。图的应用极为广泛，特别是近年来迅速发展，已渗入到诸如语言学、逻辑学、物理、化学、电讯工程、计算机科学以及数学等学科。本章主要从图的概念入手，介绍图的存储结构，讨论图的遍历及有关算法。

7.1　知识结构

本章要求考核的内容较多，但主要是要求达到“领会”层次，少量知识点要求达到“简单应用”层次。主要熟悉图的有关术语和概念，熟练掌握图的两种存储结构，重点是图的两种遍历算法。

要求达到“简单应用”层次的有：

(1) 连通图及非连通图的深度优先搜索和广度优先搜索两种遍历算法，它们的执行过程以及时间分析；

(2) 确定两种遍历所得到的顶点访问序列；

(3) 两种遍历所使用的辅助数据结构(栈或队列)在遍历过程中所起的作用；

(4) 利用图的两种遍历设计算法解决简单的应用问题。

要求达到“领会”层次的有：

(1) 图的逻辑结构特征；

(2) 图的常用术语及含义；

(3) 生成树和最小生成树的概念；

(4) 遍历给定的图，画出深度优先和广度优先生成树或生成森林；

(5) Prim 算法和 Kruskal 算法的基本思想、时间性能及这两种算法各自的特点；

(6) 对给定的连通图，根据 Prim 算法或 Kruskal 算法构造出最小生成树；

(7) 最短路径的含义；

(8) 求单源最短路径的 Dijkstra 算法的基本思想和时间性能；

(9) 对于给定的有向图，根据 Dijkstra 算法画出求单源最短路径的过程示意图；

(10) 拓扑排序的基本思想和步骤；

(11) 拓扑排序不成功的原因；

(12) 对给定的有向图，若拓扑序列存在，则要求写出一个或多个拓扑序列。

本章的学习重点主要是在掌握图的两种存储结构的基础上，充分认识和深刻理解图的深度优先和广度优先的遍历算法，并由此去理解图的有关应用问题。

7.2　知识解析

本章的学习重点是掌握在图的两种存储结构上实现的两种遍历算法；求最小生成树、求最短路径以及拓扑排序等算法是本章的难点，但只要求学生掌握这些算法的基本思想及时间性能。

7.2.1　图的基本术语

有关图的一些基本术语定义如下：

图：图 G 由两个集合 V 和 E 组成，记为 G(V,E)，其中 V 是顶点的有穷非空集合，E 是 V 中顶点偶对有穷集，这些顶点偶对称为边。通常用 V(G)和 E(G)分别表示图 G 的顶点集合和边集合。E(G)也可以为空集，若 E(G)为空，则图 G 只有顶点而没有边。

有向图：对于一个图 G，若边集合 E(G)为有向边的集合，则称该图为有向图。

无向图：对于一个图 G，若边集合 E(G)为无向边的集合，则称该图为无向图。

端点和邻接点：在一个无向图中，若存在一条边(v_i,v_j)，则称 v_i，v_j 为该边的两个端点，并称它们互为邻接点。

起点和终点：在一个有向图中，若存在一条边$<v_i,v_j>$，则称该边是顶点 v_i 的一条出边，是顶点 v_j 的一条入边；称 v_i 为起始端点（或起点），v_j 为终止端点（或终点）；称 v_i 和 v_j 互为邻接点。

度、入度和出度：图中每个顶点的度定义为以该顶点为一个端点的边的数目，记为 D(v)。对于有向图，顶点 v 的度分为入度和出度，入度是以该顶点为终点的入边数目；出度是以该顶点为起点的出边数目，该顶点的度等于其入度和出度之和。

路径和路径长度：在一个无向图 G 中，若存在一个顶点序列 $v_p, v_{i1}, v_{i2}, \cdots, v_{im}$，$v_q$，使得 $(v_p, v_{i1}), (v_{i1}, v_{i2}), \cdots, (v_{im}, v_q)$ 均属于 E(G)，则称顶点 v_p 到 v_q 存在一条路径。路径长度是指一条路径上经过的边的数目。

简单路径：若一条路径上除了起点和终点为同一个顶点外，其余顶点均不相同，则称该路径为一条简单路径。

简单回路或简单环：起点和终点相同的简单路径称为简单回路或简单环。

连通、连通图：在无向图 G 中，若从顶点 v_i 到顶点 v_j 有路径，则称 v_i 和 v_j 是连通的。若图 G 中任意两个顶点 v_i 和 v_j 都连通，则称 G 为连通图，否则为非连通图。

强连通图：在有向图 G 中，若任意两个顶点 v_i 和 v_j 都连通，即从 v_i 到 v_j 和从 v_j 到 v_i 都存在路径，则称该图是强连通图。

权和网络：在一个图中，每条边可以标上具有某种含义的数值，该数值称为该边的**权**。边上带权的图称为带权图，也称为网络。

7.2.2 图的存储表示方式

图有两种基本的存储方式，即邻接矩阵和邻接表。

1. 邻接矩阵表示法

邻接矩阵是表示顶点之间相邻关系的矩阵。设 G=(V,E)是具有 n 个顶点的图，则 G 的邻接矩阵是具有如下性质的 n 阶方阵：对每个矩阵元素 A[i,j]，若 (v_i, v_j) 或 $<v_i, v_j>$ 是 E(G)中的边，其值为 1，否则其值为 0。

2. 邻接表表示法

对于图 G 中的每个顶点 v_i，把所有邻接于 v_i 的顶点 v_j 链成一个单链表，这个单链表就称为顶点 v_i 的**邻接表**。邻接表中每个表结点均有两个域，一个是邻接点域，用以存放与 v_i 相邻接的顶点 v_j 的序号 j；另一个是链域，用来把所有 v_i 的邻接点链在一起。再为每个顶点 v_i 的邻接表设置一个头结点，头结点包括两个域，其中一个是顶点域，用来存放顶点 v_i 的信息；另一个是指针域，它是 v_i 的邻接表的头指针。将所有邻接表的头结点顺序存储在一个向量中就构成了图 G 的**邻接表表示**。

显然，对于无向图而言，v_i 的邻接表中每个表结点都对应与 v_i 相关联的一条边；对于有向图来说，v_i 的邻接表中每个表结点都对应以 v_i 为始点射出的一条边。因此，我们将无向图的邻接表称为**边表**，将有向图的邻接表称为**出边表**，将邻接表的表头向量称为**顶点表**。有向图还有一种称为**逆邻接表表示法**，该方法为图中每个顶点 v_i 建立一个**入边表**，入边表中的每个结点均对应一条以 v_i 为终点(即射入 v_i)的边。学会画出给定图的邻接表是这一节的基本要求。

【例 7.1】 假设有如图 7.1 所示的图 G,试给出该图的邻接矩阵和邻接表。

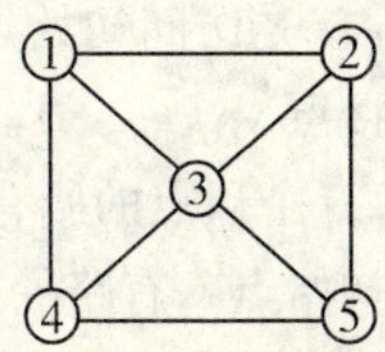

图 7.1　图 G

【分析】（1）根据邻接矩阵的定义,可得邻接矩阵如下所示:

$$A=\begin{bmatrix}0 & 1 & 1 & 1 & 0\\ 1 & 0 & 1 & 0 & 1\\ 1 & 1 & 0 & 1 & 1\\ 1 & 0 & 1 & 0 & 1\\ 0 & 0 & 1 & 1 & 0\end{bmatrix}$$

（2）根据邻接表的定义建立的邻接表如图 7.2 所示。

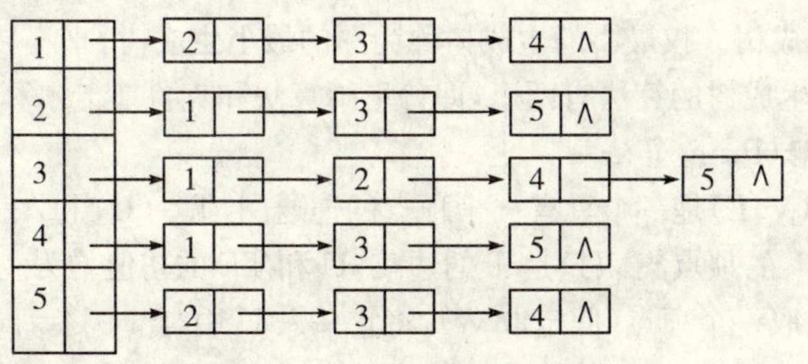

图 7.2

7.2.3　图的基本运算

图的基本运算有深度优先搜索、广度优先搜索、生成最小生成树和产生最短路径等。

1. 深度优先搜索法

深度优先搜索的基本思想是:从图 G 中某个顶点 v_0 出发,访问 v_0,然后选择一个与 v_0 相邻且没有被访问过的顶点 v_i 进行访问,再从 v_i 出发选择一个与 v_i 相邻且未被访问过的顶点 v_j 进行访问……如果当前被访问过的顶点的所有邻接顶点都已被访问,则退回到已被访问的顶点序列中最后一个拥有未被访问的相邻顶点的顶点 w,从 w 出发按同样方法向前遍历,直到图中所有顶点都被访问为止。

2. 广度优先搜索

广度优先搜索的基本思想是：首先访问初始点 v_i，并将其标记为已访问过，接着访问 v_i 的所有未被访问过的邻接点 $v_{i1}, v_{i2}, \cdots, v_{it}$，并均标记为已访问过，然后再按照 $v_{i1}, v_{i2}, \cdots, v_{it}$ 的次序，访问每一个顶点的所有未被访问过的邻接点，并均标记为已访问过……直到图中所有和初始点 v_i 有路径相通的顶点都被访问过为止。

例如，对图 7.1 所示的图 G，按上述深度优先搜索和广度优先搜索遍历算法思想，可得到该图从顶点 4 开始搜索所得的深度优先搜索(DFS)和广度优先搜索(BFS)遍历序列：

DFS 序列为：4，1，2，3，5

BFS 序列为：4，1，3，5，2

3. 生成最小生成树

在一个连通图 G 中，如果取它的全部顶点和一部分边构成一个子图 G′，即：

$$V(G')=V(G), E(G')\subset E(G)$$

若边集 E(G′)中的边既将图 G 中的所有顶点连通又不形成回路，则称子图 G′是原图 G 的一棵**生成树**。权最小的生成树称为图的**最小生成树**。

生成最小生成树的算法有两个，即普里姆算法和克鲁斯卡尔算法。

(1) 普里姆(Prim)算法

假设 G=(V,E)是一个具有 n 个顶点的连通网，T=(U,TE)是 G 的最小生成树，其中 U 是 T 的顶点集，TE 是 T 的边集，U 和 TE 的初值均为空。算法开始时，首先从 V 中任取一个顶点(假定取 v_1)，将它并入 U 中，此时 $U=\{v_1\}$，然后只要 U 是 V 的真子集(即 $U\subset V$)，就从那些一个端点已在 T 中，另一个端点仍在 T 外的所有边中，找一条最短(即权值最小)边，假定为(v_i, v_j)，其中 $v_i\in U, v_j\in V-U$，并把该边(v_i, v_j)和顶点 v_j 分别并入 T 的边集 TE 和顶点集 U，如此进行下去，每次往生成树里并入一个顶点和一条边，直到(n−1)次后把所有 n 个顶点都并入到生成树 T 的顶点集中，此时 U=V，TE 中包含有(n−1)条边，T 就是最后得到的最小生成树。

(2) 克鲁斯卡尔(Kruskal)算法

假设 G=(V,E)是一个具有 n 个顶点的连通网，T=(U,TE)是 G 的最小生成树，U 的初值等于 V，即包含有 G 中的全部顶点，TE 的初值为空集。该算法的基本思想是：将图 G 中的边按权值从小到大的顺序依次选取，若选取的边使生成树 T 不形成回路，则把它并入 TE 中，保留作为 T 的一条边，若选取的边使生成树 T 形成回路，则将其舍弃，如此进行下去，直到 TE 中包含 n−1 条边为止，此时的 T 即为最小生成树。

【例 7.2】 利用普里姆算法求如图 7.3(a)所示的无向网络的最小生成树。

【分析】 为了实现题目的要求，加深对算法的理解，附设一个辅助数组 minedge[vtxptr]，记录从 U 到 V－U 具有最小代价的边（轻边）。对每个顶点 v∈V－U，在辅助数组中存在一个分量 minedge[v]，它包括两个域，其中 lowcost 域存储该边上的权值，ver 域存储该边依附在 U 中的顶点。

Minedge[v]＝min{cost(u,v)，u∈U}　(cost(u,v)表示该边的权)

由此可以给出按普里姆算法构造一棵最小生成树的过程，见图 7.3。初始时取 U＝{1}，到 V－U 中找一条代价最小且依附于顶点 1 的边，$(u_0,v_0)=(1,3)$，将 $v_0=3$ 加入集合 U，修改辅助数组中的值，使 minedge[3]. lowcost＝0，表示顶点 3 已并入 U，然后由于边(3,6)上的权值最小且是依附于顶点集 U 中顶点的边，因此修改 minedge[6]的值，依此类推，直到 U＝V。辅助数组的变化过程如表 7.1 所示，为了表述的方便，顶点的序号仍从 1 开始顺序编排。

表 7.1　用普里姆算法求最小生成树的辅助表

minedge \ v	2	3	4	5	6	U	V－U	说明
ver lowcost	① 6	① [1]	① 5			{1}	{2,3,4,5,6}	U(1,3)边最短
ver lowcost	③ 5	 0	① 5	③ 6	③ [4]	{1,3}	{2,4,5,6}	U(3,6)边最短
ver lowcost	③ 5	 0	⑥ [2]	③ 6	 0	{1,3,6}	{2,4,5}	U(6,4)边最短
ver lowcost	③ [5]	 0	 0	③ 6	 0	{1,3,6,4}	{2,5}	U(3,2)边最短
ver lowcost	 0	 0	 0	② [3]	 0	{1,3,6,4,2}	{5}	U(2,5)边最短
ver lowcost	 0	 0	 0	 0	 0	{1,3,6,4,2,5}	ϕ	

在表 7.1 中，用方框框起来的数字表示当前行中边权值最小的数据，而该边是由方框上方的圆圈框起来的顶点与其列中最上方的邻接顶点所构成的，此边也就是所谓的轻边。由此表不难画出图的最小生成树，如图 7.3 所示。

从上述分析不难看出，普里姆算法构造一棵最小生成树的过程是从一个顶点 $U=\{u_0\}$ 作初始状态，不断并入与 U 中顶点相邻且最小代价的边的另一个顶点，不断扩大 U 集合直至 U＝V。

4. 求最短路径

求最短路径的算法(Dijkstra 算法)：设有向图 G＝(V,E)，其中 V＝{1,2,…,n}。cost 是表示 G 的邻接矩阵，cost[i][j]表示有向边<i,j>的权，若不存在有向

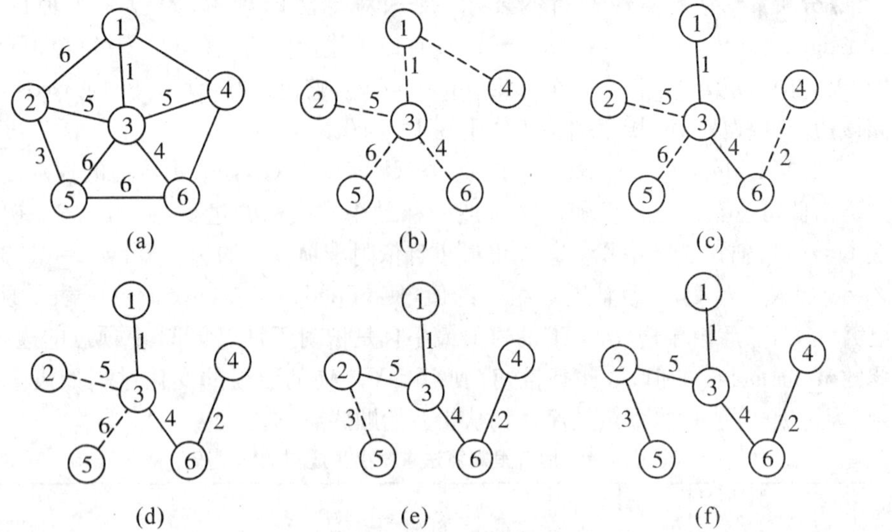

图 7.3　最小生成树的生成过程

边<i,j>,则 cost[i][j]为无穷大(这里取值为 32767)。设 S 是一个集合,其中的每个元素表示一个顶点,从源点到这些顶点的最短距离已经求出。设顶点 v_0 为源点,集合 S(红点集)的初态只包含顶点 v_0。数组 dist 记录从源点到其他各顶点当前的最短距离,其初值为 dist[i]=cost[v_0][i],i=2,…,n。从 S 之外的顶点集合 V−S(蓝点集)中选出一个顶点 w,使 dist[w]的值最小。于是从源点到达 w 只通过 S 中的顶点,把 w 加入集合 S 中,并调整 dist 中记录的从源点到 V−S 中每个顶点 v 的距离:从原来的 dist[v]和 dist[w]+cost[w][v]中选择较小的值作为新的 dist[v]。重复上述过程,直到 S 中包含 V 中其余顶点的最短路径。

最终结果是:S 记录了从源点到该顶点存在路径的顶点集合,数组 dist 记录了从源点到 V 中其余各顶点之间的最短路径,path 是最短路径的存储数组,其中 path[i]表示从源点到顶点 i 之间的最短路径的前驱顶点。

【例 7.3】　已知有向网如图 7.4 所示,根据 Dijkstra 算法画出求从源点0 开始的单源最短路径的过程示意图以及算法的动态执行情况。

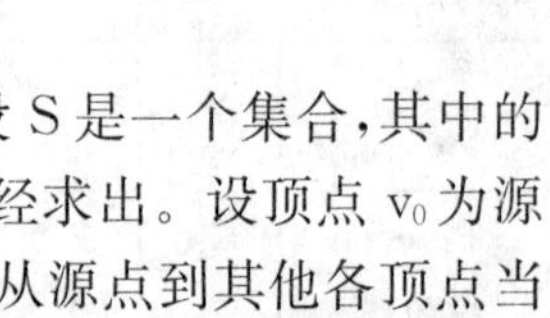

图 7.4　有向网

【分析】　按 Dijkstra 算法及题目的要求,初始时,红点集 S 只有一个源点 v_0,初始蓝点集 V−S 中顶点 v_j(j=1,2,3,4)的估计距离D[j]均为有向边<0,j>上的权值,因为边<0,2>和边<0,3>不存在,所以 D[2]=D[3]=∞,如图 7.5(a)所示。在图 7.5(a)中,当前蓝点集中蓝点 v_1 的估计距离 D[1]=9 最小,故将其涂红后加入到红点集 S,即从源点 v_0 到顶点 v_1 的最短路径已找到,其长度为 9;因为新红点 v_1 到蓝点 v_2 有一条权为 5 的边,所以从源点 v_0 到 v_2 且中间经过红点的新路径<0,1,2>的长度是 14,它小于蓝点 v_2 的原估计距离∞,因此必须将蓝点 v_2 的估计距离 D[2]调整为 14;蓝点 v_3、v_4 的原估计距离没有因为新红点的产生而减小,故无需调整,如图 7.5(b)所示;在当前蓝点集中蓝点 v_2 的估计距离 D[2]=14 最小,故将其涂红后加入到红点集 S 中;又因新红点 v_2 到蓝点 v_3 有一条权为 3 的边,所以从源点 v_0 到顶点 v_3 中间经过的新路径<0,1,2,3>的长度是 17,它小于蓝点 v_3 的原估计值∞,因此必须将蓝点 v_3 的估计距离 D[3]调整为 17,而新红点 v_2 到蓝点 v_4 有一条权为 2 的边,那么从源点 v_0 到顶点 v_4 中间经过的新路径<0,1,2,4>的长度是 16,它小于蓝点 v_4 的原估计值 18,因此将蓝点 v_4 的估计距离 D[4]调整为 16,如图 7.5(c)所示;最后将顶点 v_3、v_4 涂红后加入到红点集 S 中,如图 7.5(d)所示。

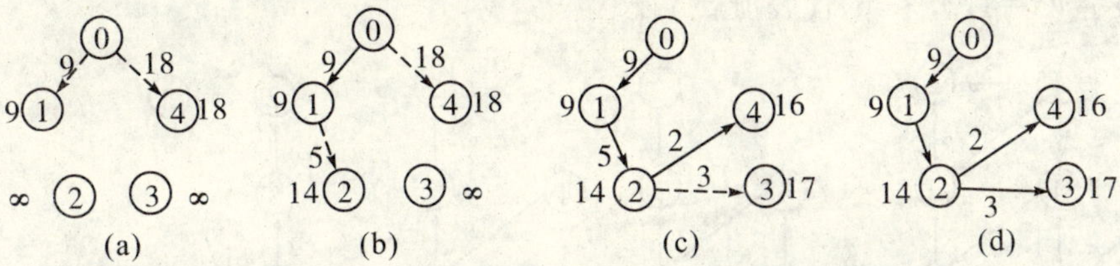

图 7.5 Dijkstra 算法求图 7.4 的单源最短路径示意图

对有向图 7.4 实施 Dijkstra 算法,从源点 v_0 开始,运算过程中执行扩充红点集的每次循环,所得到的 S,D,P 的变化状况如表 7.2 所示。

表 7.2 Dijkstra 算法的动态执行情况

循环	红点集	k	D[0]	D[1]	D[2]	D[3]	D[4]	P[0]	P[1]	P[2]	P[3]	P[4]
初始化	{0}	—	0	9	∞	∞	18	−1	0	−1	−1	0
1	{0,1}	1	0	9	14	∞	18	−1	0	1	−1	0
2	{0,1,2}	2	0	9	14	17	16	−1	0	1	2	2
3	同上	同上						同上				

7.2.4 拓扑排序法

DAG 图:一个无环的有向图称为有向无环图,简记为 DAG 图。

AOV 网:顶点表示活动、边表示活动间的先后关系的有向无环图(DAG)称为**顶点活动网**,简称 AOV 网。在网中,若从顶点 v_i 到顶点 v_j 有一条有向路径,则 v_i

是 v_j 的前驱，v_j 是 v_i 的后继。若⟨i,j⟩是网中的一条弧，则 v_i 是 v_j 的直接前驱，v_j 是 v_i 的直接后继。

拓扑排序：在 AOV 网中，若不存在回路，则所有活动可排成一个线性序列，使得每个活动的所有前趋活动都排在该活动的前面，我们把此序列称作拓扑序列，由 AOV 网构造拓扑序列的过程称为拓扑排序。

拓扑排序步骤：

(1) 在有向图中选一个没有前驱(入度为零)的顶点，且输出之。

(2) 从有向图中删除该顶点及与该顶点有关的所有边。

(3) 重复执行上述步骤，直到全部顶点都已输出或图中剩余的顶点中无没有前驱(入度为零)的顶点为止。

例如，以图 7.6 所示的 AOV 网为例可说明拓扑算法的拓扑排序过程。圆圈中数字 i(i=1,2,…,6)代表顶点 V_i。

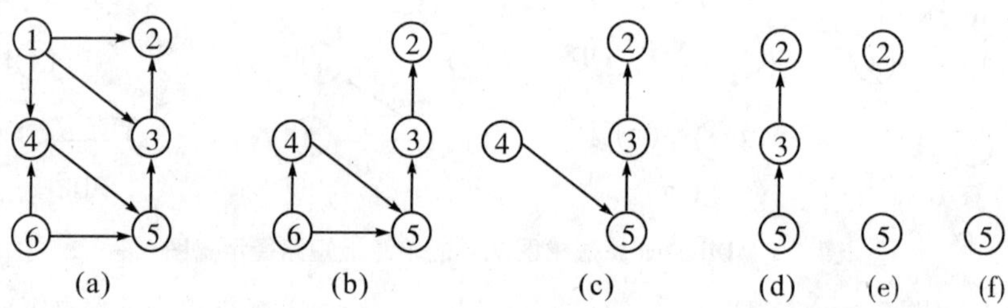

图 7.6 拓扑排序过程

在图 7.6(a)中，顶点 V_1 和 V_6 的入度均为零，可以输出任何一个。若先输出 V_1，则在删除相应的边后便得到图 7.6(b)，该图中 V_6 的度数为零，输出 V_6，则得图 7.6(c)，依此类推，直到得到图 7.6(f)，这时仅有一个入度为零的顶点 V_5，输出 V_5 后整个拓扑过程结束，所得的拓扑排序序列为 V_1，V_6，V_4，V_3，V_2，V_5。如果以 V_6 作为第一个输出，可得拓扑排序序列为 V_6，V_1，V_4，V_3，V_2，V_5。

7.3 解题思路

7.3.1 图的概念

【例 7.4】 对如图 7.7 所示的有向图，请给出：

(1) 各顶点的入度和出度；

(2) 图的强连通分量；

(3) 邻接矩阵；

(4) 邻接表和逆邻接表。

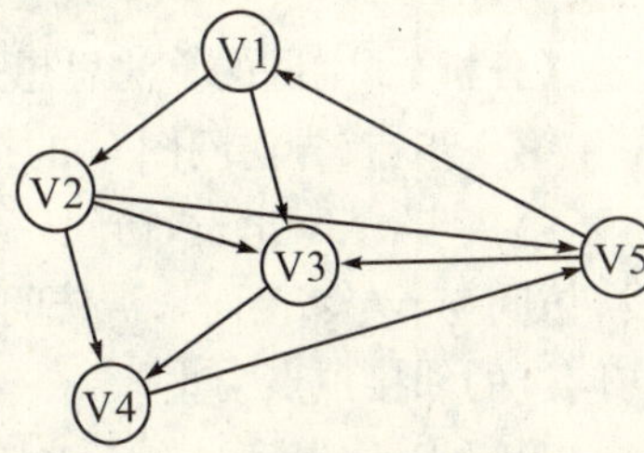

图 7.7　一个有向图

【分析】 (1) 根据有向图顶点 v 的入度和出度的定义可知，入度是以该顶点为终点的入边数目，出度是以该顶点为起点的出边数目，因此给定图的各顶点的入度和出度数如表 7.3 所示。

表 7.3　顶点的入度和出度

顶点：	V1	V2	V3	V4	V5
ID(v)：	1	1	3	2	2
OD(v)：	2	3	1	1	2

(2) 该图是一个强连通图。

(3) 该图的邻接矩阵如下所示：

$$\begin{bmatrix} 0 & 1 & 1 & 0 & 0 \\ 0 & 0 & 1 & 1 & 1 \\ 0 & 0 & 0 & 1 & 0 \\ 0 & 0 & 0 & 0 & 1 \\ 1 & 0 & 1 & 0 & 0 \end{bmatrix}$$

(4) 该图的邻接表(出边表)及逆邻接表(入边表)如图 7.8 所示。

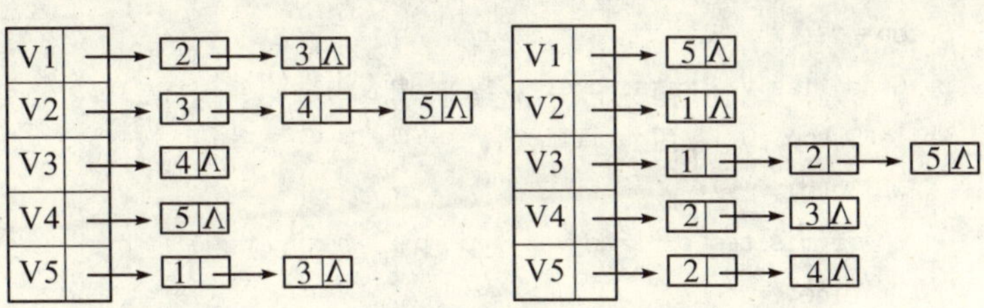

(a) 邻接表　　(b) 逆邻接表

图 7.8　邻接表和逆邻接表

7.3.2　图的遍历

教材中介绍的图的遍历算法基本上都是递归的，下面介绍一个深度优先搜索遍历图的非递归算法，以加深对图的遍历的认识和理解。

【例 7.5】 试编写一个实现连通图 G 的深度优先遍历(从顶点 v 出发)的非递

归遍历算法。

【分析】 本题的算法思想是：

第一步：首先访问图 G 的指定起始顶点 v；

第二步：从 v 出发，访问一个与 v 邻接的顶点 p↑（代表 p－＞）后，再从 p↑出发，访问与 p↑邻接而未被访问过的顶点 q↑，然后从 q↑出发……直到找不到未被访问过的邻接顶点为止；

第三步：回退到尚有未被访问过的邻接点的顶点，从该顶点出发重复第二、三步，直到所有被访问过的顶点的邻接点都已被访问为止。为此，用一个栈 S 来保存被访问过的结点，以便回溯查找被访问过结点的未被访问过的邻接点。

因此，实现本题功能的算法如下：

```
typedef  enum{ FALSE, TRUE}  Boolean;
 //定义枚举类型,FALSE 为 0,TRUE 为 1
Boolean  visited[MaxVertexNum]; //结点是否被访问的标志数组
void DFS(ALGraph G,  int vi)
 { //深度优先搜索遍历以邻接表表示的图 G 的非递归算法
        int  i;
        Seqstack  S; //定义一个顺序栈,存放访问过的结点
        EdgeNode  *p;
        for(i=0; i<G.n; i++)
           visited[i]=FALSE;
        peintf("v%c—", G.adjlist[vi].vertex); //访问顶点 vi
        visited[vi]=TRUE;  //标记 vi 已访问过
        S.top=0;
        p=G.adjlist[vi].firstedge; //取 vi 边表头指针
        while(S.top>0 || p! =NULL) {
           while(p)
              if(visited[p->adjvex]) p=p->next;
              else {
                 peintf("v%c—", p->adjlist[p->adjvex].vertex);
                 visited[p->adjvex]=TRUE;
                 S.top=S.top+1;  //将访问过的结点入栈
                 S.data[S.top]=p;
                 p=G.adjlist[p->adjvex].firstedge;
              }
              if(S.top=0){
                 S.top=S.top-1;
//退栈,回溯查找被访问过结点的未被访问过的邻接点
```

```
            p=S.data[S.top];
            p=p->next;
        }
    }
}
```

7.3.3　DFS和BFS生成树

在数据结构的教材中，介绍了DFS和BFS生成树的概念，描述了求给定连通图的生成树的算法思想，但没有给出具体的算法，下面以实例的形式给出求DFS和BFS生成树的算法。

【例7.6】　试分别编写求DFS和BFS生成树的算法，要求打印出生成树所有的边。

【分析】　根据生成树的定义，回顾一下DFS算法思想，当DFS(G,i)递归调用DFS(G,j)(设G的类型是ALGraph&，p->adjvex=j)时，v_i是已访问顶点，v_j是邻接于v_i的正待访问的顶点。因此，只要在DFS算法的if语句中，在递归调用语句之前加入适当生成边(v_i,v_j)的操作(如将该边输出或保存)，即可得到求DFS生成树的算法：

```
void  DFSST(ALGraph  &G, int i)
{//求DFS生成树的算法
  EdgeNode * p;
  printf("visit vertex: % c",G.adjlist[i].vertex);//访问顶点vi
  visited[i]=TRUE;
  p=G.adjlist[i].firstedge; //取vi边表的头指针
  while(p) {//依次搜索vi的邻接点vj,这里j=p->adjvex
    if(! visited[p->adjvex]){ //若vj未被访问
      j=p->adjvex;
      printf("i= %d,j= %d\n",i,j);//打印输出当前访问边
      DFSST(G,p->adjvex);          //以vj为出发点向纵深搜索
    }
    if(p->next! =NULL)
       p=p->next;                    //找vi的下一个邻接点
  }
} //DFSST结束
```

同样，可以在BFS算法中插入适当的语句而求得广度优先生成树的算法。这里不再详述。

7.3.4　顶点之间最短路径

教材中重点讨论了单源最短路径问题，而单顶点对间最短路径问题也是很有用的，下面将讨论求两点之间的最短路径的算法。

【例 7.7】 以邻接表作图的存储结构，试编写在无向图中求顶点 v_i 到 v_j 之间的最短路径($v_i \neq v_j$)的算法。

【分析】 广度优先搜索是按层次进行的，首先访问距离起始点最近的邻接点，然后逐层向外扩展，依次访问和起始点有路径相连且路径长度为 2,3,…的顶点。在从给定的起始点 v_i 出发的搜索过程中，需要判别当前访问的顶点是否为 v_j，若是，则找到的必是从 v_i 到 v_j 的最短路径。因此，只要对 BFS 算法做如下修改即可：

(1) 另设一个向量 path[1..n]记载搜索路径，将访问顶点的操作改为记录路径的操作。由广度优先搜索算法可知，当从顶点 v_s 出发搜索到顶点 v_t 时，v_s 是队列 Q 的队头元素，v_t 是 Q 的队尾元素。若 Q 是顺序队列，则记录路径只需在向量 path 的相应单元中记入队头元素在 Q. data 中的下标，即可表示当前是经过边(v_s, v_t)搜索到达顶点 v_t 的。

(2) 一旦搜索到终点 v_j，就可通过 path，从终点 v_j 回溯到起点 v_i，打印出从 v_i 到 v_j 的最短路径上的顶点序列，并结束搜索。

现在我们给出具体的算法：

```
Void  BFSPath (ALGraph G, int i, int j);
{ //求无向图中顶点 vi 到 vj 的最短路径,Q 为 Sequeue 类型的顺序队列
  //visited 为标志向量,G 为图的邻接表
    InitQueue(Q);      //置空队列
    k=1;  path [k]=0;
    visited [i]=TRUE;//标记 vi 已访问
    EnQueue(Q,i);//vi 入队
    while(! QueueEmpty(Q)) {
      i=DeQueue (Q);//vi 出队
      p=G.adjlist[i].firstedge;//p 指向 vi 的第一个邻接点
      while(p! =NULL){              //依次搜索 vi 的邻接点
         if(! visited [p->adjvex]){
            k=k+1;
            path[k]=Q.front;      //记录路径
            visited[p->adjvex]=TRUE;
            EnQueue(Q, p->adjvex);
         }
```

```
            if(p->adjvex==j ) { //到达终点 vj 打印路径
              do {
                printf("visitvertex: %c",G.adjlist[k].vertex);
                k=path[k]; //回溯找前一个顶点
              } while(k! =0 );
            return;          //结束搜索
          }
        p=p->next;           //找 vi 的下一个邻接点
      }
    }
}
```

7.4　同步练习 7

一、单项选择题

1. 在一个具有 n 个顶点的无向图中,要连通全部顶点至少需要(　　)条边。
   A. n　　B. n+1
   C. n−1　　D. n/2
2. 无向图的邻接矩阵是一个(　　)。
   A. 对角矩阵　　B. 对称矩阵
   C. 上三角矩阵　　D. 零矩阵
3. 采用邻接表存储的图的深度优先遍历算法类似于二叉树的(　　)。
   A. 按层遍历　　B. 前序遍历
   C. 中序遍历　　D. 后序遍历
4. 采用邻接表存储的图的广度优先遍历算法类似于二叉树的(　　)。
   A. 按层遍历　　B. 前序遍历
   C. 后序遍历　　D. 中序遍历
5. 设无向图 G 中顶点数为 n,则图 G 中最少有(　　)条边。
   A. n(n−1)　　B. n−1
   C. n+1　　D. 2n
6. 若图 G 为 n 个顶点的有向图,则图 G 中最多有(　　)条边。

A. n(n−1)　　B. n−1

C. n(n+1)　　D. n(n+1)

7. 在一个图 G 中,所有顶点的度数之和等于所有边数的(　　)倍。

A. 3　　B. 1/2

C. 4　　D. 2

8. 在具有 n 个顶点的无向完全图 G 中,边的总数为(　　)。

A. n+1　　B. n(n−1)/2

C. n(n+1)　　D. n−1

9. 在具有 6 个顶点的无向图 G 中,至少应有(　　)条边才能确保是一个连通图。

A. 8　　B. 7

C. 6　　D. 5

10. 一个具有 n 个顶点的无向图,若采用邻接矩阵表示,则该矩阵的大小是(　　)。

A. n−1　　B. n+1

C. n^2　　D. $(n-1)^2$

二、填空题

11. 邻接表是图的________存储结构。

12. 一个无向连通图的生成树是含有该连通图的全部顶点的________子图。

13. 一个带权的无向连通图的最小生成树有________。

14. n 个顶点的连通图最多有________条边。

15. 设图 G 有 n 个顶点和 e 条边,进行深度优先搜索的时间复杂度至多为________,进行广度优先搜索的时间复杂度至多为________。

16. 在无向图 G 的邻接矩阵 A 中,若 A[i,j]等于 1,则 A[j,i]等于________。

17. 已知图 G 的邻接表如图 7.9 所示,则从顶点 v_1 出发的深度优先搜索序列为________,从顶点 v_1 出发的广度优先搜索序列为________。

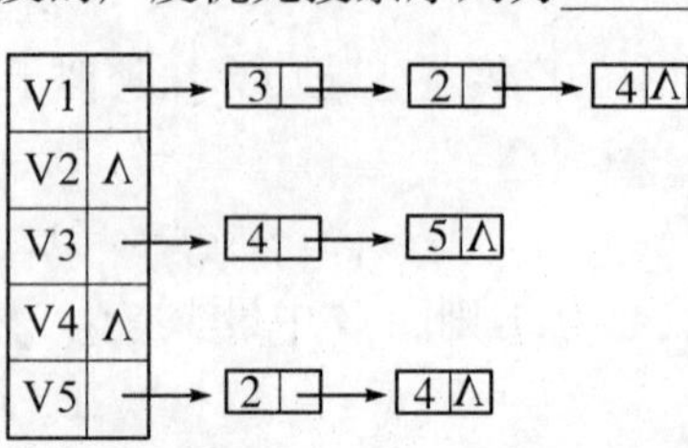

图 7.9　一个图的邻接表

18. 已知一个有向图 G 的邻接矩阵表示，计算第 i 个结点的入度的方法是________。

19. 图的生成树________惟一的，一个连通图的生成树是一个________连通子图，n 个顶点的生成树有________条边。

20. 对于一个具有 n 个顶点和 e 条边的无向图，若采用邻接表表示，则表头向量的大小为________，所有邻接表中的结点总数是________。

三、应用题

21. 已知一个图的邻接矩阵如图 7.10 所示，假设顶点是 $V_0,V_1,\cdots$，画出对应的图。

$$\begin{bmatrix} 0 & 1 & 1 & 0 & 0 \\ 1 & 0 & 1 & 1 & 1 \\ 1 & 1 & 0 & 1 & 1 \\ 0 & 1 & 1 & 0 & 1 \\ 0 & 1 & 1 & 1 & 0 \end{bmatrix}$$

图 7.10　一个图的邻接矩阵

22. 对如图 7.11 所示的有向图，试给出：

(1) 图的邻接矩阵；

(2) 邻接表和逆邻接表；

(3) 强连通分量。

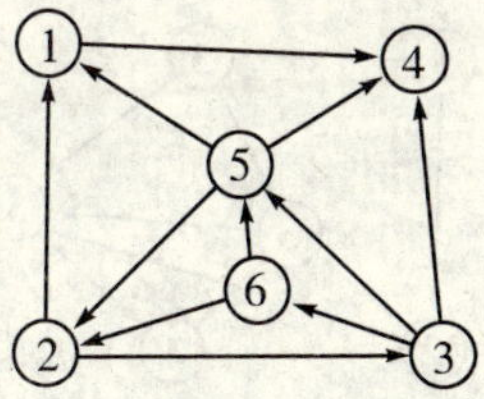

图 7.11　一个有向图

23. 按顺序输入顶点对(边)：(1,4)，(2,3)，(3,5)，(4,5)，(1,3)，(3,4)，(1,2)，用尾插法(配套教材 7.2.2 节中算法 GreateGraph)画出邻接表；从顶点 3 出发，分别写出按深度优先搜索遍历和按广度优先搜索遍历的顶点序列。

24. 已知一个带权网络图如图 7.12 所示，使用普里姆算法构造该图的最小生成树。

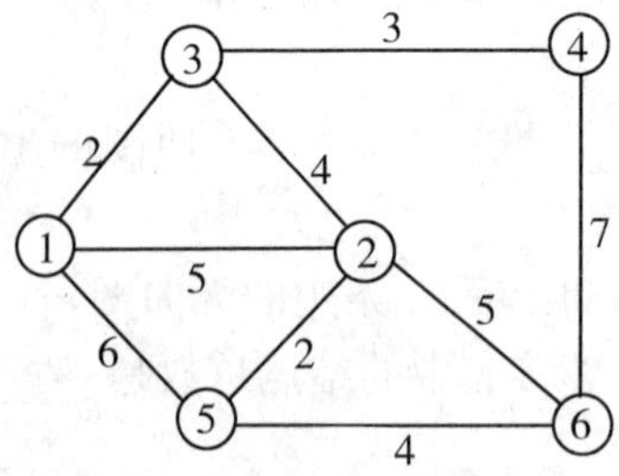

图 7.12　一个带权图

25. 已知一个带权网络图如图 7.13 所示，使用克鲁斯卡尔算法构造该图的最小生成树。

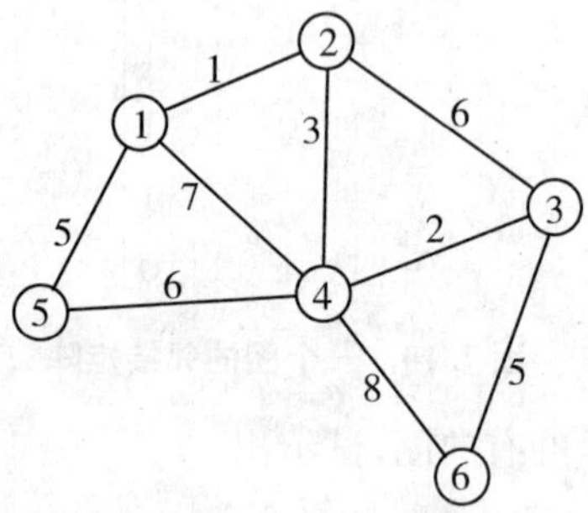

图 7.13　一个带权图

26. 设有一个有向图 G 如图 7.14 所示。写出图 G 的两个拓扑排序序列。

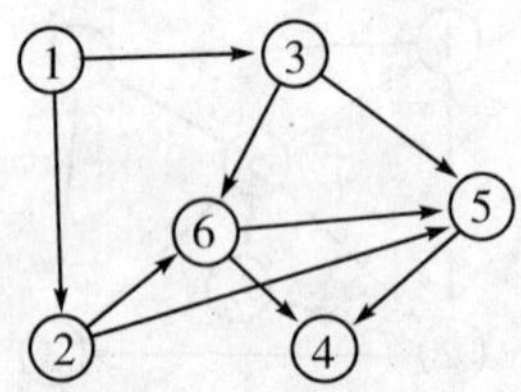

图 7.14　一个有向图

7.5 课 程 设 计

1. 交通咨询系统设计(最短路径问题)。

图是一种复杂的非线性结构。在人工智能、工程、数学、物理、化学、计算机科学等领域中，图结构有着广泛的应用。

在交通网络非常发达、交通工具和交通方式不断更新的今天，人们在出差、旅游或其他交通出行时，不仅关心节省交通费用，而且对里程和所需要的时间等问题也比较在意。对于这样一个人们关心的问题，可用一个图结构来表示交通网络系统，图中顶点表示城市，边表示城市之间的交通关系，基于此种表示，即可在计算机上建立一个交通咨询系统。这个交通咨询系统可以回答旅客提出的各种问题。

设计要求：要求设计一个交通咨询系统，当旅客咨询从任一城市顶点到另一城市顶点之间的最短路径（里程）或最低花费或最少时间等问题时，能给出正确的回答。对于不同咨询要求，可输入城市间的路程或所需时间或所需费用。

设计共分三个部分，一是建立交通网络图的存储结构；二是解决单源最短路径问题；三是求两个城市顶点之间的最短路径问题。（该设计在附录Ⅱ中附有样例，可供设计时参考。）

2. 关键路径问题。

当一项工程被划分为若干个子任务或活动后，人们不仅需要确定这些活动的先后次序，而且需要进一步计算完成整个工程的时间，确定哪些活动是影响工程进度的关键活动，以便合理组织人力、物力、财力，加快这些活动的进度，为按时或提前完成整个工程提供保证。这就是我们下面要讨论的**关键路径**（Critical Path）问题。

关键路径问题与求最短路径问题恰好相反，它是求与 AOV 网相关的最长路径。AOV 网（Activity On Vertex Network）是用顶点表示活动，边表示活动间先后关系的有向图，亦称为顶点活动网。关键路径问题相应的网称为 AOE 网（Activity On Edge Network），即边表示活动的网络。AOE 网是一个带权的有向图，其中顶点表示事件，边表示活动，权表示活动持续的时间。顶点所表示的事件实际上就是它的入边所表示的活动均已完成，它的出边所表示的活动皆可以开始这样一种状态。

通常，可用 AOE 网来估算工程计划的完成时间。在正常情况下，表示实际工程计划的 AOE 网应该是无回路的，并且网中只有一个入度为零的顶点（称为源点）和一个出度为零的顶点（称为汇点）。

和 AOV 网不同，对于 AOE 网，待研究的问题是：(1) 完成整项工程至少需要多少时间？(2) 哪些活动是影响工程进度的关键？

由于在 AOE 网中有些活动可以并行地进行，所以完成整个工程的最短时间是从源点到汇点的最长路径的长度，这里的路径长度是路径上各边的权值之和。我们把从源点到汇点的最长路径称为**关键路径**。

设计要求：分析并实现求一项给定工程的关键路径。

第8章 排　　序

本章着重学习有关内部排序的一些常用方法，主要有插入排序、交换排序、选择排序、归并排序及基数排序，熟悉和掌握排序思想、排序过程、算法实现、时间和空间性能的分析及各种排序方法的比较和选择。在每类排序方法中，又从简单方法入手，重点讨论性能先进的高效的方法，如插入排序类中的希尔排序、交换排序类中的快速排序和选择排序类中的堆排序等。

8.1 知识结构

教学大纲中对本章的学习考核要求内容较多。要求达到“了解”层次的内容有：

(1) 排序方法的“稳定”性含义；

(2) 排序方法的分类及算法好坏的评判标准；

(3) 归并排序的基本思想、算法实现以及时间性能分析；

(4) 针对给定的输入实例，能写出箱排序和基数排序的排序过程；

(5) 分配排序和其他几类排序的区别。

而很大一部分内容是要求达到“应用”层次。要求达到“简单应用”层次的有：

(1) 堆、小根堆、大根堆、堆顶等有关概念和定义；

(2) 堆的性质及堆与完全二叉树的关系；

(3) 直接选择排序和堆排序的排序过程；

(4) 通过对排序的记录数目、记录信息量的大小、关键字的结构及初始状态、稳定性要求、辅助空间的大小、时间性能等方面的比较掌握各种排序的优缺点；

(5) 根据实际问题的特点和要求选择合适的排序方法。

要求达到“综合应用”层次的有：

(1) 直接插入排序的基本思想和算法实现，以及在最好、最坏和平均情况下的时间性能分析；

(2) 直接插入排序中哨兵的作用；

(3) 针对给定的输入实例,要能写出直接插入排序的排序过程;

(4) 冒泡排序的基本思想;

(5) 快速排序的基本思想和算法实现,以及在最坏和平均情况下的时间性能分析,了解算法的稳定性;

(6) 基准元素(划分元)对划分平衡的影响。

8.2 知识解析

8.2.1 排序的基本概念

内部排序的方法很多,但就其全面性能而言,很难提出一种被认为是最好的方法,每一种方法都有各自的优缺点,适用于不同的环境(如记录的初始排列状态等)。如果按排序过程中依据的不同原则对内排方法进行分类,则大致可分为插入排序、交换排序、选择排序、归并排序和分配排序5类。如果按内排过程中所需的工作量来区分,则可分为3类:(1) 简单的排序方法,其时间复杂度为$O(n^2)$;(2) 先进的排序方法,其时间复杂度为$O(n\log n)$;(3) 基数排序,其时间复杂度为$O(d \cdot n)$。本章仅就每一类介绍一两个典型算法,有兴趣了解更多算法的读者可阅读D. E. 克努特编著的《计算机程序设计技巧》(第三卷,排序和查找)一书。读者在学习本章内容时应注意,除了掌握算法本身以外,更重要的是了解该算法在进行排序时所依据的原则,以利于学习和创造更新的算法。

排序就是把一组无序的记录按其关键字的某种次序排列起来,使其具有一定的顺序,便于进行数据查找。排序是数据处理中经常使用的一种重要运算,其方法很多,应用也很广泛。

通常在排序的过程中需要进行两种基本操作:(1) 比较两个关键字的大小;(2) 改变指向记录的指针或移动记录本身。待排序记录的存储方式有3种:顺序结构、链式存储结构和辅助表。

评价排序算法的标准有两条:(1) 算法执行需要的时间;(2) 所需要的附加空间。另外,算法本身的复杂度也是考虑的重要因素之一。而排序的时间开销,主要可以用算法执行中关键字的比较次数和记录移动的次数来衡量。在本章下面的讨论中,假定排序操作均按递增要求,排序文件以记录作为存储结构,并假定关键字为整数。为此,定义待排序记录的数据类型如下:

```
#define MAXSIZE 100
typedef int KeyType;
typedef struct
{
    KeyType key;
    InfoType otherinfo;
}RecType;
typedef RecType SeqList[MAXSIZE+1];//表中0元素空着或用作哨兵单元
SeqList  R;//R为待排序的记录文件
```

排序全部放在内存中进行，不涉及外存的排序方法称为内排序。如果待排序的文件中，存在多个关键字相同的记录，经过排序后，这些具有相同关键字的记录之间的相对次序保持不变，则称这种排序方法是稳定的；反之，若具有相同关键字的记录之间相对次序发生变化，则称这种排序方法是不稳定的。

8.2.2 常用排序方法

1. 直接插入排序

直接插入排序的基本思想为：假设记录存放在数组R[1..n]之中，排序过程的某一时刻，R被划分成两个子区间R[1..i－1]和R[i..n]，其中前一个子区间是已排好序的记录，后一个子区间是没有排序的记录。插入排序是把未排序记录中的R[i]插入到有序区R[1..i－1]中的适当位置，使R[1..i]成为新的有序区。随着有序区的不断扩大，使R[1..n]全部有序。

2. 希尔排序

希尔排序的基本思想是：把记录按下标的一定增量分组，对每组记录使用插入排序，随着增量逐渐减小，所分成的组包含的记录越来越多，到增量的值减小到1时，全部数据合成为一组，构成一组有序记录，则完成排序。

3. 冒泡排序

冒泡排序的算法思想是：通过无序区中相邻记录关键字间的比较和位置的交换，使关键字最小的记录如气泡一般逐渐“往上漂浮”直到“水面”。整个算法是从最下面的记录开始，将每两个相邻的记录中关键字较小的记录换至关键字较大的记录之上，使得经过一趟起泡排序后，关键字最小的记录到达最上端，接着再在剩下的记录中找关键字最小的记录，并把它换到第二个位置上……依此类推，一直到所有记录都有序为止。

4. 快速排序

快速排序是由冒泡排序改进而得的，它的基本思想是：在待排序的n个记录中任取一个记录(通常取第一个记录),把该记录放入最终位置后,数据序列被此记录分割成两部分,所有关键字比该记录关键字小的放置在前一部分,所有比它大的放置在后一部分,并把该记录排在这两部分的中间,这个过程称作一趟快速排序。之后对前后两部分分别重复上述过程,直至每部分内只有一个记录为止。简而言之,每趟快速排序使表的一个元素入终位,将表一分为二,对子表按递归方式继续这种划分,直到划分的子表长为1。

一趟快速排序采用从两头向中间扫描的办法,同时交换与基准记录逆序的记录。具体做法是:设两个指示器i和j,它们的初值分别为指向无序区中第一个和最后一个记录。

5. 直接选择排序

直接选择排序的基本思想是:第i趟排序开始时,当前有序区和无序区分别为R[1..i-1]和R[i..n],该趟排序则是从当前无序区中选出关键字最小的记录R[k],将它与无序区的第一个记录R[i]交换,使R[1..i]和R[i+1..n]分别变为新的有序区和新的无序区。注意,第一趟排序开始时,无序区为R[1..n],有序区为空。

6. 堆排序

堆排序是在排序过程中,将向量中存储的数据看成是一棵完全二叉树,利用完全二叉树中双亲结点和孩子结点之间的内在关系来选择关键字最小或者最大的记录。具体做法是:把待排序的文件的关键字存放在数组R[1..n]之中,将R看作一棵二叉树,每个结点表示一个记录,源文件的第一个记录R[1]作为二叉树的根,以下各记录R[2..n]依次逐层从左到右顺序排列,构成一棵完全二叉树,任意结点R[i]的左孩子是R[2i],右孩子是R[2i+1],双亲是R[i/2]。

堆排序的关键是构造堆,这里采用筛选算法建堆:假如完全二叉树的某一个结点i对于它的左子树、右子树已是堆,需要将R[2i].key与R[2i+1].key之中的最大者与R[i].key 比较,若较小则交换,这有可能破坏下一级的堆,于是继续采用上述方法构造下一级的堆,直到完全二叉树中结点i 构成堆为止。

7. 归并排序

所谓归并排序,就是将两个或两个以上的有序数据序列合并成一个有序数据序列的过程。

最简单的归并是将两个有序的子文件合并成一个有序文件。假设R[low..m]和R[m+1..high]是存储在同一个数组中且相邻的两个有序子文件,要将它们合并为一个有序文件R1[low..high],只要设置3个指针i、j和k(初值分别是这3个记录区的首位置),合并时依次比较R[i]和R[j]的关键字,取小的记录复制到R1[k]中,然后将指向被复制记录的指针和指向复制位置的指针分别加1,重复这一过程,直至全部记录被复制到R1[low..high]中为止。

归并排序是利用上述归并操作来实现排序的，其基本思想是：将待排序文件 R[1..n]看成 n 个长度为 1 的有序文件，把这些子文件两两归并，便得到 $\lceil n/2 \rceil$ 个长度为 2 的有序子文件（当 n 为奇数时，归并后仍有一个长度为 1 的子文件）；然后再把这 $\lceil n/2 \rceil$ 个有序子文件两两归并……如此反复，直到最后得到一个长度为 n 的有序文件为止。

8. 基数排序

基数排序的思想类似于扑克牌排队的方法。一般地，记录 R[i]的关键字为 R[i]. key，该关键字由 d 位数字组成，即 $k_i^1, k_i^2, \cdots, k_i^d$，每一个数字表示关键字的一位，其中 k^1 为最高位，k^d 是最低位，每一位的值都在 $0 \leqslant k^i \leqslant rd$ 范围内，rd 称为基数。排序时，先按最低位的值对记录进行排序。在此基础上，再按次低位进行排序。依此类推，由低位向高位，每趟都是根据关键字的一位并在前一趟的基础上对所有记录进行排序，直到最高位，即完成了基数排序的整个过程。

8.2.3 排序方法分析比较

以上简述了各种排序方法的基本排序思想，下面对这些排序方法从几个方面进行分析比较。

1. 时间复杂度

(1) 直接插入、直接选择、冒泡排序算法的时间复杂度为 $O(n^2)$。

(2) 快速、归并、堆排序算法的时间复杂度为 $O(n\log_2 n)$（教材中简化写为 $O(n\log n)$）。

(3) 希尔排序算法的时间复杂度很难计算，较接近的答案为 $O(n\log_2 n)$或 $O(n^{1.25})$。

(4) 基数排序算法的时间复杂度为 $O(d*(rd+n))$，其中 rd 是基数，d 是关键字的位数，n 是元素个数。

2. 稳定性

(1) 直接插入、冒泡、归并和基数排序算法是稳定的。

(2) 直接选择、希尔、快速和堆排序算法是不稳定的。

3. 辅助空间(空间复杂度)

(1) 直接插入、直接选择、冒泡、希尔和堆排序算法需要辅助空间为 $O(1)$。

(2) 快速排序算法需要辅助空间为 $O(\lg n)$。

(3) 归并排序算法需要辅助空间为 $O(n)$。

(4) 基数排序算法需要辅助空间为 $O(n+rd)$。

4. 选取排序方法时需要考虑的主要因素

(1) 待排序的记录个数。

(2) 记录本身的大小和存储结构。

(3) 关键字的分布情况。

(4) 对排序稳定性的要求。

(5) 时间和空间复杂度等。

5. 排序方法的选取

(1) 若待排序的一组记录数目 n 较小(如 n≤50)时,则可采用插入排序或选择排序。

(2) 若 n 较大时,则应采用快速排序、堆排序或归并排序。

(3) 若待排序记录按关键字基本有序(正序或反序),则适宜选用直接插入排序、冒泡排序或快速排序。

(4) 当 n 很大,而且关键字位数较少时,采用链式基数排序较好。

(5) 关键字比较次数与记录的初始排列顺序无关时,应选择的排序方法是选择排序。

6. 排序方法对记录存储方式的要求

(1) 当记录本身信息量较大时,插入排序、归并排序、基数排序易于在链表上实现。

(2) 快速排序、堆排序更适合在索引结构上排序。

(3) 一般的排序方法都是适合在顺序结构(一维数组)上实现的。

8.3 解题思路

本章的重点是要深刻理解各种内部排序方法的基本思想及其特点;熟悉各种内部排序方法的排序过程;掌握各种内部排序算法的时间复杂度的分析方法。特别要掌握快速排序、堆排序、归并排序和基数排序的基本思想及排序过程。本章的学习难点也就是上述 4 种排序算法的实现思想和实现方法。

8.3.1 插入排序

插入排序的基本思想是:每一趟将一个待排序的记录,按其关键字值的大小插入到已经排序的部分文件中的适当位置上,直到全部记录插入完成。插入排序方法主要有直接插入排序和希尔排序两种。下面就希尔排序方法举例加以理解。

希尔排序又称“缩小增量排序”,它是由希尔(D. L. Shell)在 1959 年提出的,其基本思想是:先取定一个小于 n 的整数 d_1 作为第一个增量,把数组 R 中的全部元

素分成 d_1 个组，所有下标距离为 d_1 的倍数的元素放在同一组中，即 R[1]，R[1+d_1]，R[1+2d_1]，…为第一组，R[2]，R[2+d_1]，R[2+2d_1]，…为第二组……接着在各组内进行直接插入排序；然后再取 d_2($d_2<d_1$)为第二个增量，重复上述分组和排序过程，直到所取的增量 $d_t=1(d_t<d_{t-1}<\cdots<d_2<d_1)$，把所有的元素放在同一组中进行直接插入排序为止。

【例 8.1】 假设初始关键字序列为 36，25，48，12，65，25，43，58，76，32，增量的取值依次为 5，3，1，希尔排序的过程如图 8.1 所示。

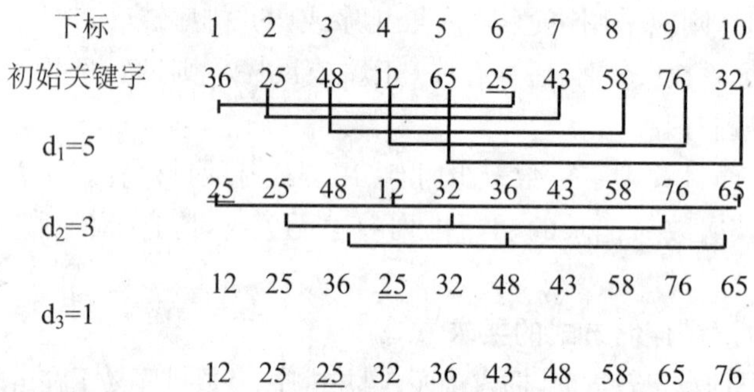

图 8.1　希尔排序示例

8.3.2　交换排序

交换排序的基本思想是：两两比较待排序记录的关键字，如果发现两个记录的次序相反即进行交换，直到所有记录都没有反序为止。这里举例讨论两种交换排序方法：冒泡排序和快速排序。一般的冒泡排序算法都是从待排序文件表的一端开始逐个记录扫描进行比较排序的，即是单向的，那么能否从表的两端轮换向中间扫描进行冒泡排序呢？回答是肯定的。

【例 8.2】 修改冒泡排序算法，实现双向冒泡排序。

【分析】 冒泡排序算法是从最下面两个相邻的关键字进行比较，且使关键字较小的记录换至关键字较大的记录之上(即小的在上，大的在下)，使得经过一趟冒泡排序后，关键字最小的记录到达最上端；接着，再在剩下的记录中找关键字最小的记录，并把它换到第二个位置上……依此类推，直到所有的记录都有序为止。双向冒泡排序则是交替改变扫描方向，即一趟从底向上通过两个相邻记录关键字的比较，将关键字最小的记录换至最上面的位置，再一趟则是从第二个记录开始向下通过两个相邻记录关键字的比较，将关键字最大的记录换至最下面的位置；然后再从倒数第二个记录开始向上两两比较至顺数第二个记录，将其中关键字最小的记录换至第二个记录位置，再从第三个记录向下至倒数第二个记录两两比较，将其中

关键字最大的记录换至倒数第二个位置……依此类推,直到全部有序为止。实现算法如下:

```
void  DbubbleSort (SeqList  R)
{ //R[1..n]是待排序文件,采用自顶向下
  //自下而上交替双向扫描冒泡排序
    int  i,j;
    RecType  t;//t作为排序交换记录的中间变量
    int  NoSwap;//逻辑变量,表示一趟扫描是否有交换,为假表示无交换
    NoSwap=TRUE;//首先假设有交换,表无序
    i=1;
    while(NoSwap)//当有交换时做循环
    {
      NoSwap=FALSE;//置成无交换
      for(j=n-i+1;j >=i+1;j--)//自顶向下扫描
        if(R[j].key < R[j-1].key)
          {//若反序(后面的小于前面的),即交换
              t=R[j];
              R[j]=R[j-1];
              R[j-1]=t;
              NoSwap=TRUE;//说明有交换
          }
          for(j=i+1;j <=n+i-1;j++)//自下向上扫描
              if(R[j].key > R[j+1])
              {//若反序(前面的大于后面的),即交换
                  t=R[j];
                  R[j]=R[j+1];
                  R[j+1]=t;
                  NoSwap=TRUE;//说明有交换
              }
            i=i+1;
    }
      return;
}
```

快速排序是对冒泡排序的一种改进。在冒泡排序中,进行记录关键字的比较和记录的交换是在相邻记录之间进行,记录每次交换只能上移或下移一个相邻位置,因而总的比较和移动次数较多;在快速排序中,记录关键字的比较和记录的交换是从两端向中间进行的,排序关键字较大的记录一次就能够交换到后面单元,排

序关键字较小的记录一次就能够交换到前面单元，记录每次移动的距离较远，因此总的比较和移动次数较少，速度很快，故称为“快速排序”。

【例 8.3】 有一组关键字：47，33，61，82，11，24，47，写出快速排序的每一趟结果。

【分析】 初始状态如下：

初始关键字　[47　33　61　82　72　11　$\boxed{25}$　47]

　　　　　　　i　　　　　　　　　　　　　j

两个指针 i 和 j，其初始状态分别指向文件中的第一个记录和最后一个记录，即 i=1，j=8。首先将第一个记录暂存变量 x 中，即 x. key=47，然后令 j 自右向左扫描，到找到满足 R[j]. key<x. key 的记录时，就将 R[j]移到 R[i]的位置上，i 自增 1。此题中，j 从 8 到 7 时，R[7]. key<x. key=47，此时将 R[7]移到 R[1]，i 加 1 后为 2，j=7，因此，经此趟扫描移动后得：

[25　33　61　82　72　11　$\boxed{25}$　47]

　　　i　　　　　　　　　　　j

然后再从 i 位置起向右扫描，直到 R[i]. key>x. key 时，将 R[i]移到 R[j]的位置上，j 自减 1。从上一趟的结果中可以看到，i 从 2 到 3 时，有 R[3]. key>x. key，此时将 R[3]移到 R[7]，i=3，j 减 1 后值为 6，因此得到结果：

[25　33　$\boxed{61}$　82　72　11　61　47]

　　　　　i　　　　　　j

j 再从位置 6 向左扫描，因 R[6]. key<x. key，所以将 R[6]移到 R[3]位置上，i 加 1后为 4，j=6，因此得结果如下：

[25　33　11　82　72　$\boxed{11}$　61　47]

　　　　　　　i　　　　j

i 从位置 4 向右扫描，因 R[4]. key>x. key，所以将 R[4]移到 R[6] 位置上，i=4，j 减 1 后值为 5，因此得：

[25　33　11　$\boxed{82}$　72　82　61　47]

　　　　　　　i　　j

j 从位置 5 向左扫描，因为 R[5]. key 不小于 x. key，所以 j 减 1 后再向左扫描，此时 i=4，j=4，即 i=j，结束一趟排序，因此 4 的位置就是基准 x 的位置，将 x 移至 R[4]的位置上得：

[25　33　11]　47　[72　82　61　47]

这就是第一趟快速排序的结果。

同样道理，将基准 x 左边部分记录关键字[25 33 11] 和右边部分[72 82 61 47]分别作为初始关键字再进行上述方法排序，即可得到后面几趟的排序结果：

二趟排序之后：

[11] 25 [33] 47 [47 61] 72 [82]

三趟排序之后：

11 25 33 47 47 [61] 72 82

最后结果为：

11 25 33 47 47 61 72 82

8.3.3 选择排序

选择排序的基本思想是:每一趟在待排序的记录中选出关键字最小的记录,依次存放在已排好序的记录序列的最后,直到全部记录排序完为止。在此,主要介绍直接选择排序和堆排序两种选择排序方法。

【例 8.4】 假设采用单链表作为存储结构,试编写一个直接选择排序(升序)的算法。

【分析】 依题意,先定义单链表结点类型如下：

```
typedef struct node {
    DataType data;
    int key;//假设关键字为整型值
struct node *next;
} ListNode;
typedef ListNode * LinkList;
```

(1) 按直接选择排序算法思想,交换结点的数据域和关键字域值的算法。

```
void LselectSort1(LinkList head)
{//找最小的和第一个结点交换,找次小的和第二个结点交换,依此类推
    ListNode * p, * r, * s;
    ListNode q;   p=head;
    while(p! ==NULL) {
        s=p;  //s 为保存当前关键字值最小结点地址指针
        r=p->next;
        while(r! =NULL) { //向后比较,找关键字值最小的结点
            if(r->key < s->key)
                s=r; //若 r 指向结点的关键字值小,使 s 指向它
            r=r->next; //比较下一个
        }
        if(s! =p) {//说明有关键字值比 s 的关键字值小的结点,需交换
          q=( * p); //整个结点记录赋值
```

```
            p->data=s->data;  p->key=s->key;
            s->data=q.data;   s->key=q.key;
        }
        p=p->next;
    }
```

(2) 按直接选择排序算法思想，每次选择到最小的结点后，将其脱链并加入到一个新链表中，这样可避免结点域值交换，最后将新链表的头指针返回。

```
void  LselectSort2(LinkList  head)
{  //找最小的结点作为新表的第一个结点
   //找次小的结点作为第二个结点，依此类推
    ListNode * p, * q, * r, * s, * t;
    t=NULL; //置空新表
    while (head! =NULL) {
        s=head; //先假设 s 指向关键字最小的结点
        p=head;
        q=NULL; //q 指向 p 的前趋结点
        r=NULL; //r 指向 s 的前趋结点
        while(p! =NULL) {
           if(p->key<s->key)
           {  s=p; //使 s 指向当前关键字值小的结点
              r=q; //使 r 指向 s 的前一个结点
           }
           q=p;    //q 指向当前 p 指向的结点
           p=p->next;//指向后继结点
        }
        if(s==head)  //循环前的假设成立
           head=head->next; //指向后继结点
        else
           r->next=s->next; //删除最小结点
        s->next=t;
        t=s;//插入新结点
    }
    head=t; //带回新表头指针
}
```

【例 8.5】 已知关键字序列为：47，33，61，82，72，11，25，47，采用堆排序方法对该序列进行堆排序，画出建堆过程和每一趟的排序结果。

【分析】 堆排序的基本思想是：对一组待排序记录的关键字，首先把它们建成

一个堆(大根堆或小根堆),从而输出堆顶的最小关键字(假设利用小根堆来排序)。然后对剩余的关键字再建堆,便得到次小的关键字。如此反复进行,直到全部关键字排成有序序列为止。堆排序实际上就是一个不断的建堆过程,只要建堆概念搞清楚了,堆排序就很容易理解。建堆的具体方法是:将待排序的关键字按层顺序存放到一棵二叉树的各个结点中,显然这棵二叉树是一棵完全二叉树,它的所有编号 $i > \lceil n/2 \rceil$ 的结点 k_i 都没有子结点,而且以 K_i 为根的子树已经是堆。在本题中,即结点 k_5, k_6, k_7, k_8 已经是堆,如图 8.2(a)所示。

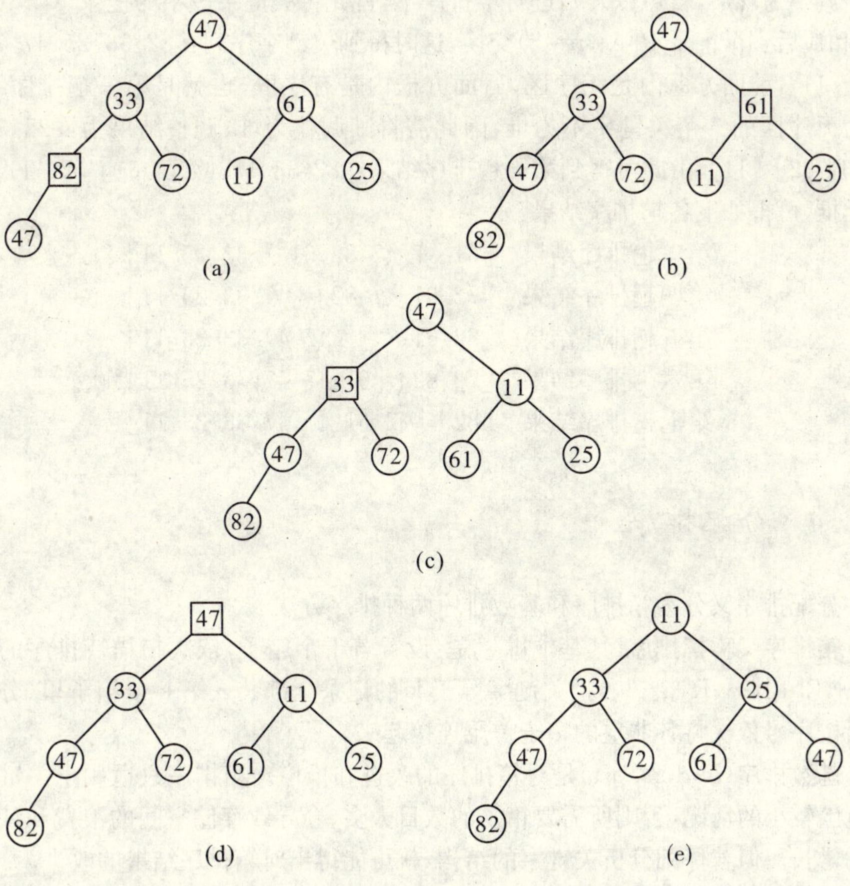

图 8.2　建堆过程

因为 $i = \lceil n/2 \rceil = 4$,所以要调整以第 4 个结点为根的子树为堆,只需要将第 4 个结点与第 8 个结点交换即可,得到序列为:47,33,61,47,72,11,25,82,其完全二叉树如图 8.2(b)所示。

此时,$i = \lceil n/2 \rceil - 1 = 3$,要调整以第 3 个结点为根的子树为堆,因为该结点的左子树结点值小，则与左子树交换，61 被筛至下一层，得序列为：47，33，11，47，72，61，25，82，其二叉树如图 8.2(c)所示。

接下来，i=2，以 33 为根结点的子树已经是堆，无需调整，如图 8.2(d)所示。

最后，i=1，以 47 代表的结点子树不是堆，需调整，因为右子树根结点值较小，所以 47 与 11 交换筛至下一层，但 47 为根树不为堆，因此需要再调整。此时，47 再与 25 交换，建堆结束，得小根堆为：11，33，25，47，72，61，47，82，所得的完全二叉树如图 8.2(e)所示。

调整为堆后，就可以开始进行堆排序了，首先将关键字最小的记录 R[1]（即堆顶）和最后一个记录 R[n]（n=8）交换，这时得到关键字序列：[82 33 25 47 72 61 47] [11]，前面方框内是无序区，后面方框内是有序区，也就是第一趟排序结果。因为无序区的 7 个关键字不为堆，因此需将其调整为堆，调整结果为：[25 33 47 72 61 82] [11]，由此可得到第二趟排序结果：[82 33 47 47 72 61] [25 11]。依此类推，可得如下各趟排序结果：

第三趟排序结果 [61 47 47 82 61] [33 25 11]
第四趟排序结果 [72 61 47 82] [47 33 25 11]
第五趟排序结果 [82 61 72] [47 47 33 25 11]
第六趟排序结果 [72 82] [61 47 47 33 25 11]
第七趟排序结果 [82] [72 61 47 47 33 25 11]

8.3.4 分配排序

分配排序又分为箱排序和基数排序两种排序方法。

箱排序又称**桶排序**，其基本思想是：设置若干个箱子，依次扫描待排序的记录 R[0]，R[1]，…，R[n-1]，把关键字等于 k 的记录全部装入第 k 个箱子里（分配），然后按序号依次将各非空的箱子首尾连接起来。

基数排序（Radix Sort）是对箱排序的改进和推广。箱排序只适用于关键字取值范围较小的情况，否则所需要箱子的数目太多，会导致存储空间的浪费和计算时间的增长。但若仔细分析关键字的结构，就可能得出对箱排序结果的改进。

【例 8.6】 已知关键字序列：278，109，063，930，589，184，505，269，008，083，写出基数排序（升序）的排序过程。

【分析】 基数排序是对箱排序的改进和推广。首先设置一个指针数组 B，B[i]表示第 i 个箱子，它带有两个指针域，一个是 B[i]. f，指向箱链表的表头；一个是 b[i]. r，指向表尾。其实基数排序就是一个不断装箱的过程，首先按个位进行装箱，个位相同的按其出现的先后顺序装箱，后装入的记录用尾指针指向，装完后，按箱子序号从小到大排成一个新序列；再用新序列按十位进行装箱，即十位数字相同的按其先后装入相应的箱子中，再按箱子的序号从小到大排成一个新序列……直到新序列全部有序为止。

在本题中，初始状态为：

p→278→109→063→930→589→184→505→269→008→083

第一趟分配，即按个位装箱后状态如下（按尾插法进行装入，即尾指针总是指向新插入的记录，下同）：

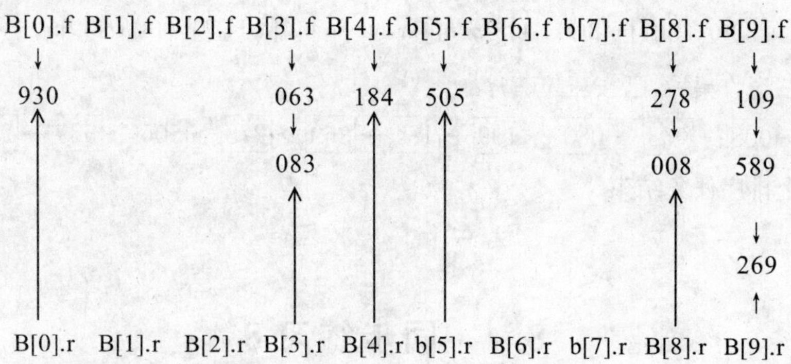

第一趟收集后，已按个位有序：

p→930→063→083→184→505→278→008→109→589→269

第二趟分配，即按十位装箱后的状态如下：

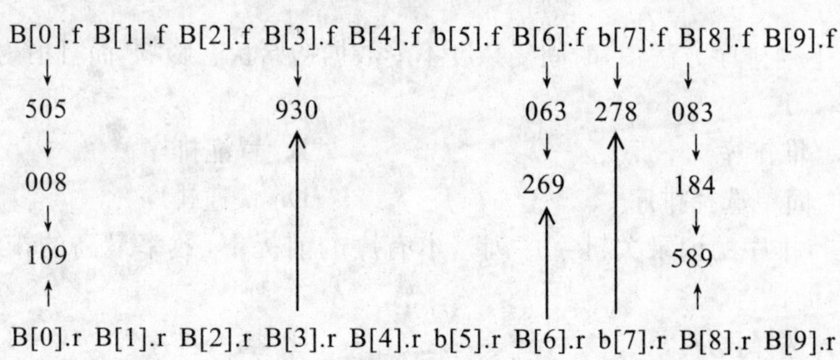

第二趟收集后，已按十位和个位有序：

p→505→008→109→930→063→269→278→083→184→589

第三趟分配，即按百位装箱后的状态如下：

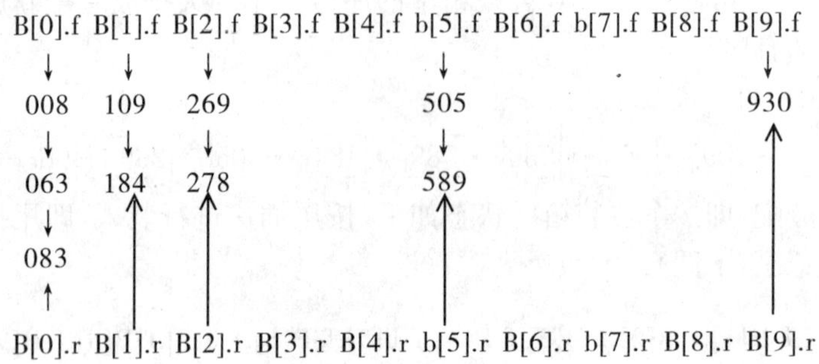

第三趟收集后，已按三位有序：

p→[008]→[063]→[083]→[109]→[184]→[269]→[278]→[505]→[589]→[930]

整个排序任务结束。

8.4 同步练习 8

一、单项选择题

1. 在下列排序方法中，时间复杂度不受数据初始状态影响，而且恒为 $O(n^2)$ 的方法是（　　）。

A. 堆排序　　B. 冒泡排序
C. 简单选择排序　　D. 快速排序

2. 在待排序的记录关键字序列基本有序的前提下，效率最高的排序方法是（　　）。

A. 选择排序　　B. 插入排序
C. 快速排序　　D. 归并排序

3. 在下列排序方法中，记录关键字比较的次数与记录的初始排列次序无关的方法是（　　）。

A. 插入排序　　B. 冒泡排序
C. 希尔排序　　D. 选择排序

4. 在下列排序方法中，从待排序序列中依次取出记录关键字与已排序序列（初始时为空）中的记录关键字进行比较，将其放入已排序序列的正确位置上的方法,称为( )。

A. 选择排序 B. 冒泡排序

C. 插入排序 D. 希尔排序

5. 在下列排序方法中,从待排序序列中挑选记录(关键字值大的或小的),并将其依次放入已排序序列(初始时为空)的一端的方法,称为( )。

A. 希尔排序 B. 选择排序

C. 插入排序 D. 归并排序

6. 在下面的几种排序方法中,需求内存空间最大的方法是( )。

A. 归并排序 B. 选择排序

C. 快速排序 D. 插入排序

7. 在下列排序方法中,平均查找长度最小的排序方法是( )。

A. 归并排序 B. 插入排序

C. 选择排序 D. 快速排序

8. 有一组记录的关键字序列为:46,79,56,38,40,84,利用快速排序的方法,以第一个记录为基准得到的一趟排序结果为( )。

A. 40 38 46 56 79 84 B. 40 38 46 84 56 79

C. 38 40 46 56 79 84 D. 40 38 46 79 56 84

9. 有一组记录的关键字序列,经过一次归并后为[25 48] [16 35] [79 82] [23 40] [36 72],按归并排序的方法对该序列再进行一趟归并排序后结果为( )。

A. 16 25 48 35 79 82 23 36 40 72

B. 16 25 35 48 79 82 23 36 40 72

C. 16 25 35 48 23 40 79 82 36 72

D. 40 25 35 48 79 23 36 40 72 82

10. 已知一组记录的关键字序列为:46,79,56,38,40,84,则利用堆排序的方法建立的初始堆是( )。

A. 84 79 56 38 40 46 B. 79 46 56 38 40 80

C. 84 79 56 46 40 38 D. 84 56 79 40 46 38

11. 若一组记录的关键字序列为:46,79,56,38,40,84,则利用箱排序的方法,按各关键字个位依次装箱后得到的结果为( )。

A. 38 40 46 56 79 84 B. 40 38 46 79 56 84

C. 40 84 46 56 38 79 D. 40 38 46 84 56 79

12. 用快速排序方法对包含有 n 个记录的文件进行排序,最坏情况下的时间复杂度为( )。

A. $O(n)$　　　B. $O(\log_2 n)$

C. $O(n\log_2 n)$　　　D. $O(n^2)$

二、填空题

13. 在选择排序、堆排序、快速排序和直接插入排序方法中，稳定的排序方法是________。

14. 分别采用堆排序、快速排序、插入排序和归并排序方法对初始状态为基本递增有序的关键字序列，按递增顺序排序，最省时间的排序方法是________，最费时间的是________。

15. 在插入排序、希尔排序、选择排序、快速排序、堆排序、归并排序和基数排序中，不稳定的排序有___(1)___，平均比较次数最少的排序是___(2)___，需要内存空间最多的是___(3)___。

16. 对一组关键字序列为：51，38，96，23，45，15，72，62，87 的记录进行直接插入排序，当把第 5 个记录（关键字值 45）插入到有序表时，为寻找插入位置需比较________次。

17. 对 n 个记录的排序文件进行冒泡排序时，最少的比较次数是______次。

18. 在堆排序和快速排序中，若记录关键字基本正序（升序）或反序（降序），则选用________，若记录关键字无序，则最好选用________。

19. 在所有的排序算法中，若初始记录关键字基本正序（升序），则选用___(1)___；若初始记录关键字基本反序（降序），则选用___(2)___。

20. 在快速排序、归并排序和堆排序等几种排序算法中，若仅从存储空间考虑，它们的优先顺序是________。

21. 对 n 个记录的排序文件采用直接选择排序方法所执行的记录交换次数最多为________次。

22. 对 n 个记录的排序文件进行堆排序，最坏情况下的执行时间为______。

三、解答题

23. 对于给定的一组关键字：46，32，55，81，65，11，25，43，进行直接插入排序，写出其排序的每一趟结果。

24. 对于给定的一组关键字：26，18，60，14，7，45，13，32，进行直接选择排序，写出其排序的每一趟结果。

25. 对于给定的一组关键字：41，62，13，84，35，96，57，39，79，61，15，83，分别

写出执行以下各排序算法的每一趟排序结果。

(1) 希尔排序(5,2,1);

(2) 快速排序;

(3) 基数排序。

26. 对于给定的一组关键字:26,18,60,14,7,45,13,32,写出执行堆排序算法的每一趟排序结果。

27. 对待排序记录关键字序列在以下几种情况下,进行直接插入排序时(按升序),至多需要进行多少次关键字的比较?

(1) 关键字从小到大顺序有序(正序);

(2) 关键字从大到小顺序有序(反序);

(3) 前一半关键字序列从小到大顺序有序,后一半关键字序列从大到小顺序有序。

28. 判断下列序列是否为堆(小根堆或大根堆),如果不是,则将其调整为堆。

(1) 17,18,60,40,7,32,73,65

(2) 96,83,72,45,28,54,60,23,38,15

(3) 25,48,16,35,79,82,23,40,36,72

(4) 12,24,18,65,33,56,33,92,86,70

四、算法设计题

29. 已知一个已排序的记录文件用单链表表示,试写一算法,插入一个新记录,使得文件仍按关键字从小到大的次序排列。

30. 已知两个有序记录文件 A[0..n－1]和 B[0..m－1],试写一算法,将它们归并为一个有序文件,存放到 C[0..m＋n－1]中。

8.5 课程设计

1. 采用顺序存储结构,编程实现直接插入排序、希尔排序、堆排序以及归并排序的算法,并设计主程序输入数据验证上述排序的结果。

2. 采用链式存储结构,编程实现直接选择排序、冒泡排序、基数排序的算法,并设计主程序输入数据验证上述排序的结果。

第9章 查　　找

查找是数据处理中经常使用的一种重要运算。查找运算使用频率很高，在任何一个计算机应用软件和系统软件中都会涉及，所以，当问题所涉及的数据相当多时，查找方法的效率就显得格外重要。

9.1 知识结构

本章需要考核的内容很多，要求也比较高，除了两个知识点：(1)查找在数据处理中的重要性；(2)查找算法效率的评判标准要求"了解"外，其余知识点都要求达"简单应用"层次。具体要求达到"简单应用"层次的知识点有：

(1) 顺序查找、二分查找、分块查找的基本思想、算法实现和查找效率分析；

(2) 顺序查找中哨兵的作用；

(3) 二分查找对存储结构及关键字的要求；

(4) 通过比较线性表的三种查找方法的优缺点，能根据实际问题的要求和特点，选择合适的查找方法；

(5) 二叉查找和B-树的定义、特点以及用途；

(6) 二叉查找树插入、删除、建树和查找算法及时间复杂性；

(7) 输入实例对建立二叉查找树形态的影响；

(8) B-树的插入、删除及查找方法的基本思想，B-树的查找效率；

(9) 散列表、散列函数、散列地址和装填因子等有关概念；

(10) 散列函数的选取原则及产生冲突的原因；

(11) 几种常用的散列函数构造方法；

(12) 两类解决冲突的方法及其优缺点；

(13) 采用线性探测法和拉链法解决冲突时，散列表的建表方法、查找过程以及算法实现和时间分析，特别是查找成功和查找失败时的平均查找长度的计算；

(14) 散列表和其他表的本质区别。

本章要求掌握的知识点和考核要求都很高,所以要多下工夫。对于本章的学习,最主要的还是熟悉各种查找算法,分析其平均查找长度,从而能熟练地应用这些算法。

9.2 知识解析

本章的学习重点是掌握顺序查找、二分查找、二叉查找树上查找以及散列表上查找的基本思想和算法实现。

查找是一种常用的基本运算,由于查找运算使用频率很高,几乎在任何一个计算机应用软件和系统软件中都会涉及,因此,查找算法的好坏将直接影响到计算机的使用效率。评价一个查找算法的优劣是通过平均查找长度来判定的。我们知道,查找运算的主要操作是关键字的比较,平均查找长度即为查找过程中对关键字进行比较的平均次数,具体定义为:

$$ASL = \sum_{i=1}^{n} p_i c_i$$

其中,n 是结点的个数;c_i 是找到第 i 个结点所需要进行的比较次数;p_i 是查找第 i 个结点的概率。一般情况下,均认为查找每个结点的概率相等,即 $p_i = 1/n$。

9.2.1　线性表(顺序表)的查找

1. 顺序查找

顺序查找又称为线性查找,是一种最简单的查找方法。它是从线性表的一端开始,顺序扫描线性表,依次将扫描到的结点关键字和给定值 k 比较,若当前扫描到的结点关键字与 k 相等,则查找成功;若扫描结束后,仍未找到关键字等于 k 的结点,则查找失败。顺序表的查找算法简单,对表结构无任何要求,无论结点之间是否存在按关键字有序,它都同样适用。但顺序查找的效率低,因此,当数据较多时不宜采用顺序查找。

2. 二分查找

二分查找要求线性表中的结点必须按关键字值的递增或递减顺序排列。二分查找的思想是:首先用要查找的关键字 k 与中间位置的结点的关键字比较,这个中间结点把线性表分成了两个子表,若比较结果相等则查找完成;若不相等,再根据 k 与该中间结点关键字的大小确定下一步查找哪个子表,如果 k 大,则下一步在右边关键字较大的子表中查找,否则在左边关键字较小的子表中查找,这样递归进行下去，直到找到满足条件的结点或者该线性表中没有这样的结点为止。

【例 9.1】 试写一算法，利用二分查找算法在有序表 R 中插入一个元素 x，并保持表的有序性。

【分析】 依题意，先在有序表 R 中利用二分查找算法查找关键字值大于或等于 x 的结点，使得 mid 指向正好等于 x 的结点或 low 指向关键字正好大于 x 的结点，然后采用移动法插入 x 结点即可。

因此，实现本题功能的算法如下：

```
void BinInsert ( SepList R, KeyType x,InfType y)
 { //在有序表 R 中利用二分查找算法插入一个元素值为 x 的结点
      int low=1, high=n, mid, inspace, i;
      find=FALSE; //find 用于判断是否找到与 x 相等的关键字，先假设未发现
      while (low<=high && ! find)
      {
        mid=(low+high)/2;
        if ( x<R[mid].key)
           high=mid-1;
        else if (x>R[miid].key)
           low=low+1;
        else
           find=TRUE;
      }
      if (find)
          inspace=mid; //找到关键字与 x 相等，mid 为 x 的插入位置
      else
          inspace=low;
          //low 所指向的结点关键字正好大于 x, 此时 low 即为插入位置
      for (i=n; i<=inspace; i++) //后移结点，留出插入的空位
          R[i+1]=R[i];
      R[inspace].key=x; R[inspace].otherinf=y; //插入结点
}
```

3. 分块查找

分块查找又称为索引顺序查找，其性能介于顺序查找和二分查找之间。分块查找把线性表分成若干块，每一块中的元素存储顺序是任意的，但块与块之间必须按关键字大小有序排列，即前一块中的最大关键字小于后一块中的最小关键字。另外还需要建立一个索引表，索引表中的一项对应线性表中的一块，索引项由键域和链域组成，键域存放相应块的最大关键字，链域存放指向本块第一个结点的指

针。索引表按关键字值递增顺序排列。

分块查找的查找算法分为两步进行，首先确定待查找的结点属于哪一块，即查找其所在的块，然后在块内查找要查的结点。因为索引表是递增有序的，所以可采用二分查找；块内元素个数较少，可采用顺序查找，不会对执行速度有太大的影响。

4. 三种查找方法的比较

顺序查找的优点是算法简单，且对表的存储结构无任何要求，无论是顺序结构还是链式结构，也无论结点关键字是有序还是无序，都能适用顺序查找；其缺点是查找成功的平均查找长度约为表长的一半，即$(n+1)/2$，查找失败则需要比较$n+1$次，当n较大时，查找效率低。

二分查找的速度快，效率高，查找成功的平均查找长度约为$\log(n+1)-1$，但是它要求表以顺序存储表示并且按关键字有序，使用高效率的排序方法也要花费$O(n\log n)$的时间。另外，当对表结点进行插入或删除时，需要移动大量的元素。所以二分查找适用于表不轻易变动且又经常查找的情况。

分块查找的优点是，在表中插入或删除一个记录时，只要找到该记录所属的块，就可在该块内进行插入或删除运算。因为块内记录是无序的，所以插入或删除比较容易，无需移动大量记录。分块查找的主要缺点是需要增加一个辅助数组的存储空间，并需要执行将初始表分块排序的运算。它也不适宜用于链式存储结构。若以二分查找确定块，则分块查找成功的平均查找长度为$\log(n/s+1)+s/2$；若以顺序查找确定块，则分块查找成功的平均查找长度为$(s^2+2s+n)/(2s)$。其中s为分块中的结点个数。

根据平均查找长度，不难得到顺序查找、二分查找和分块查找三种查找算法的时间复杂度分别为$O(n)$，$O(\log n)$和$O(\sqrt{n})$。

9.2.2 树表的查找

1. 二叉排序树

(1) 二叉排序树的定义

二叉排序树又称二叉查找树，它是一种特殊结构的树，其定义为：二叉排序树或者是一棵空树或者是具有如下性质的二叉树：

① 若它的左子树非空，则左子树上所有结点的值均小于根结点的值；

② 若它的右子树非空，则右子树上所有结点的值均大于根结点的值；

③ 左、右子树本身又各是一棵二叉排序树。

二叉排序树有一个非常重要的性质，那就是按中序遍历该二叉树所得到的中序遍历序列是一个递增有序的序列。

(2) 二叉排序树的插入和生成

二叉排序树的生成是通过依次输入数据元素，生成结点，并把它们插入到二叉排序树的适当位置上。具体的生成过程是：每读入一个元素，建立一个新结点，若二叉排序树为空，则待插入结点作为根结点插入到空树中；若二叉排序树非空，则将新结点的关键字与根结点关键字比较，若小于根结点关键字，则将新结点插入到根的左子树中，否则插入到根的右子树中。而子树中的插入过程又和在树中的插入过程相同，如此进行下去，直到所有元素结点插入完为止。

(3) 二叉排序树上的查找

因为二叉排序树可以看成是一个有序表，二叉排序树的左子树上的所有结点的关键字均小于根结点的关键字，而右子树所有结点的关键字均大于或等于根结点的关键字，所以在二叉排序树上进行查找，与二分查找类似，它的查找成功的平均查找长度是 O(logn)。其查找过程为：若二叉排序树为非空，将给定值与根结点值相比较，若相等，则查找成功；若不等，则当根结点值大于给定值时，到根的左子树中查找，否则在根的右子树中查找。这显然是一个递归过程。

【例 9.2】 已知长度为 7 的表为：

(cat, be, for, more, at, he, can)

按表中元素的次序依次插入，画出插入完成后的二叉排序树，并求其在等概率情况下查找成功的平均查找长度。

【分析】 对此题给出的表，生成二叉排序树的过程为：首先读入第一个元素 cat，建立一个新结点，因为二叉排序树为空树，因此该结点作为根结点；接着读入第二个元素 be，与根结点的 cat 比较，"be"<"cat"，所以以 cat 为关键字的新结点作为根结点的左子树插入到二叉排序树中；再读入第三个元素 for，比根结点关键字值 cat 大，插入到右子树中；再读入第四个元素 more，从根比较，比根结点关键字值 cat 大，应插入到右子树中，因右子树中已有结点存在，因此再与右子树的根结点比较，"more"比"for"大，插入右子树……如此下去，直到所有元素插入完为止，由此可得二叉排序树如图 9.1 所示。

因为二叉排序树可以看成一个有序表，二叉排序树中左子树上所有结点的关键字值均小于根结点的关键字，右子树上所有结点的关键字值均大于根结点关键字，所以在二叉排序树上进行查找，与二分查找类似。显然，在二叉排序树上进行查找，若查找成功，则是从根结点出发走了一条从根到待查结点的路径；若查找不成功，则是从根走了一条从根到叶子的路径。因此在二叉排序树上进行查找，关键字的比较次数不会超过树的深度，即查找结点与其所在层数有关，查找第一层上的结点需比较一次，查找第二层上的结点需要比较两次……所以在等概率情况下，以上生成的二叉排序树的平均查找长度为：

$$ASL=(1+2\times 2+3\times 3+4\times 1)/7=18/7\approx 2.57$$

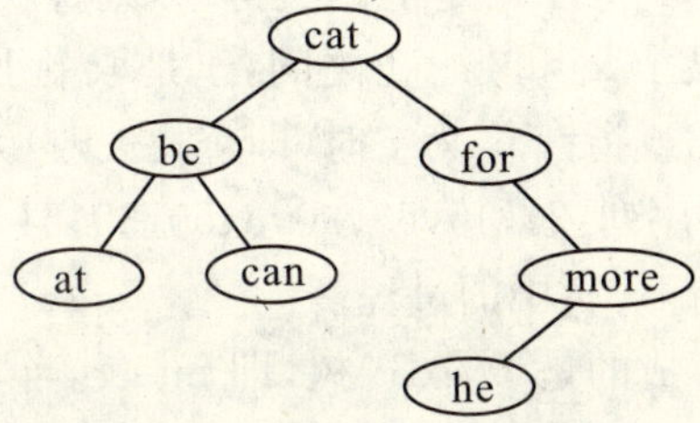

图 9.1 二叉排序树示例

2. B-树

(1) B-树的定义

一棵 m(m≥3)阶的B-树，或为空树，或为满足下列性质的 m 叉树：

① 树中每个结点至多有 m 棵子树；

② 除非根结点为叶结点，否则至少有两棵子树；

③ 除根结点之外的所有非终端结点至少有 $\lceil m/2 \rceil$ 棵子树，至多有 m 棵子树；

④ 每个结点至少包含下列信息域：

$$(n,p_0,k_1,p_1,k_2,\cdots,k_n,p_n)$$

其中，n 为关键字的个数；$k_i(1\leqslant i\leqslant n)$为关键字，且 $k_i<k_{i+1}$；$p_i(0\leqslant i\leqslant n)$为指向子树根结点的指针，且 p_i 所指向子树中所有结点的关键字均小于 k_{i+1}，p_n所指子树中所有结点关键字均大于 k_n。

⑤ 所有叶结点在同一层上。

(2) B-树的插入和删除

B-树上的插入和删除元素运算比较复杂，要使运算后的结点中关键字个数≥$\lceil m/2 \rceil -1$，因此，涉及结点的分裂和合并问题。

在B-树中插入一个关键字，不是在树中添加一个叶结点，而是先在最低层的某个非终端结点中添加一个关键字，若该结点中关键字的个数不超过 m−1，则插入完成，否则要产生结点"分裂"。"分裂"结点时，把结点分成两个，把中间的一个关键字拿出来插入到该结点的双亲结点上，双亲结点也可能有两个，这时就要再次分裂。

同样，删除过程也类似，只是稍微复杂一点。在B-树中删除一个关键字，首先找到该关键字所在的结点，再进行关键字的删除，若该结点在含有信息的最后一层上，且其中关键字的数目不小于 $\lceil m/2 \rceil$，则删除操作完成，否则进行"合并"结点操作。若所找结点不在含有信息的最后一层上，则将该关键字用其在B-树中的后继替代，然后再删除其后继信息。

(3) B-树上的查找

在B-树中查找给定关键字的方法是：首先取出树根结点，在根结点所包含的

关键字 $k_1,\cdots,k_n$ 中查找给定的关键字 k(可以用顺序查找,也可以用二分查找,因为关键字是有序的),若找到等于给定值的关键字,则查找成功;否则,一定可以确定要查的关键字 k 是在某个 k_i 和 k_i+1 之间,于是取 p_i 所指向的结点继续查找,如此重复下去,直到找到,或指针 p_i 为空时(即查找失败)为止。

【例 9.3】 有关键字序列:24,45,53,90,3,50,30,61,12,70,请画出将此序列插入一棵初始为空的 4 阶 B-树中的过程。

【分析】 因为要求生成的是 4 阶 B-树,即 m=4,当 3 个关键字 24,45,53 插入到一个新结点中时,它既是根结点又是叶结点,因此得:[24 45 53]。插入第 4 个关键字 90 时,关键字数等于 4,此时违反了 B-树的性质,因此根据 B-树插入算法,将该结点以中间位置上的关键字 key[⌈m/2⌉]=key[2]为划分点,将中间关键字 45 插入到当前结点的双亲结点上,如图 9.2(a)所示。此后 3 个关键字的插入类似,分别如图 9.2(b)、(c)、(d)所示。当插入第 8 个关键字 61 时,按算法应插入到结点[50 53 90]中,此时的结点关键字数已等于 4,所以要产生分裂,即将结点中第 2 个关键字 53 插入到双亲结点上,并以此位置为中点分裂为[50]和[61 90]两个结点,如图 9.2(e)所示。同理可得到图 9.2(f)、图 9.2(g)。

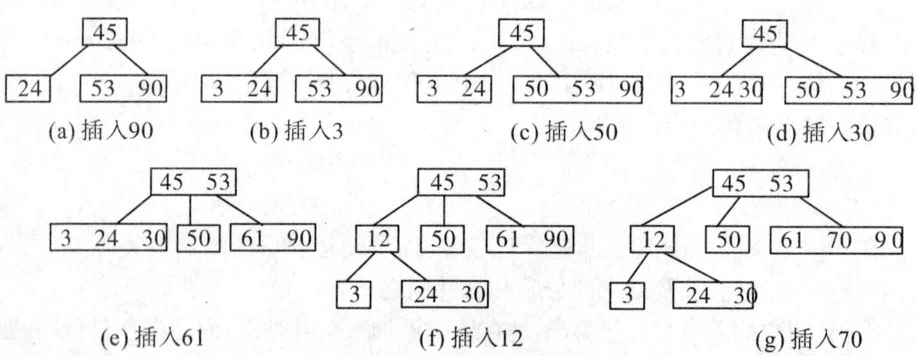

图 9.2　B-树生成过程图

9.2.3　散列表查找

散列表查找不同于前面的几种查找方法,它是通过对记录的关键字值进行某种运算,直接求出文件记录的地址,是一种关键字到地址的直接转换方法,不需要反复比较。

假设 f 包含 n 个结点,R_i 为其中的某个结点($1\leqslant i\leqslant n$),key_i 是其关键字值,若在关键字值 key_i 与结点 R_i 的地址之间建立某种函数关系,便可通过这个函数把关键字值转换成相应结点的地址,即有:

$$addr(R_i)=H(key_i)$$

其中,H 称为散列函数,$addr(R_i)$称为散列地址。

1. 常用散列函数构造法

常用散列函数构造法有如下几种:

(1) 直接地址法

直接地址法的散列函数 H 对于关键字是数字类型的文件,直接利用关键字求得散列地址。例如,

$$H(key)=key+c$$

在使用时,为了使散列地址与存储空间吻合,可以调整 c。

(2) 数字分析法

数字分析法又称数据选择法。假设有一组关键字,每个关键字由 n 位数字组成,如 $k_1k_2\cdots k_n$。数字选择法是从关键字中选择数字分布比较均匀的若干位作为散列地址。

(3) 除余数法

除余数法是选择一个适当的 p(p≤散列表长 m)去除关键字 key,所得余数作为散列地址。对应的散列函数 H(key)为:

$$H(k)=key\ \%\ p$$

其中 p 最好选取小于或等于表长 m 的最大素数。如表长为 20,那么 p 选 19;如表长为 25,则 p 可选 23……

(4) 平方取中法

平方取中法是取关键字平方的中间几位作为散列地址。因为一个平方的中间几位和乘数的每一位都相关,故由此产生的散列地址较为均匀,具体取多少位视实际情况而定。

(5) 折叠法

折叠法首先把关键字分割成位数相同的几段(最后一段的位数可少一些),段的位数取决于散列地址的位数,根据实际情况而定,然后将它们的叠加和(舍去最高进位)作为散列地址。

2. 处理冲突方法

在通过散列函数计算散列地址时,有时会存在这样的问题:两个不同的关键字,其函数值(散列地址)相同。我们将这种现象称为冲突,而发生冲突的两个关键字称为该散列函数的同义词。在设计散列函数时,要尽量减少或没有冲突存在,但少量的冲突往往是不可避免的,这样就存在如何解决冲突的问题。冲突的频度除了与散列函数 H 有关外,还与散列表的填满程度有关。假设 m 和 n 分别表示表长和表中填入的结点数,则将 $\alpha=n/m$ 定义为散列表的装填因子。α 越大,表越满,冲

突的机会就越大；α 越小，产生冲突的机会就小。但 α 过小，空间的浪费就多，通常取 $\alpha \leqslant 1$。解决冲突的办法有两大类：开放定址法和链地址法。

(1) 开放定址法

开放定址法又分为线性探查法、二次探查法和双重散列法。假设散列表空间为 T[0..m-1]，散列函数为 H(key)，开放定址法的一般形式为：

$$h_i = (H(key) + d_i)\ \%\ m \quad 0 \leqslant i \leqslant m-1$$

其中 d_i 为增量序列，m 为散列表长。$h_0 = H(key)$ 为初始探查地址（假设 $d_0 = 0$），后续的探查地址依次是 $h_1, h_2, \cdots, h_{m-1}$。

1) 线性探查法

线性探查法的基本思想是：将散列表 T[0..m-1]看成一个循环向量，若初始探查的地址为 d(即 H(key)=d)，那么后续探查地址序列为：d+1,d+2,…,m-1,0,1,…,d-1。也就是说，探查时从地址 d 开始，首先探查 T[d]，然后依次探查 T[d+1],…,T[m-1]，此后又循环到 T[0],T[1],…,T[d-1]。分两种情况分析，一种运算是插入：若当前探查单元为空，则将关键字 key 代表的记录写入空单元，若不空则继续后续地址探查，直到遇到空单元插入关键字为止，若探查到 T[d-1]时仍未发现空单元，则插入失败（表满）；另一种运算是查找，若当前探查单元关键字值等于 key，则表示查找成功，若不等于，则继续后续地址探查，若遇到单元关键字值等于 key 时，查找成功，若探查到 T[d-1]时仍未发现有关键字值等于 key，则查找失败。

2) 二次探查法

二次探查法的探查序列是：

$$h_i = (H(key) \pm i^2)\%m \quad 0 \leqslant i \leqslant m-1$$

即探查序列为：$d=H(key), d+1^2, d-1^2, d+2^2, d-2^2, \cdots$。也就是说，探查从地址 d 开始，先探查 T[d]，然后依次探查 $T[d+1^2], T[d-1^2], T[d+2^2], T[d-2^2], \cdots$。

3) 双重散列法

双重散列法是几种方法中最好的方法，它的探查序列为：

$$h_i = (H(key) + i * H1(key))\%m \quad 0 \leqslant i \leqslant m-1$$

即探查序列为：d=H(key),(d+1 * H1(key))%m,(d+2 * H1(key))%m,…。

(2) 拉链法（链地址法）

当存储结构是链表时，多采用拉链法。用拉链法处理冲突的办法是：把关键字具有相同散列地址的记录值存放在同一个单链表中，称为同义词链表。有 m 个散列地址就有 m 个链表，同时用指针数组 T[0..m-1]存放各个链表的头指针，凡是散列地址为 i 的记录都以结点方式插入到以 T[i]为指针的单链表中。T 中各分量的初值应为空指针。

(3) 几种处理冲突方法下的散列表的平均查找长度

几种处理冲突方法下散列表的平均查找长度如表 9.1 所示。

表 9.1

	查找成功	查找不成功
线性探查法	$(1+1/(1-\alpha))/2$	$(1+1/(1-\alpha)^2)/2$
二次探查法	$-\ln(1-\alpha)/\alpha$	$1/(1-\alpha)$
双重散列法	$-\ln(1-\alpha)/\alpha$	$1/(1-\alpha)$
拉　链　法	$1+\alpha/2$	$\alpha+e^{-\alpha}$

由此可见,散列表的平均查找长度不是结点个数 n 的函数,而是装填因子 α 的函数,因此在设计散列表时可通过选择装填因子 α 来控制散列表的平均查找长度。开放定址法要求散列表的装填因子 $\alpha\leqslant1$,实用中一般取 0.65 到 0.9 之间的某个值。在拉链法中,其装填因子 α 可以大于 1,但一般均取 $\alpha\leqslant1$。只要 α 选择合适,散列表上的平均查找长度就是一个常数。例如,当 $\alpha=0.9$ 时,对于成功的查找,线性探查法的平均查找长度是 5.5;二次探查法、双重散列法的平均查找长度是 2.56;拉链法的平均查找长度是 1.45。但一般在实际计算平均查找长度时,不能简单地用以上数据来计算,因为得到的值是不精确的。

对于不成功的查找,顺序查找和二分查找所需要进行的关键字比较次数仅取决于表长,而散列查找所需要进行的关键字比较次数和待查结点有关。因此,在等概率情况下,也可以将散列表在查找不成功时的平均查找长度定义为查找不成功时对关键字需要执行的平均比较次数。

【例 9.4】 设散列函数为 H(key)=key％11,散列地址表空间为 0～10,对关键字序列{27,13,55,32,18,49,24,38,43},分别利用拉链法和线性探查法解决冲突,构造散列表,计算其平均查找长度。

【分析】 首先根据散列函数计算散列地址:

h(27)=5;　　h(13)=2;

h(55)=0;　　h(32)=10;

h(18)=7;　　h(49)=5;

h(24)=2;　　h(38)=5;

h(43)=10;

(散列表各元素查找比较次数标注在结点的上方或下方)

① 拉链法。

根据散列地址构造的拉链法散列表如图 9.3 所示。由散列表可知,查找时需要比较 1 次的有 5 个元素,需要比较 2 次的有 3 个元素,需要比较 3 次的有 1 个元素，所以该题拉链法的平均查找长度为：ASL＝(1×5＋2×3＋3×1)/9≈1.556。又由散列表可知，若待查关键字 K 的散列地址为 d＝h(K)，且第 d 个链表上具有 i 个结点，则当 K 不在表上时，就需要作 i 次关键字的比较(不包括空指针比较)，因此查找不成功的平均查找长度为：

$$ASL_{unsucc}=(1+0+2+0+0+3+0+1+0+0+2)/11=9/11\approx 0.82$$

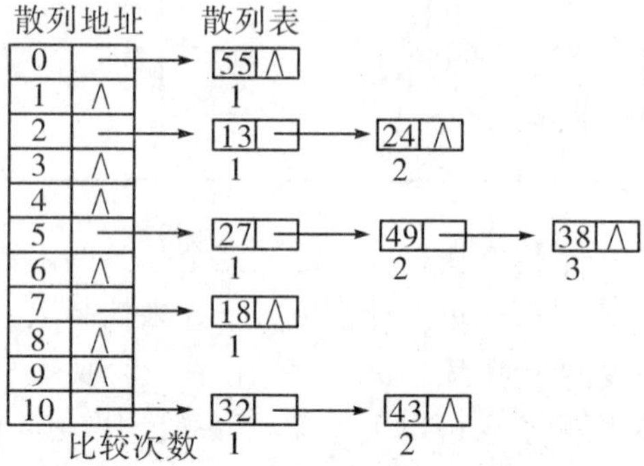

图 9.3 拉链法构造散列表

② 线性探查法。

根据由散列函数计算得到的散列地址可知，关键字 27、13、55、32、18 插入的地址均为开放地址，将它们直接插入到 T[5]，T[2]，T[0]，T[10]，T[7]中。当插入关键字 49 时，散列地址 5 已被同义词 27 占用，因此探查 $h_1=(5+1)\ \%\ 11=6$，此地址为开放地址，因此可将 49 插入到 T[6]中；当插入关键字 24 时，其散列地址 2 已被同义词 13 占用，故探测地址 $h_1=(2+1)\ \%\ 11=3$，此地址为开放地址，因此可将 24 插入到 T[3]中；当插入关键字 38 时，散列地址 5 已被同义词 27 占用，探查 $h_1=(5+1)\ \%\ 11=6$，也被同义词 49 占用，再探查 $h_2=(5+2)\%11=7$，地址 7 已被同义词占用，因此需要再探查 $h_3=(5+3)\ \%\ 11=8$，此地址为开放地址，因此可将 38 插入到 T[8]中；当插入关键字 43 时，计算得到散列地址 10 已被关键字 32 占用，需要探查 $h_1=(10+1)\ \%\ 11=0$，此地址已被占用，探查 $h_2=(10+1)\ \%\ 11=1$ 为开放地址，因此可将 43 插入到 T[1]中。由此构造的散列表如图 9.4 所示。

下标（地址）	0	1	2	3	4	5	6	7	8	9	10
散列表T[0..10]	55	43	13	24		27	49	18	38		32
探查次数	1	3	1	2		1	2	1	4		1

图 9.4 线性探测法构造散列表

由上面构造散列表的过程，我们知道，对前 5 个关键字的查找，每一个仅需要比较一次;对关键字 49 和 24 的查找,需要比较 2 次;对关键字 43 的查找需要比较 3 次;而对 38 的查找则需要比较 4 次。因此,用线性探查法构造的散列表的平均查找长度为:

$$ASL=(1\times5+2\times2+3\times1+4\times1)/9\approx1.78$$

9.3 解题思路

对于本章的学习,除了熟悉各种算法之外,还需要掌握对所采用的查找方法,使用哪种数据结构来表示"表",即表中结点是按何种方式组织的。为了提高查找速度,我们常常用某些特殊的数据结构来组织,因此在研究查找算法时,首先必须弄清这些方法所需要的数据结构,特别是存储结构。

9.3.1 有序表上的顺序查找

在数据结构教材中已讨论过在顺序存储结构上实现的查找算法,表结点之间都认为是无序的,下面将举例分析有关在有序表上的顺序查找的问题。

【例 9.5】 假设顺序表中结点是按关键字递增有序的,试写一顺序查找算法,将监视哨设在表的高下标端,然后分别求出等概率情况下查找成功和不成功时的平均查找长度。

【分析】 顺序查找的基本思想是:从表的任一端开始,逐个进行结点关键字与给定值的比较,若遇到相等时,则查找成功;若整个表查找结束时,还未找到与给定值相等的关键字,则查找失败。又因为题目要求监视哨设在高下标端,所以只能从低下标端开始查找。另外,因为表是递增有序的,所以在查找时,不是用关键字等于给定值进行比较,而是用关键字小于给定值进行比较,一旦大于或等于关键字时,比较结束,因为后面不可能再有了。算法如下:

```
int SeqSearch( SeqList R,KeyType K)
{ //在递增有序顺序表R[0..n]中查找关键字值等于K的结点序号
    int i;
    R[n].key=K;//n号单元存放监视哨
    for(i=0;R[i].key<K;i++);//当关键字大于或等于K时,循环结束
    if(R[i].key==K&&i<n)
      return i;//找到相等的,返回其结点序号
    else
```

```
        return n;//未找到,返回高端下标
}
```

在这个算法中,查找之前,先将高端下标所对应的结点关键字赋值为 K,其作用仍然是为了在循环中省去判断防止下标越界的条件 $i<n$,起到了监视哨的作用。若整个表 R[0..n]已扫描完,都未找到关键字大于或等于 K 的结点,则循环必终止于 R[n].key=K,此时返回的函数值为 n,表示查找不成功;若循环终止时,$i<n$,则有两种情况,一是关键字值等于 K,说明查找成功,二是关键字值大于 K,则说明查找不成功,这时也返回 n,因为表是有序的。显然,若找到的是 R[0],则比较次数为 $c_0=1$;若找到的是 R[n-1],则比较次数 $c_{n-1}=n$;一般情况下,$c_i=i+1$。因此有序顺序表查找成功的平均查找长度为:

$$ASL=\sum_{i=0}^{n-1} p_i c_i=\sum_{i=0}^{n-1} p_i(i+1)$$

在等概率情况下,$p_i=1/n$,所以查找成功的平均查找长度为$(1+2+3+\cdots+n)=(n+1)/2$。

若查找不成功,比较次数同查找成功完全一样,因为结束条件是一样的,即大于等于 K,所以在等概率情况下,查找不成功的平均查找长度也是$(n+1)/2$。

9.3.2 查找算法分析

二分查找过程可用二叉树来描述,我们把当前查找区间的中间位置上的结点作为根,左子表和右子表中的结点分别作为根的左子树和右子树,由此得到的二叉树称为描述二分查找的判定树或比较树,简称二叉判定树。

【例 9.6】 对含 19 个记录的有序表进行二分查找,试画出描述二分查找过程的二叉树;计算在每个记录的查找概率相同情况下的平均查找长度。

【分析】 描述二分查找过程的二叉树如图 9.5 所示。

我们知道,二叉判定树上结点所在的层数(深度)就是查找该结点需要比较的次数,因此,其平均查找长度(平均比较次数)为:

$$ASL=(1+2\times2+3\times4+4\times8+5\times4)/19=69/19\approx3.42$$

【例 9.7】 假设一组关键字序列为:45,12,53,36,9,94,24,78,61,按此顺序输入,画出生成的二叉排序树,并计算在等概率情况下的平均查找长度。

【分析】 (1) 按构造二叉排序树的算法,可得如图 9.6 所示的二叉排序树。

(2) 因为二叉排序树可看做一个有序表,所以在二叉排序树上进行查找,同二分查找类似,也是一个逐步缩小查找范围的过程,因此,查找时与关键字比较的次数不会超过树的深度,第 i 层上的结点恰好需要比较 i 次,所以在等概率情况下,在该二叉排序树上进行查找的平均查找长度为:

$$ASL=(1+2\times2+3\times3+4\times2+5\times1)/9=27/9=3$$

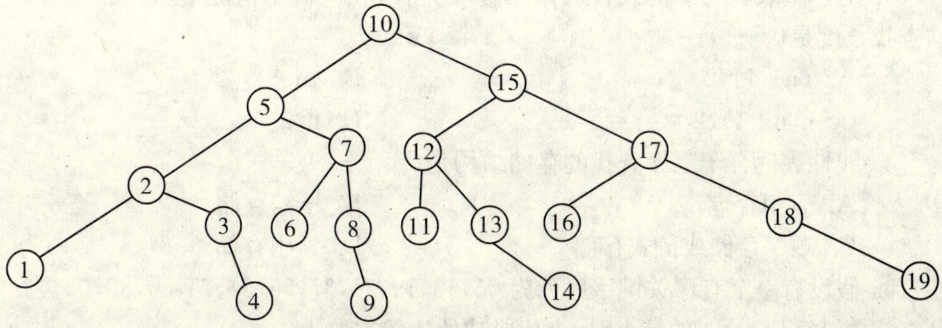

图 9.5 19 个结点的二叉判定树

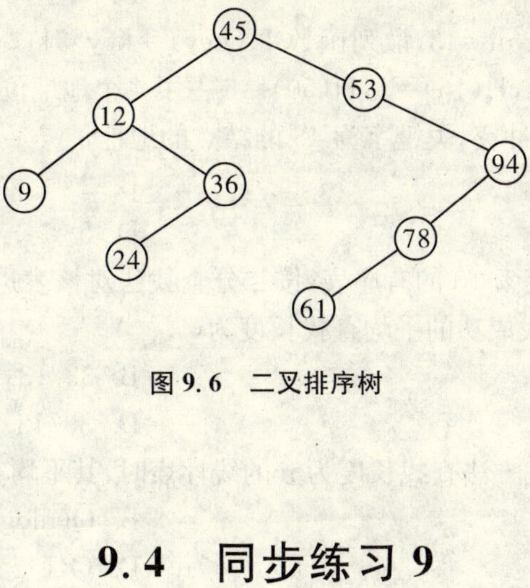

图 9.6 二叉排序树

9.4 同步练习 9

一、单项选择题

1. 对含有 18 个元素的有序表 R 进行二分查找，查找 R[3]时比较序列的下标为(　　)。

A. 1,2,3　　　　B. 9,5,2,3

C. 10,5,3　　　　D. 9,4,2,3

2. 查找运算主要是对关键字的(　　)。

A. 移位　　　　B. 交换

C. 比较　　D. 定位

3. 对一个表长为 n 的线性表采用顺序查找，在等概率情况下，查找成功的平均查找长度是(　　)。

A. (n－1)/2　　B. (n＋1)/2

C. n(n＋1)/2　　D. n/2

4. 线性表适合于顺序查找的存储结构是(　　)。

A. 索引存储　　B. 压缩存储

C. 顺序存储或链式存储　　D. 索引存储

5. 假设有一个有序关键字序列为 05,13,19,21,37,56,64,75,80,88,92，当二分查找关键字值为 64 的结点时，查找成功的比较次数为(　　)。

A. 1　　B. 3

C. 4　　D. 6

6. 假设散列表长 m＝13，散列函数 H(key)＝key％11。表中已有 4 个结点：H(25)＝3，H(37)＝4，H(16)＝5，H(50)＝6 占了 4 个地址位置，其余地址为空，如果用二次探查法处理冲突，关键字为 48 的结点的地址是(　　)。

A. 9　　B. 2

C. 8　　D. 5

7. 已知一个长度为 13 的有序表，按二分查找法对该表进行查找，在表内各元素等概率情况下，查找成功的平均查找长度为(　　)。

A. 41/13　　B. 38/13

C. 45/13　　D. 39/13

8. 采用二分查找方法查找长度为 n 的线性表时，其平均查找长度为(　　)。

A. $O(n^2)$　　B. $O(n\log_2 n)$

C. O(n)　　D. $O(\log_2 n)$

9. 若构造一棵具有 n 个结点的二叉排序树，在最坏情况下，其深度不超过(　　)。

A. n/2　　B. n

C. (n＋1)/2　　D. n＋1

10. 设散列表长 m＝14，散列函数 H(key)＝key％11。表中已有 4 个结点：H(15)＝4，H(38)＝5，H(61)＝6，H(84)＝7，其余地址为空，若采用二次探查法处理冲突，则关键字为 49 的结点地址是(　　)。

A. 8　　B. 3

C. 5　　D. 9

二、填空题

11. 在按关键字递增有序表 R[1..20]的 20 个元素中,按二分查找法进行查找,则查找长度为 5 的元素有________个。

12. 在散列存储中,装填因子 α 的值越大,则____(1)____;α 的值越小,则____(2)____。

13. 在等概率情况下查找成功时的平均查找长度:顺序查找为____(1)____;二分查找为____(2)____;以顺序查找确定块的分块查找为____(3)____,以二分查找确定块的分块查找为____(4)____。

14. 散列表采用线性探查法、二次探查法和链地址法的平均查找长度分别是____(1)____、____(2)____和____(3)____。

15. 在各种查找方法中,平均查找长度与结点个数 n 无关的查找方法是________。

16. 二分查找的存储结构仅限于____(1)____,且是____(2)____。

17. 在分块查找方法中,首先查找____(1)____,然后再查找相应的____(2)____。

18. 在散列表长为 m,散列函数 H(key)=key%p 时,p 最好取________。

19. 对于长度为 n 的线性表,若进行顺序查找,则时间复杂度为____(1)____;若采用二分法查找,则时间复杂度为____(2)____;若采用分块查找(假定总块数和每块长度均接近$\sqrt{n}$),则时间复杂度为____(3)____。

20. 对于二叉排序树上的查找,若结点元素的关键字值大于被查找元素的关键字值,则应该在该二叉树的________上继续查找。

三、解答题

21. 已知线性表(5,10,15,20,25,30,35,40),画出二分查找关键字等于 10、30 及 39 的查找过程。

22. 画出对长度为 13 的有序表进行二分查找的判定树,并求在等概率情况下查找成功的平均查找长度。

23. 已知关键字序列(Jan, Feb, Mar, Apr, May, June, July, Aug, Sep, Oct, Nov, Dec),按元素的先后顺序依次插入到一棵初始为空的二叉排序树中,画出插入完成后的二叉排序树,并求在等概率情况下查找成功的平均查找长度。

24. 已知如图 9.7 所示的 3 阶 B-树,画出插入 26 后的 B-树,接着画出删除 50 后的 B-树。

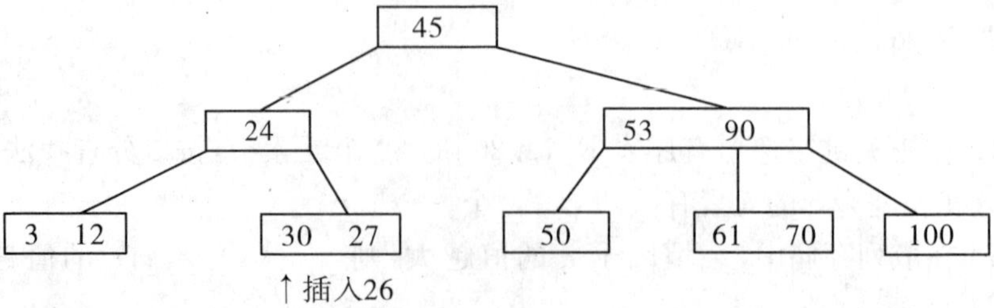

图 9.7　3 阶 B-树示例

25. 设散列函数 f(k)＝k mod 13,散列表地址空间为 0～12,对给定的关键字序列:19,14,23,01,68,20,84,27,55,11,10,79,分别以拉链法和线性探查法解决冲突构造散列表,画出所构造的散列表,并指出在这两个散列表中查找每一个关键字时进行比较的次数。

26. 用二分查找法对一个长度为 12 的有序表进行查找,试填写查找每一个元素需要的比较次数。

元素下标:	1	2	3	4	5	6	7	8	9	10	11	12
比较次数:												

四、算法设计题

27. 试用 C 语言写出二分查找的递归算法。

28. 试写一个算法,按降序输出二叉排序树(链式存储表示)上各结点的值。

29. 假设散列表长为 m,散列函数为 H(K),用链地址法处理冲突。试编写输入一组关键字构造散列表的算法。

30. 二叉排序树的根指针为 bt,试写一个算法输出二叉排序树中最大的关键字值。

9.5　课 程 设 计

1. 航班信息的查询与检索。

排序和查找是数据信息处理中使用频度极高的两个操作。为了加快查找的速度,需要先对数据记录按关键字排序。如今乘飞机旅行的人越来越多,人们要关心和了解各类航班的班次、时间、价格及机型等信息，这就涉及信息的查询与检索。在这个飞机航班数据的信息模型中，航班号是关键字，而且是具有结构特点的一类关键字。航班号是用字母、数字混编的，例如CZ3869，这种记录集合适合于多关键字排序。

设计要求：要求实现对飞机航班信息的排序和查找，可按航班的航班号、起点站、到达站、起飞时间以及到达时间等信息进行查询。

本设计可采用基数排序方法对一组具有结构特征的飞机航班号进行排序，利用二分查找方法对排好序的航班记录按航班号实现快速查找；按其他次关键字的查找可采用最简单的顺序查找方法进行，因为它们用得较少。

每个航班记录包括8项，分别是航班号、起点站、终点站、班期、起飞时间、到达时间、飞机型号以及票价。假设航班信息表(8条记录)如表9.2所示。

表9.2 航班信息表

航班号	起点站	终点站	班 期	起飞时间	到达时间	机型	票价
CA1544	合肥	北京	1.2.4.5	1055	1240	733	960
MU5341	上海	广州	每日	1420	1615	M90	1280
CZ3869	重庆	深圳	2.4.6	0855	1035	733	1010
MU3682	桂林	南京	2.3.4.6.7	2050	2215	M90	1380
HU1836	上海	北京	每日	0940	1120	738	1250
CZ3528	成都	厦门	1.3.4.5.7	1510	1650	CRJ	1060
MU4594	昆明	西安	1.3.5.6	1015	1140	328	1160
SC7425	青岛	海口	1.3.6	1920	2120	DH4	1630

航班号项的格式为：

k0	k1	k2	k3	k4	k5
C	Z	3	8	6	9

其中k0和k1的输入值是航空公司的别称，用两个大写字母表示；后4位为航班编号。其余7项输入内容因为不涉及本设计的核心，因此除票价为数值型外，均定义为字符串型。

2. 编程实现用线性探查法、拉链法解决冲突的散列存储以及散列查找的应用系统。

第10章 文　件

本章主要学习和掌握文件(包括顺序文件、索引文件、索引顺序文件、散列文件和多关键字文件)的基本概念、特点、组织方式及基本操作等。要求对这些内容做一般性的了解。

10.1 知识结构

考试大纲中对本章学习的整体要求不是很高,所有内容都仅仅是要求达到“识记”层次,但内容较多,要熟记一些概念。要求掌握的知识点有:

(1) 文件的有关概念,包括文件的逻辑结构及其操作、文件的存储结构(组织方式)分类以及评价文件组织效率的标准;

(2) 顺序文件的特点及外存种类的适应性、各种查找方法的基本思想及对外存种类的要求;

(3) 索引文件的组织方式和特点,索引文件的查询和更新操作的基本思想;

(4) 索引顺序文件是最常用的一种文件组织方式的原因、两种最常用的索引顺序文件(ISAM 文件和 VSAM 文件)的组织方式和特点以及在 ISAM 文件和 VSAM 文件上查询和更新操作的基本思想;

(5) 散列文件的组织方式和特点,散列文件的查询和更新操作的基本思想;

(6) 多关键字文件与其他文件的区别、多重表文件和倒排文件的组织方式和特点以及多重表文件和倒排文件上查询及更新操作的基本思想。

对本章的学习,读者可结合一些数据实例,设想构造各种组织方式的文件,熟悉和理解各类文件的特点、构造方法以及如何实现文件检索、插入和删除等操作。

10.2　知识解析

本章的学习重点是熟悉有关文件的概念及各类文件的特点和它们的存储表示,熟悉在各类文件上进行各种操作的基本方法等。

10.2.1　文件的基本概念

1. 文件的定义

文件是性质相同的记录的集合。文件的数据量通常很大,被放置在外存上。数据结构中所讨论的文件主要是数据库意义上的文件,而不是操作系统意义上的文件。操作系统中研究的文件是一维的无结构连续字符序列,而数据库中所研究的文件是带有结构的记录集合,每个记录可由若干个数据构成。记录是文件中存取的基本单位,数据项是文件可使用的最小单位。数据项有时也称为字段,或者称为属性。其值能惟一标识一个记录的数据项称为主关键字项,主关键字项(或次关键字项)的值称为主关键字(或次关键字)。

文件可以按照记录中关键字的多少,分成单关键字文件和多关键字文件。若文件中的记录只有一个惟一标识记录的主关键字,则称其为单关键字文件;若文件中的记录除了含有一个主关键字外,还含有若干个次关键字,则称其为多关键字文件。

文件又可分成定长文件和不定长文件两种。若文件中记录含有的信息长度相同,则称这类记录为定长记录,由这种定长记录组成的文件称做定长文件;若文件中记录含有的信息长度不等,则称其为不定长文件。

2. 文件的逻辑结构及操作

文件是记录的汇集,文件中各记录之间存在着逻辑关系,当一个文件的各个记录按照某种次序排列起来时(这种排列的次序可以是记录中关键字的大小,也可以是各个记录存入该文件的时间先后等),各记录之间就自然地形成了一种线性关系。在这种次序下,文件中每个记录最多只有一个后继记录和一个前趋记录,而文件的第一个记录只有后继没有前趋,文件的最后一个记录只有前趋而没有后继。因此,文件也可以看成是一种线性结构。

文件上的操作主要有两类:检索和维护。文件的检索主要有3种方式:(1) 顺序存取;(2) 直接存取;(3) 按关键字查询。

维护操作主要是指对文件进行记录的插入、删除及修改等更新操作。

3. 文件的物理结构(存储结构)

文件的存储结构是指文件在外存上的组织方式,采用不同的组织方式就得到不同的存储结构。基本的组织方式有 4 种:顺序组织、索引组织、散列组织和链组织。

由于文件组织方式(即存储结构)的重要性,通常把不同方式组织的文件给予不同的名称。目前文件的组织方式很多,人们对文件组织的分类也不尽相同,本章仅介绍几种常用的文件组织方式:顺序文件、索引文件、散列文件、索引顺序文件以及多关键字文件。

10.2.2　常用的文件结构

1. 顺序文件

顺序文件是指按记录进入文件的先后顺序存放,其逻辑顺序和物理顺序一致的文件。若顺序文件中的记录按其主关键字有序,则称此顺序文件为顺序有序文件,否则称为顺序无序文件。

顺序文件不能按顺序表那样的方法进行插入、删除和修改(若修改主关键字,则相当于先删除后做插入),因为文件中的记录不能像向量空间中的数据那样"移动",而只能通过复制整个文件的方法实现上述更新操作。

顺序文件的主要优点是连续存取的速度较快,即若文件中第 i 个记录刚被存取过,而下一个要存取的是第 i+1 个记录,则这种存取将会很快完成。

2. 索引文件

用索引的方法组织文件时,通常是在文件本身(称为主文件)之外,另外建立一张表,它指明逻辑记录和物理记录之间的一一对应关系,这张表就叫做索引,它和主文件一起构成的文件称作索引文件。

索引表中的每一项称作索引项,一般索引项都是由主关键字和该关键字所在记录的物理地址组成的。显然,索引表必须按主关键字有序。而主文件本身则可以按主关键字有序或无序,前者称为索引顺序文件,后者称为索引非顺序文件。

对于索引非顺序文件,由于主文件中记录是无序的,则必须为每个记录建立一个索引项,这样建立的索引表称为稠密索引。对于索引顺序文件,由于主文件中记录按关键字有序,则可对一组记录建立一个索引项,例如,让文件中的每个页块对应一个索引项,这种索引表称之为稀疏索引。

索引文件在存储器上分为两个区:索引区和数据区,前者存放索引表,后者存放主文件。

3. 索引顺序文件

ISAM(Indexed Sequential Access Methed,索引顺序存取方法)是一种专为磁盘文件设计的文件组织方式,采用静态索引结构。由于磁盘是以盘组、柱面和磁道三级地址存取的设备,则可对磁盘上的数据文件建立盘组、柱面和磁道多级索引。下面只讨论在同一个盘组上建立的ISAM文件。

ISAM文件由多级主索引、柱面索引、磁道索引和主文件组成。文件的记录在同一盘组上存放时,应先集中放在一个柱面上,然后再顺序存放在相邻的柱面上。对同一柱面,则应按盘面的次序顺序存放。

在ISAM文件上检索记录时,从主索引出发,找到相应的柱面索引;从柱面索引找到记录所在柱面的磁道索引;从磁道索引找到记录所在磁道的起始地址,由此出发再在该磁道上进行顺序查找,直到找到为止。若找遍该磁道均不存在此记录,则表明该文件中无此记录;若被查找的记录在溢出区,则可从磁道索引项的溢出索引项中得到溢出链表的头指针,然后对该表进行顺序查找。

当插入新记录时,首先找到它应插入的磁道。若该磁道不满,则将新记录插入该磁道的适当位置上即可;若该磁道已满,直接插入到该磁道的溢出链表上,插入后,可能要修改磁道索引中的基本索引项和溢出索引项。

VSAM(Virtual Storage Access Method,虚拟存储存取方法)也是一种索引顺序文件的组织方式,采用B^+树作为动态索引结构。在讨论VSAM文件之前,我们先介绍B^+树。

B^+树是一种常用于文件组织的B-树的变型树。一棵m阶的B^+树和m阶的B-树的差异是:

◆ 有k个孩子的结点必有k个关键字;

◆ 所有的叶结点包含了全部关键字的信息及指向相应的记录的指针,且叶子结点本身依照关键字的大小自小到大顺序链接;

◆ 上面各层次结点中的关键字,均是下一层相应结点中最大关键字的复写(当然也可采用"最小关键字复写"的原则),因此,所有非叶结点可看作是索引部分。

通常在B^+树上有两个头指针root和sqt,前者指向根结点,后者指向关键字最小的叶子结点。因此,可以对B^+树进行两种查找运算:一种是从最小关键字起进行顺序查找;另一种是从根随机查找。

在B^+树上进行随机查找、插入和删除的过程,基本上与B-树类似。只是在查找时,若非叶结点上的关键字等于给定值,并不终止,而是继续向下直到叶子结点。因此,在B^+树中,不管查找成功与否,每次查找都是走了一条从根到叶子结点的路径。B^+树查找的分析类似于B-树。

在 VSAM 文件中删除记录时，需将同一控制区间中比删除记录关键字大的记录向前移动，把空间留给以后插入的新记录。若整个控制区间变空，则回收作为空闲区间用，且需删除顺序集中相应的索引项。

和 ISAM 文件相比，基于 B^+ 树的 VSAM 文件有如下优点：能保持较高的查找效率，查找一个后插入记录和查找一个原有记录具有相同的速度；动态地分配和释放存储空间，可以保持平均 75% 的存储利用率；永远不必对文件进行再组织。因而基于 B^+ 树的 VSAM 文件，通常被作为大型索引顺序文件的标准组织。

4. 散列文件

散列文件是利用散列存储方式组织的文件，亦称为直接存取文件。它类似于散列表，即根据文件中关键字的特点，设计一个散列函数并采用某种处理冲突的方法，将记录散列到存储设备上。

与散列表不同的是，对于文件来说，磁盘上的文件记录通常是成组存放的，若干个记录组成一个存储单位，在散列文件中，这个存储单位叫做桶(Bucket)。假如一个桶能存放 m 个记录，则当桶中已有 m 个同义词的记录时，存放第 m+1 个同义词会发生"溢出"。处理溢出虽可采用散列表中处理冲突的各种方法，但对散列文件而言，主要采用拉链法。

在散列文件中进行查找时，首先根据给定值求出散列桶地址，将基桶的记录读入内存，进行顺序查找，若找到关键字等于给定值的记录，则检索成功，否则读入溢出桶的记录继续进行查找。

在散列文件中删去一个记录，仅需对被删除记录做特定标记即可。

散列文件的优点是：文件随机存放，记录不需进行排序；插入、删除方便；存取速度快；不需要索引区，节省存储空间。其缺点是：不能进行顺序存取，只能按关键字随机存取，且询问方式限于简单询问，并且在经过多次插入、删除后，可能造成文件结构不合理，需要重新组织文件。

5. 多关键字文件

前面介绍的文件都是只含一个主关键字的文件，若需对主关键字以外的其他次关键字进行查询，则只能顺序存取主文件中的每一个记录进行比较，从而效率很低。为此，除了按以上讨论的方法组织文件之外，还需要一种将索引方法和链接方法相结合的组织方式，这就是多重表文件，多重表文件对每个需要查询的次关键字建立一个索引，同时将具有相同次关键字的记录链接成一个链表，并将此链表的头指针、链表长度及次关键字作为索引表的一个索引项。通常多重表文件的主文件是一个顺序文件。

倒排文件和多重表文件的区别在于次关键字索引的结构不同。倒排文件中的次关键字索引称做倒排表，具有相同次关键字的记录之间不进行链接，而是在倒排表中开列具有该次关键字记录的物理地址。

倒排表的主要优点是:在处理复杂的多关键字查询时,可在倒排表中先完成查询的交、并等逻辑运算,得到结果后再对记录进行存取,这样不必对每个记录随机存取,把对记录的查询转换为地址集合的运算,从而提高查找速度。

10.3 解题思路

下面将通过一些例题来加深对文件概念的熟悉和理解。

【例 10.1】 设有一个学生文件,其记录格式为[学号,姓名,性别,年龄,籍贯,成绩],其中“学号”为关键字,并存有如表 10.1 所示的 6 条记录。

表 10.1 学生文件

记录号	学号	姓名	性别	年龄	籍贯	成绩
1	98001	赵琴	女	18	北京	88
2	98003	钱枫	男	19	南京	79
3	98005	孙南	男	17	北京	85
4	98002	李刚	男	18	河南	94
5	98004	周萍	女	17	南京	91
6	98006	陈力	男	19	河南	76

利用该文件,分别写出下面要求的文件或表:

(1) 按主关键字“学号”建立的索引表;

(2) 按“性别”和“籍贯”的多重表文件;

(3) 按“性别”和按“籍贯”的倒排文件表。

【分析】 假设记录号就代表物理地址。

(1) 建立的索引表如表 10.2 所示。

表 10.2 索引表

学号(关键字)	记录	学号(关键字)	记录
98001	1	98004	5
98002	4	98005	3
98003	2	98006	6

(2) 文件中除了对主关键字的查询外，还常常包括对次关键字的查询，为此，需要对被查询的次关键字建立相应的索引，这种包括多个关键字索引的文件称为多关键字文件，其组织方法有多重表文件和倒排文件两种。

通常多重表文件是按主关键字顺序有序，对每个需要查询的次关键字建立一个索引，同时将具有相同次关键字的记录链成一个链表，并将此链表的头指针、链表长度及次关键字作为索引表的一个索引项，如表 10.3 所示。对于学生文件，按次关键字"性别"和"籍贯"建立的多重表文件如表 10.4、表 10.5 所示。

表 10.3　多重表主文件

记录	学号	姓名	性别	性别指针	年龄	籍贯	籍贯指针	成绩
1	98001	赵琴	女	5	18	北京	3	88
2	98003	钱枫	男	3	19	南京	5	79
3	98005	孙南	男	6	17	北京	∧	85
4	98002	李刚	男	2	18	河南	6	94
5	98004	周萍	女	∧	17	南京	∧	91
6	98006	陈力	男	∧	19	河南	∧	76

表 10.4　多重表性别索引表

次关键字	指针	长度
男	4	4
女	1	2

表 10.5　多重表籍贯索引表

次关键字	头指针	长度
北京	1	2
南京	2	2
河南	4	2

(3) 倒排文件和多重表文件的区别在于次关键字的结构不同。通常倒排文件中的次关键字索引为倒排表，具有相同次关键字的记录之间不设指针链，而是在倒排表中该次关键字的一项中存这些记录的物理记录号。主文件同表 10.1，关于"性别"和"籍贯"的倒排索引表如表 10.6、表 10.7 所示。

表 10.6　性别索引倒排表

次关键字	头指针	次关键字	头指针
男	2,3,4,6	女	1,5

表 10.7　籍贯索引倒排表

关键字	头指针	关键字	头指针
北京	1,3	河南	4,6
南京	2,5		

【例 10.2】 图书馆为了允许读者按作者、出版社和分类号进行查询，对表10.8所示的图书目录建立倒排文件，试用图表表示。

表 10.8　图书目录表(主文件)

记录号	分类号	作者	出版社	书名	藏书量
1	101	赵三	教育	高等数学	15
2	101	赵三	教育	普通物理	18
3	102	李四	科学	少儿知识	12
4	103	王五	科学	经济学	6
5	101	赵三	教育	数据库技术	23
6	101	李四	科学	天文学	5

【分析】 该文件的倒排文件如表 10.9 所示。

表 10.9　图书文件的倒排文件表

(a) 分类号倒排表

分类号	记录号
101	1,2,5,6
102	3
103	4

(b) 作者倒排表

作者	记录号
赵三	1,2,5
李四	3,5
王五	4

(c) 出版社倒排表

出版社	记录号
教育	1,2,5
科学	3,4,6

10.4 同步练习 10

一、单项选择题

1. 顺序文件适合于(　　)。

A. 成批处理　　B. 随机存取

C. 直接存取　　D. 按关键字存取

2. 直接存取文件的特点是(　　)。

A. 记录按关键字排序

B. 记录可以进行顺序存取

C. 记录不需要排序,存取效率高

D. 存取速度快,但占用较多的存储空间

3. 文件的逻辑结构可看成是一种(　　)。

A. 树形结构　　B. 线性结构

C. 非线性结构　　D. 图形结构

4. 索引顺序文件是指(　　)。

A. 主文件按主关键字无序,索引表按关键字有序

B. 主文件按主关键字有序,索引表按关键字无序

C. 主文件按主关键字有序,索引表按关键字有序

D. 主文件按主关键字无序,索引表按关键字无序

5. 对散列文件进行查找只能是(　　)。

A. 二分　　B. 顺序

C. 索引　　D. 随机

6. 多重表文件组织方式是采用(　　)。

A. 索引方法　　B. 链接方法

C. 索引和链接方法相结合　　D. 顺序方法

7. 倒排文件的主要优点是(　　)。

A. 便于进行插入和删除运算　　B. 便于进行文件的合并

C. 能提高关键字的查找速度　　D. 能节省存储空间

8. 索引非顺序文件中的索引表是(　　)。

A. 非稠密索引　　B. 主索引

C. 多级索引　　　　D. 稠密索引

二、填空题

9. 索引文件是由索引表和________两部分组成。

10. 文件是性质相同的________的集合。

11. 文件上的操作主要有两类：________和________。

12. 基本的文件组织方式有顺序组织、________、________和链组织。

13. 根据不同的组织方式，取不同的文件名称。常用的文件有顺序文件、散列文件、________和________。

14. 直接存取文件是用________方法组织的。

三、简答题

15. 简述散列文件的查找过程以及散列查找的优点。

16. 简述多重表文件和倒排文件的查找过程。

17. 设有一个职工情况文件，每个记录包括 6 个数据项，如表 10.10 所示，其中“编号”为主关键字。

表 10.10　职工文件

记录号	编号	姓名	性别	工作日期	职称	工资
1	1002	李为	男	10/01/82	高　工	1024
2	1013	张欣	女	02/23/91	工程师	856
3	1005	王强	男	05/16/88	工程师	943
4	1001	刘群	男	08/25/93	助　工	657
5	1008	赵苹	女	11/09/87	高　工	965

(1) 若该文件为索引无序文件，请写出索引表。

(2) 在上述文件中，对下列要求写出相应的检索条件表达式：

① “性别”为“女”的职工；

② “职称”为“工程师”的职工；

③ “性别”为“男”且“工资”大于 900 的职工。

10.5 课程设计

设计要求：图书信息表所表示的就是一个数据库文件。图书管理一般包括图书采编、图书编目、图书查询及图书流通（借书、还书）等。要求设计一个图书管理信息系统，用计算机实现上述系统功能。具体设计要求如下：

（1）建立一个图书信息数据库文件，输入若干种图书的记录，建立一个以书号为关键字的索引文件；在主数据库文件中建立以书名、作者及出版社为次关键字的索引以及对应的索引链头文件，如表 10.11 所示。

（2）建立关于书号、书名、作者及出版社的图书查询。

（3）实现图书的借还子系统，包括建立读者文件、借还文件、读者管理及图书借还等相关的处理。

表 10.11　图书信息表

记录号	书号	书名	指针1	作者	指针2	出版社	指针3	分类	藏书量	借出数
1	1021	数据库	0	李小云	0	人民邮电	0	021	8	0
2	1014	数据结构	0	刘晓阳	0	中国科学	0	013	6	0
3	1106	操作系统	0	许海平	0	人民邮电	1	024	7	0
4	1108	数据结构	2	孙华英	0	清华大学	0	013	5	0
5	1203	程序设计	0	李小云	1	中国科学	2	035	6	0
6	2105	数据库	1	许海平	3	清华大学	4	021	6	0
7	1012	数据结构	4	李小云	5	人民邮电	3	013	5	0
8	0109	程序设计	5	刘晓阳	2	清华大学	6	035	7	0

（该设计在附录Ⅱ中附有实例，可供参考。）

附录 I　同步练习参考答案

同步练习 1

一、单项选择题

1. B　　2. D　　3. B　　4. A　　5. C

二、填空题

6. 逻辑结构　存储结构
7. 线性结构　非线性结构(又可分为树形结构和图形结构)
8. 顺序存储　链式存储　索引存储
9. 执行算法所需要的时间　执行算法所需要的存储空间
10. 顺序　链式

三、应用题

11. 语句 y=y+1 的频度是 n−1,语句 x=x+1 的频度是 $(n-1)(2n+1)=2n^2-n-1$。所以该程序段的算法时间复杂度是:$T(n)=O(2n^2-n-1)=O(n^2)$。

12. 在该程序段中,最深层的语句是 s=s+1,该语句的执行频度取于循环判断条件:n>=(s+1)*(s+1),这个判断条件可以改成:(s+1)*(s+1)<=n,相当于语句:$(s+1)^2<=n$(即 $(s+1)<=\sqrt{n}$),因此,该程序段的算法时间复杂度为:$O(\sqrt{n})$。

13. 程序段中嵌套最深层语句是“x=x+1;sum=sum+x;”,它们的频度为 n

次,所以程序段的算法时间复杂度为 O(n)。

14. 程序段中各语句行的频度分别为:

$$n+1;n;\ \sum_{i=1}^{n/3}(n-3i+2)=\frac{n(n+1)}{6};\ \sum_{i=1}^{n/3}(n-3i+1)=\frac{n(n-1)}{6}$$

所以该程序段的算法时间复杂度为 $O(n^2)$。

15. 该程序段是二重循环,但内循环是与外循环的循环控制变量有关的,所以语句 x=x+1 的频度为:$\sum_{i=1}^{n}\sum_{j=1}^{n}1=\sum_{i=1}^{n}i=(n^2+n)/2$,因此,程序段的算法时间复杂度为 $O(n^2)$。

同步练习 2

一、单项选择题

1. A　　2. A　　3. C　　4. B　　5. A　　6. A

二、填空题

7. n-i
8. 平均移动表长的一半个元素　与插入或删除元素的位置有关
9. 一定　不一定
10. x+c　p=p->next
11. p!=NULL　p!=head
12. (1) I. s->next=p->next;　　G. p->next->prior=s;
    A. p->next=s;　　D. s->prior=p;
    (2) C. s->next=p;　　N. s->prior=p->prior;
    H. p->prior->next=s;　　B. p->next=s;
    (3) J. q=p->next;
    Q. p->next->next->prior=p;
    E. p->next=p->next->next;
    M. dispose(q);
    (4) K. q=p->prior;

P. p－＞prior－＞prior－＞next＝p;

F. p－＞prior＝p－＞prior－＞prior;

M. dispose(q);

(5) O. p－＞prior－＞next＝p－＞next;

R. p－＞next－＞prior＝p－＞prior;

L. dispose(p);

13. (1) p－＞next＝q;

(2) q＝q－＞next;

三、算法设计题

14. 本题算法思想是：扫描整个 B 表，顺序取表中每个元素，与表 A 中从某下标开始的元素进行比较(因为两表都是有序的，不必要每次从头开始，用一个变量 k 标识上一次比较结束的位置)，当 B 中的某元素值大于或等于 A 的某个元素时，此次比较结束，记住 A 表的当前下标值 k，再比较两元素值是否相等，若相等，则从表 A 中删除该元素；接着，继续 B 中的下一个元素与 A 中从第 k 个元素开始向后比较，依此类推，直到 B 中所有元素比较完为止。具体算法如下：

```
void SubList(SeqList  * A,Seqlist B)
{
    int i,j,k;
    k=1; //记住 A 表的下标位置
    for(i=1; i<=B.length; i++){
      for(j=k; j<=A->length; j++)
        if(B.data[i]>=A->data[j])
          //因为表是有序的,故不必比较到最后
          { k=j; break; }
          //用 k 记住 A 表的当前位置,以便下一次比较从 k 开始
        else
          continue;
        if(B.data[i]==A->data[k]) //相等表示有重复的
          DeleteList(A,k);//调用删除函数,删除 A 中第 k 个元素
    }
}
```

15. 本题的算法思想是：如果 p 存在后续结点，看它是否为头结点，如果是，则交换后还要改变该链表的 head，若不是头结点，则直接交换，如果 p 指向最后一个结点，说明其没有后续结点，则不交换。实现本题功能的算法如下：

```
void ExchangeNode(Linklist head,ListNode *p)
{ //交换p所指结点与其后续结点存储位置
    ListNode *q,*r,*s;
    q=p->next; //q指向p的后续结点
    if(q!=NULL)//表示p不是指向最后一个结点
    {
        if(p==head) {
          //若p指向头结点,则将该链表的前两个结点交换位置
          head=head->next;
          s=head->next;
          head->next=p;
          p->next=s;
        }
        else
        { //若p指向第二个结点之后的结点
            r=head; //查找p的前趋结点
            while(r->next!=p)
              r=r->next;
            r->next=q; //交换p和q的位置
            p->next=q->next;
            q->next=p;
        }
    }
    else
      printf("p不存在后续结点,无需交换");
}
```

16. 两集合的交集是指两个单链表的元素值相同的结点的集合,为了操作方便,先让单链表C带头结点。实现本题功能的算法如下:

```
void Bemixed(Linklist a,Linglist b,LinkList c)
{ //求A和B集合的交集C,用单链表表示集合
  ListNode *p,*q,*r,*s;
  c=(ListNode *)malloc(sizeof(ListNode));//生成c表头结点
  r=c; p=a; q=b;
  while(p!=NULL && q!=NULL)
  { if(p->data<q->data)
      //因为表是有序的,A表元素值小,则后移一个位置
      p=p->next;
    else
```

```
    if(p->data>q->data) //同上理由,B表元素值小
      q=q->next;
    else {
      //找到一个值相同的结点,在C中生成一个新结点
      s=(ListNode * )malloc(sizeof(ListNode));
      s->data=p->data;
      s->next=NULL;
      r->next=s; //把s结点链接到C表的尾部
      r=s;       //r始终指向C表的最后一个结点
      p=p->next; //使p,q指向其后续结点
      q=q->next;
    }
  }
}
```

17. 因为链表是双向循环链表,因此不需要用指针指向 x 之前的结点。但要先从开始结点用循环找到要插入的位置,也就是 x 结点的位置。其算法实现如下:

```
void DinsertB(DlinkList head, DateType x, DataType y)
{ //在带头结点的双向循环链表的值为x的结点之前插入一个结点
    DlistNode * p,* s;
    s=(DlistNode * )malloc(sizeof(DlistNode));
    s->data=y;
    p=head->next;
    while(p! =head && p->data! =x)
      p=p->next;
    if(p==head)
      prinf("没有值为x的结点");
    else {
      s->prior=p->prior;
      s->next=p;
      p->prior=s;
      p->prior->next=s;
    }
}
```

同步练习 3

一、单项选择题

1. C　　2. B　　3. B　　4. D
5. C　　6. B　　7. A　　8. C

二、填空题

9. b,c,e,d,a

10. s. top<maxsize－1
x＝s. data[s. top];s. top－－;

11. s. top＝＝maxsize
s. top＝＝0

12. (rear－front＋m)%m

13. 线性结构;栈顶;队头;队尾

14. 取出队头元素　移动队头指针

三、解答题

15. 所有可能的出站顺序有:123,132,213,231,321。不可能出现的是 312,因为当 3 号车进站并出站后,站台上有 1 号车和 2 号车,不可能先出 1 号而后出2 号。

16. 可能的输入序列为:a,b,c;a,c,b;b,a,c;c,a,b;c,b,a。

17. (1) 此算法的功能是通过一个数组将一个栈中的所有元素逆置存放,相当于将栈顶元素与栈底元素交换,次栈顶元素与次栈底元素交换……例如,S 栈中存有 5 个字符元素 abcde,经过算法执行以后,S 栈中元素顺序改变为 edcba。

(2) 该算法的功能是通过一个中间栈 T,删除栈 S 中所有与变量 c 相同的元素。

18. 程序段的执行过程中,变量 x、y 和栈 S 的顺序变化情况为:

x='c',y='k',S=∅

x='c',y='k',S="cak"

x='k',y='k',S="cat"

x='k',y='k',S="catk"

x='k',y='k',S="cats"

最后的输出结果是:stack。

19. 入队操作的指针移动语句为:

cq. rear=(cq. rear+1)%QueueSize;

出队操作的指针移动语句为:

cq. front=(cq. front+1)%QueueSize;

四、算法设计题

20. 假设模拟的队列如图Ⅰ.1所示。设top1、top2分别表示模拟队列的队头指针front和队尾指针rear,它们都初始化为-m。

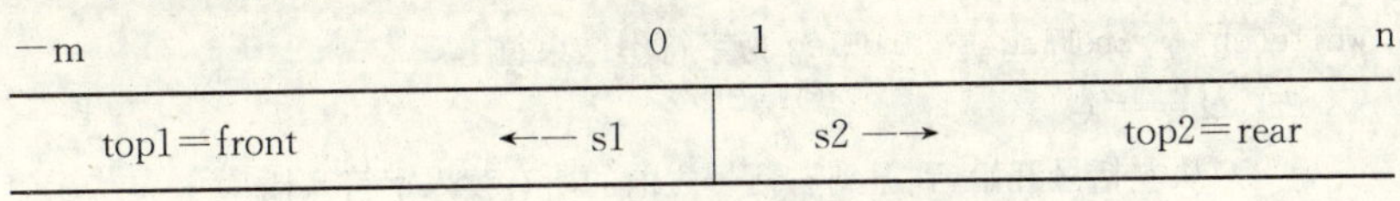

图Ⅰ.1　两个栈模拟一个队列

插入算法的基本思想是:先判断top2(rear)是否指向队列的最大允许下标位置,若是,则显示队列满,直接返回;否则,指针top2自增1后,再判断插入到哪个栈中:若top2>0,则插入栈s2中,否则插入栈s1中。具体算法如下:

```
void Insert(DataType x, SeqStack &S1,SeqStack &S2) // 插入算法
{ if(top2==n) {
    printf("queue full");
    return;
  }
  top2++;
  if(top2>0) S2.data[top2]=x;
  else S1.data[top2]=x;
}
```

删除算法的基本思想是:先判断队列是否为空,若是,则显示队列空,直接返回;否则,再判断删除的元素是在哪个栈中:若top1<1,则删除栈s1中元素,否则删除栈s2中元素。具体算法如下:

```
DataType Delete(SeqStack &S1,SeqStack &S2) //删除算法
```

```
{  if(top1>=top2) {
      printf("queue empty");
      return;
    }
    if(top1<1) x=S1.data[top1];
    else x=S2.data[top1];
    top1++;return x;
}
```

21. 实现本题功能可利用一个栈来完成，其算法思想是：循环读入字符，如果读入的字符是左括号，就将其入栈，并从此开始读入的字符入栈直到读入右括号或遇到结束标志符为止，如果是遇到右括号，则循环退栈输出此前至左括号或栈空时的所有字符，若不是遇左括号退出循环，则显示括号不匹配信息并终止循环，否则继续直到读入结束符为止。其算法如下：

```
void converts(void)
{  InitStack(S);
   ch=getchar();
   while(ch! =EndFlag) //EndFlag为字符串结束符
   {  if( ch=='(' )
        {//从左括号开始，到遇到右括号之前的所有读入字符入栈
           push(S,ch);ch=getchar();
           while((ch! =EndFlag)&&(ch! =')')
              { push(S,ch);
                ch=getchar();
              }
        }
        else if(ch==')')
         { //遇到右括号之后，退栈并输出括号内的所有字符
           while((StackTop(S)! ='(' )&&(! StackEmpty(S)))
              { x=pop(S);
                putchar(x);
              }
           if(StackEmpty(S))
            { //说明括号不匹配
              printf("no match");
              break;
            }
         }
```

```
    else
      ch=getcher();
  }
  if(! StackEmpty(S))
    printf("no match");
}
```

例如输入串“abc(defgh)ijk”,则输出结果为“hgfed”;若输入“lmn(opq(rstuv)wx)yz”,则输出结果为“vutsrxwqpo”。

22. 因为循环队列长度为k,所以在执行算法结束时,留在队列中的元素应是所求斐波那契序列中的最后k项 $f_{n-k},\cdots,f_{n-1}$。由于只有k个元素空间,则在计算 $f_i(i\geqslant k)$ 时,队列总是处在头尾相接的状态,因此只需要一个指针rear指向当前的队尾。每次求得一个 f_i 之后即送入(rear%k)的位置上,冲掉原队头元素。因此,根据题意定义循环队列如下:

```
#define m maxlen //maxlen为一个给定的常数
typedef struct {
    int rear;
    int data[m];
}CirQueue;
```

求斐波那契序列的前n-1项的递归算法如下:

```
int Fibonacci(int i)
{//求斐波那契序列第i项的函数
     if(i==0)
       return 0;
     else if(i==1)
       return 1;
     else
       return(Fibonacci(i-2)+Fibonacci(i-1));
}
void Fibonacci(CirQueue * Q,int k)
  { int i,n;
    Q->rear=0; //置空队列
    scanf("%d",&n); //输入要求项数
    for(i=0;i<n;i++)
    { Q->rear=i;
      if(i>=k)Q->rear=Q->rear%k;
      Q->data[Q->rear]=Fibonacci(i);
    }
  }
```

同步练习 4

一、单项选择题

1. B　　2. B　　3. D　　4. A

二、简答题

5. 串长度为 0 的串称为空串，即它不包含任何字符；空格串（或空白串）是由若干个空格字符构成的串，它的长度为所含空格的个数(>0)。例如 s=""为空串，t="　"就是空格串。

6. 串的特殊性表现在它的每个元素仅由一个字符组成。

7. 子串的定位运算又称为串的模式匹配，子串定位就是要在主串中找出一个与给定子串相同的子串，把这个主串称为目标(串)，而给定的子串称为模式(串)。

8. 两个串相等的充分必要条件是两串的长度相等且对应位置的字符相同。

三、应用题

9. (1) student

(2) 14

(3) S="good nighf!"

(4) T="I am a teacher"

(5) T="I am a good teacher"

10. T=S;

replace(T,3,1,substr(S,6,1));

replace(T,6,1,substr(S,7,1));

replace(T,7,1,substr(S,3,1));

11. (1) s1=s1->next

(2) s2=s2->next

(3) s2! =NULL 或 s2

(4) s1! =NULL 或 s1

(5) return 0

四、算法设计题

12. 该题的要求其实是模式匹配算法的扩展,只需要在找到子串后不退出,而是继续向后查找,直到整个字符串查找完毕。实现本题功能的算法如下:

```
int SubStrCount(SeqString S,SeqString T)
{ //统计子串 T 在主串 S 中出现的次数
  int i,j,k,count=0;
  int m=S->length;
  int n=T->length;
  for(i=0;i<=m-n;i++) //0≤i≤m-n
    { j=0;k=i;
      while(j<n && S->ch[k]==T->ch[j])
        {
           k++;j++;
        }
      if(j==n)
         count++;
    }
  return count;
}
```

13. 本题的算法思想是:先判断 i 和 j 是否在有效范围内(即 i+j<S. len),若已超出范围,则显示出错信息,否则从 i+j-1 开始到 S. len-1 前移 j 个字符位置。其算法如下:

```
void dele(SeqString *S,int i,int j)
{ //删除串 S 中第 i 个字符开始的 j 个字符
   int k;
   if(i+j-1>S->len)
     printf("i 或 j 超出有效范围");
   else {
     for(k=i+j-1;k<S->len;k++)
       S->ch[k-j]=S->ck[k];//移位删除 j 个字符
     S->len=S->len-j;      //串长度减 j
   }
}
```

14. 为了实现题目所要求的功能，要先计算出替换串长度和被替换长度之差 k＝T. len－j，因为它俩不一定相等，如果串 T 长，则串 S 从第 j 个字符开始后移，否则就需要前移，在所留空处插入串 T，最后要修改替换后的串长度 S. len＝S. len＋T. len－j。其算法如下：

```
SeqString * replace(SeqString *S, SeqString *T,int i,int j)
{ //用串T替换串S中的第i个字符开始的j个字符
     int k,l;
     k=T->len-j;
     if(k>0) //说明T的长度大于被替换的长度,因此S串需要后移
       for(l=S->len-1;l>=i+T->len-1;l--)
         S->ch[l+k]=S->ch[l];
     else
       for(l=i+T->len;l<=S->len-1;l++)
     S->ch[l+k]=S->ch[l];
     //说明T的长度小于被替换的长度,因此S串需要前移
     for(l=0;l<T->len;l++)
       S->ch[i+l-1]=T->ch[l];       //插入串T
     S->len=S->len+T->len-j;   //修改串S的串长度
     return S;                        //返回串S
}
```

15. 两串相等的充分必要条件是两串的长度相等且对应位置的字符相同，所以要扫描两串，逐一比较相应位置的字符，若相同则继续比较直到全部比较完毕，如果都相同而且两串长度亦相等，则表示两串相等，否则表示不相等，由此得算法如下：

```
deftype enum {FALSE,TRUE} boolean;
boolean strcmpEq(SeqString S, SeqString T)
{ //串比较,相等返回TRUE,否则返回FALSE
      if(S.len! =T.len)//长度不相等,串一定不相等
         return FALSE;
      else {
         i=0;
         while((i<S.len)&&(S.ch[i]==T.ch[i]))
            i++;
          //退出循环有两种情况,一种是遇到字符不相等,
          //另一种是i已大于等于S的串长度
        if(i==S.len)
           return TRUE;
```

```
        else
            return FALSE;
    }
}
```

同步练习 5

一、单项选择题

1. B

2. D。因为数组共有 80 个元素，而每个元素占 4 个单元，所以为 320。

3. C。数组的第 10 个元素为第 2 行第 2 列的元素，因此为 N[1][1]。

4. B。按行顺序存储时，M[3][5]是第 24 个元素，因为它是第 4 行的最后一个元素（一行 6 个元素）；而按列存储时，第 24 个元素为 M[3][4]，因为它是第 5 列的第 4 个元素（一列 5 个元素）。

5. D

6. B

二、填空题

7. 1100

8. 1075

9. (a)　(a)

10. (a)　(　)

11. ((a))　(　)

12. head(tail(head(tail(A))))

13. head(tail(tail(head(tail(head(A))))))

14. (a,b)

三、解答题

15. $LOC(a_{ij})=LOC(a_{00})+(i*(d_2+1)+j)*d$，其中 $d_2=n-1$。

16. LOC(A[3][4])=LOC(A[0][0])+(3*(10−1+1)+4)*3=1000+34*3=1102。

17. 因为A是对称矩阵，A[4][5]又是在上三角，所以存储位置k=j*(j+1)/2+i=19，因此，A[4][5]的存储地址为LOC(SA)+k*d=1100+19*1=1119。

18. 表头 表尾

(1) (a) (a)

(2) a (b,c)

(3) (a,b,c) ([ ])

(4) a ((b,c),d)

(5) (a,b) (c,(d,( )))

19. 长度 深度

(1) 3 4

(2) 5 3

(3) 2 3

20. 其三元组表如表Ⅰ.1所示。

表Ⅰ.1

i	j	V
0	2	1
1	1	−5
1	3	2
2	1	3
3	0	4
3	2	−2

同步练习6

一、单项选择题

1. B 2. C 3. B 4. D 5. C

6. A　7. D　8. C　9. B　10. C

二、填空题

11. 前序　后序(或中序与后序)
12. DCBFGEA
13. 2^k-1　2^{k-1}
14. n_2+1
15. 2^{i-1}

三、解答题

16. 树的孩子兄弟链表存储结构如图Ⅰ.2所示。

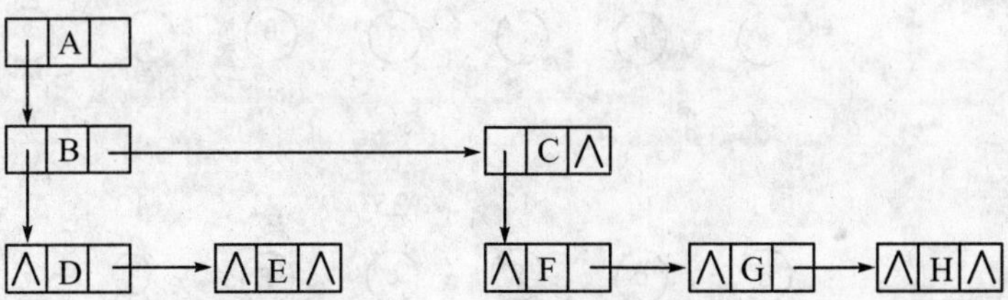

图Ⅰ.2　树的孩子兄弟链表表示法

17. 前序遍历序列为:abdehcfgi
中序遍历序列为:dbheafcig
后序遍历序列为:dhebfigca
18. 二叉树如图Ⅰ.3所示。

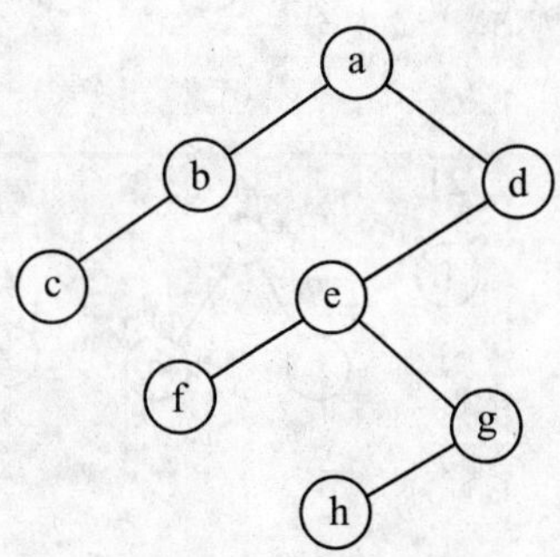

图Ⅰ.3　一棵二叉树

19. 中序线索二叉树如图Ⅰ.4所示。

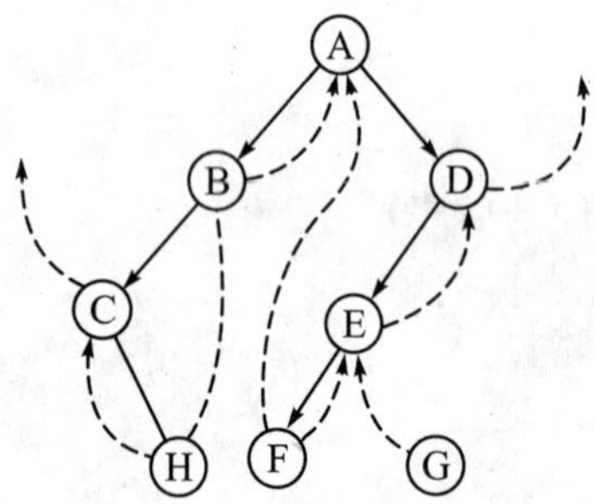

图Ⅰ.4　中序线索二叉树

20. 该哈夫曼树的构造过程如下：

假设7个结点分别为a,b,c,d,e,f,g,它们所对应的权值为8,11,13,5,17,25,21。

得初始森林为：

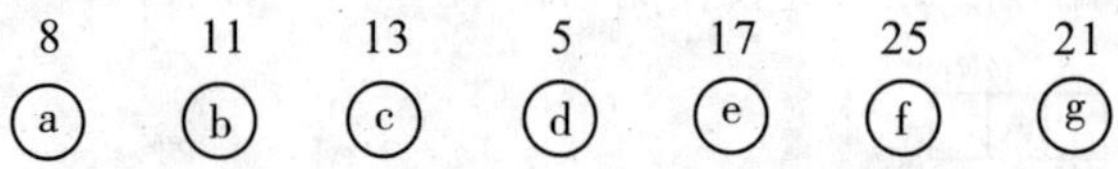

第一次合并后：

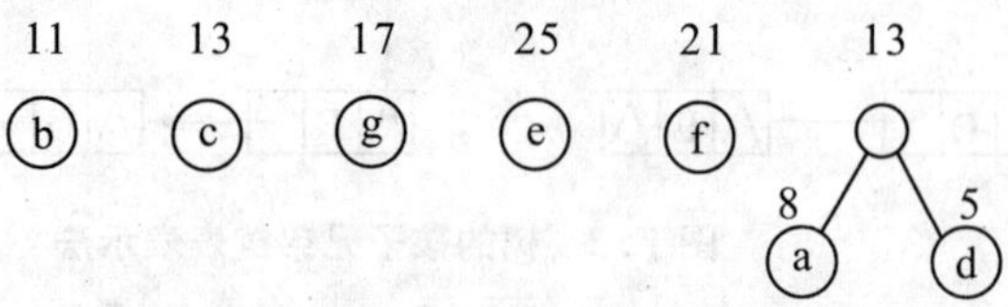

第二次合并后：

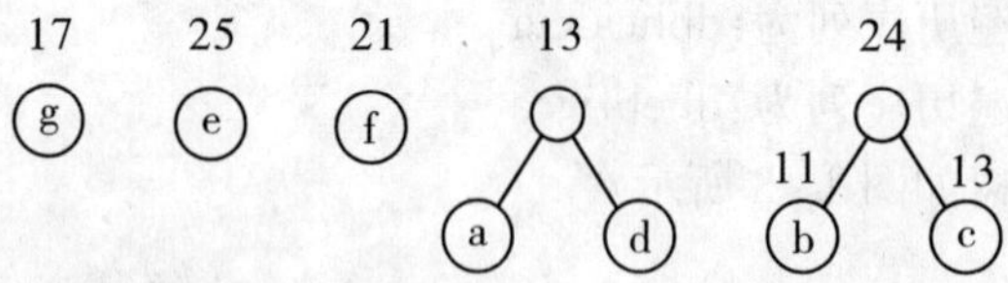

第三次合并后：

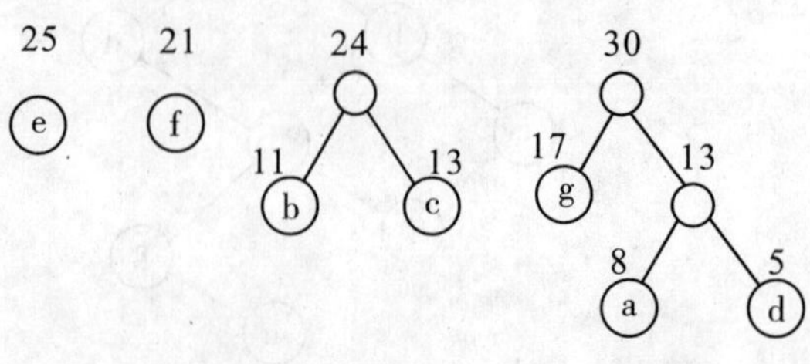

第四次合并后：

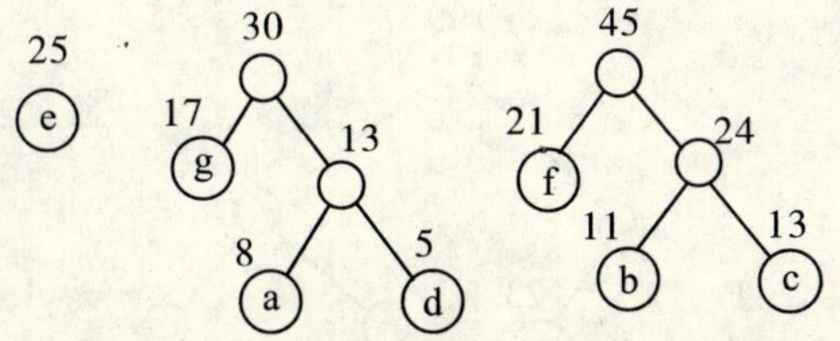

第五次合并后：

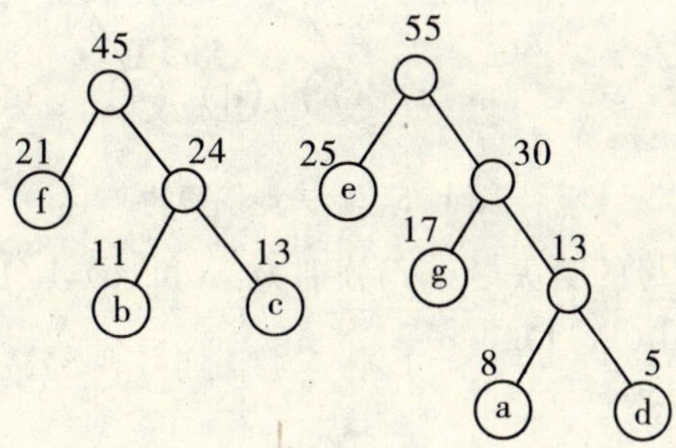

最后得哈夫曼树：

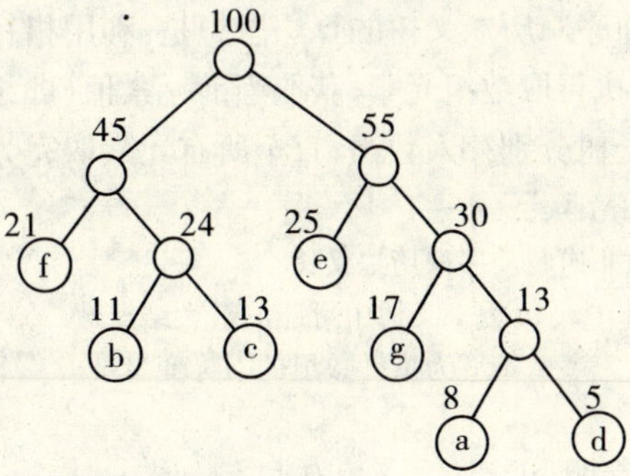

该哈夫曼树的带权路径长度为：

$$
\begin{aligned}
WPL &= 8\times4+5\times4+17\times3+11\times3+13\times3+25\times2+21\times2\\
&=(8+5)\times4+(17+11+13)\times3+(25+21)\times2\\
&=287
\end{aligned}
$$

21. 假定电文的 8 个字母为 a,b,c,d,e,f,g,h，先由哈夫曼树的生成算法，建立相应的哈夫曼树，如图Ⅰ.5 所示。

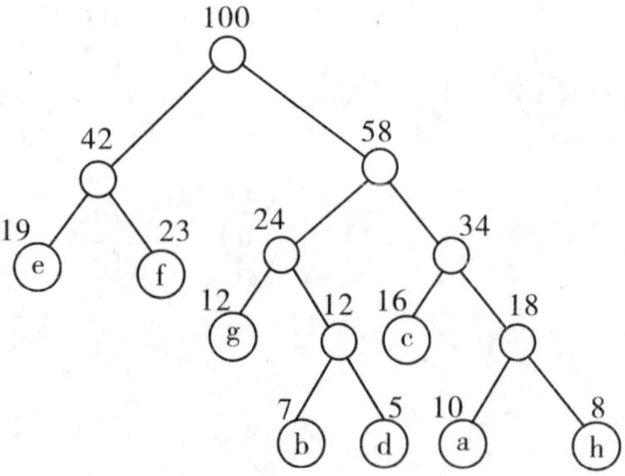

图Ⅰ.5　哈夫曼编码树

因此,8 个电文字母的哈夫曼编码分别为:a(1110),b(1010),c(110),d(1011),e(00),f(01),g(100),h(1111)。

四、算法设计题

22. 非递归的前序遍历二叉树的算法思想是:利用指针数组,先将二叉树根结点存入数组,然后重复执行取数组元素,获取当前元素值(即结点指针),若不为空值,则访问该结点,右、左子树分别存入数组,直至所有元素取完为止。其算法如下:

```
void Preorder(BinTree bt)
{//利用指针数组非递归前序遍历二叉树
  BinNode * ST[n];//n为二叉树中可能的最大结点数
  int top=-1;      //top为指针数组的下标变量
  do {
    while(bt! =NULL) { //二叉树为非空
      printf(" %c",bt->data);//访问结点,设数据域为字符型
      top=top+1;
      ST[top]=bt;
      bt=bt->lchild; //bt指向左子树
    }
    if(top! =-1) {        //数组不空
       bt=ST[top];       //取父结点的指针
       top=top-1;
       bt=bt->rchild;//bt指向右子树
    }
  }while(top! =-1|| bt! =NULL);
}
```

23. 按层遍历的算法在前面已讨论过,现根据题目要求,使用不同的方法实现。算法思想是:用队列(指针数组)保存遍历过程中的各层结点,同层从左到右存放。hp为队头指针,rp为队尾指针。假设二叉链表树结点的数据域为整数类型,其算法如下:

```
typedef struct { //定义队列类型
    int hp,rp;
    BinTNode *dt[maxlen];
}lqueue;
void layar(BinTree bt)
{//按层遍历二叉链表树
  lqueue lq; //定义队列 lq
  if(bt!=NULL)
  { lq.hp=0; rp=1;
    lq.dt[1]=bt;
    do {
      lq.hp=(lq.hp % maxlen)+1;
      bt=lq.dt[hp]; //出队
      printf("%6d",bt->data);
      if(bt->lchild!=NULL)
       { //左子树不空,入队
          lq.rp=(lq.rp % manlen)+1;
          lq.dt[rp]=bt->lchild;
       }
       if(bt->rchild!=NULL)
         { //右子树不空,入队
          lq.rp=(lq.rp % maxlen)+1;
          lq.dt[rp]=bt->rchild;
         }
     } whle(lq.hp!=lq.rp);
     printf("\n");
  }
}
```

24. 根据中序线索二叉树的特点可知,若 *p 的左子树为空(即 p->ltag=1),则 p->lchild 为左线索,直接指向 *p 的中序前趋;若 *p 的左子树为非空(即 p->ltag=0),则 *p 的中序前趋必是其左子树中第一个中序遍历到的结点,也就是从 *p 的左子树开始,沿着左子树的右链向下找,直到有一个没有左子树的结点为止。因此,要求的算法可编写如下:

```
BinThrNode * InorderPred(BinThrNode * p)
{//在中序线索树中找结点 * p 的中序前趋,设 p 非空
   BinThrNode * q;
   if(p->ltag==1)       // p 的左子树为空
      return p->lchild;//返回左线索所指的中序前趋
   else { //左子树非空,从 p 的左子树开始查找
      q=p->lchild;
      while(q->rtag==0)
         q=q->rchild;//右子树非空时,沿右链向下查找
      return q;
   }
}
```

同步练习 7

一、单项选择题

1. C　2. B　3. B　4. A　5. B
6. A　7. D　8. B　9. D　10. C

二、填空题

11. 链式
12. 极小连通
13. 一棵或多棵
14. n(n－1)/2
15. O(n＋e)　O(n＋e)
16. 1
17. v1,v3,v4,v5,v2　v1,v3,v2,v4,v5
18. 求矩阵第 i 列非零元素之和
19. 不是惟一的　最小连通子图　n－1 条边
20. n　2e

三、应用题

21. 对应的图如图Ⅰ.6所示。

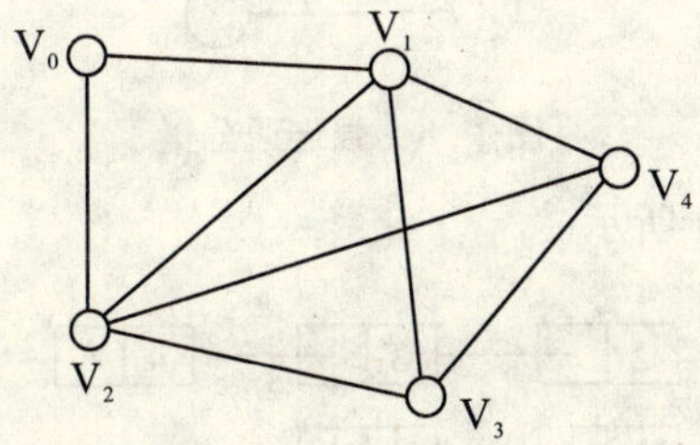

图Ⅰ.6 一个无向图

22. (1) 邻接矩阵如下：

$$\begin{bmatrix} 0 & 0 & 0 & 1 & 0 & 0 \\ 1 & 0 & 1 & 0 & 0 & 0 \\ 0 & 0 & 0 & 1 & 1 & 1 \\ 0 & 0 & 0 & 0 & 0 & 0 \\ 1 & 1 & 0 & 1 & 0 & 0 \\ 0 & 1 & 0 & 0 & 1 & 0 \end{bmatrix}$$

(2) 邻接表和逆邻接表如图Ⅰ.7所示。

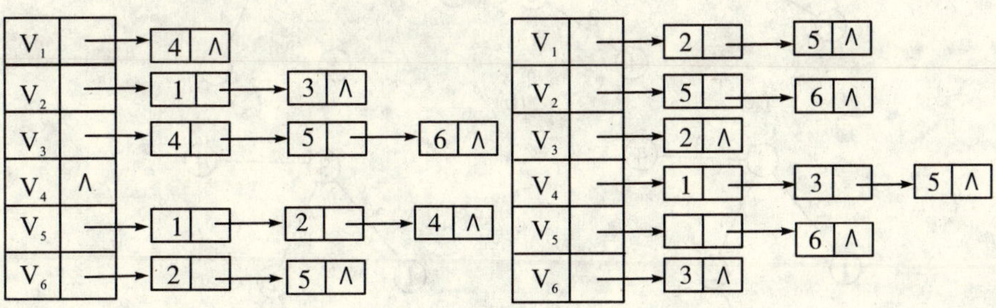

图Ⅰ.7 邻接表和逆邻接表

(3) 强连通分量如图Ⅰ.8所示。

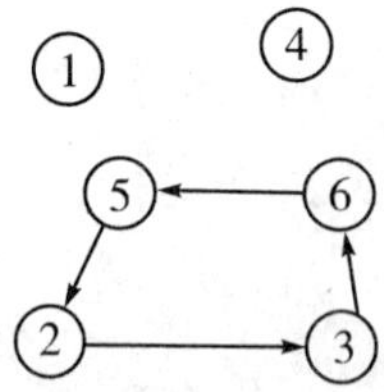

图Ⅰ.8　强连通分量

23. 邻接表如图Ⅰ.9所示。

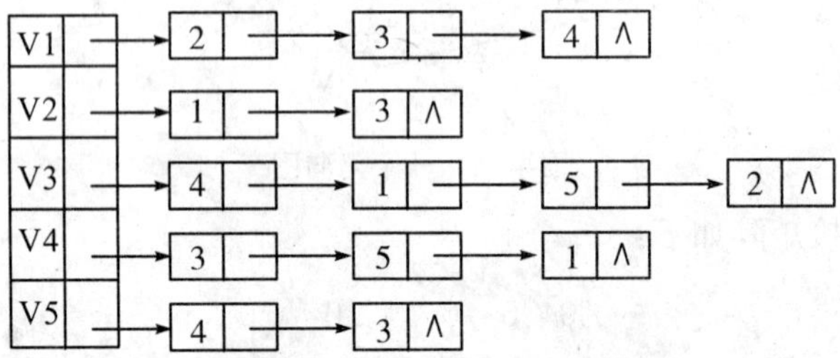

图Ⅰ.9　邻接表

从V3出发的深度优先搜索遍历序列为：V 3，V 4，V 5，V 1，V 2；从 V 3出发的广度优先搜索遍历序列为：V 3，V 4，V 1，V 5，V 2。

24. 用普里姆算法构造最小生成树的过程如图Ⅰ.10所示。

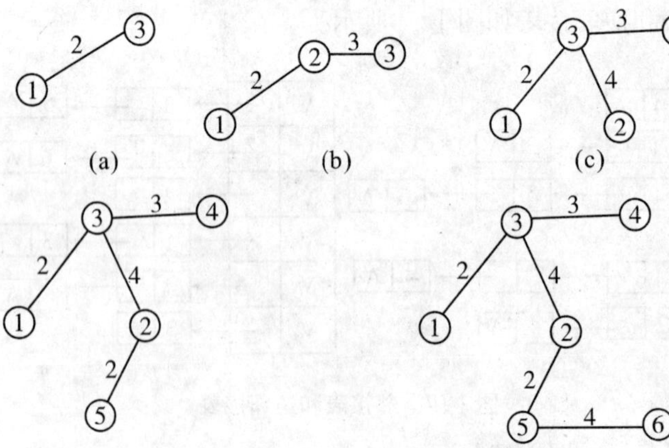

图Ⅰ.10　普里姆算法构造最小生成树的过程

25. 图中的边按权值大小的顺序为：(1,2)，(4,3)，(2,4)，(4,5)，(3,6)，使用克鲁斯卡尔算法构造最小生成树的过程如图Ⅰ.11所示。

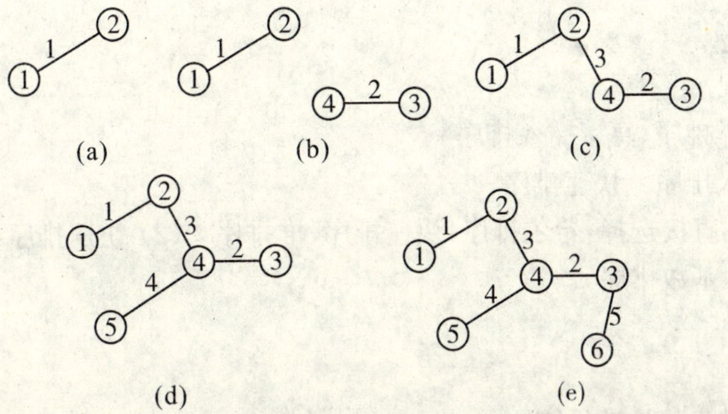

图Ⅰ.11　克鲁斯卡尔算法构造最小生成树的过程

26. 按拓扑算法，首先输出顶点 v1（因为其入度为零），从图中删除顶点 v1 及其对应边＜v1，v3＞和＜v1，v2＞后得图Ⅰ.12(a)；其后可输出 v2 也可输出 v3，若输出 v2，则得图Ⅰ.12(b)；接着应输出 v3，得图Ⅰ.12(c)；再输出 v6、v5 和 v4，可得拓扑排序序列：v1，v2，v3，v6，v5，v4。

若在输出 v1 后，接着输出 v3，则可得拓扑排序序列为：v1，v3，v2，v6，v5，v4。

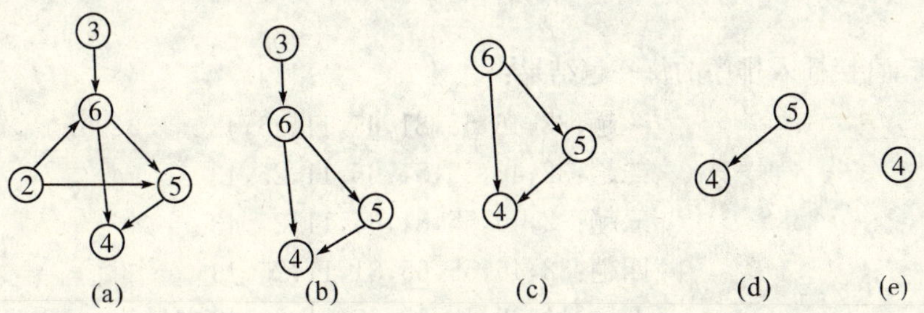

图Ⅰ.12　拓扑排序过程

同步练习 8

一、单项选择题

1. C	2. B	3. D	4. C	5. B	6. A
7. D	8. A	9. C	10. B	11. C	12. D

二、填空题

13. 选择排序、直接插入排序
14. 插入排序　快速排序
15. (1) 直接选择,希尔排序,快速排序,堆排序　(2) 快速排序
    (3) 基数排序
16. 3
17. n−1
18. 堆排序　快速排序
19. (1) 插入排序或选择排序　(2) 堆排序
20. 堆排序→快速排序→归并排序
21. n−1
22. $O(n\log_2 n)$

三、解答题

23. 直接插入排序的每一趟结果:

一趟:32,46,55,81,65,11,25,43
二趟:32,46,55,81,65,11,25,43
三趟:32,46,55,81,65,11,25,43
四趟:32,46,55,65,81,11,25,43
五趟:11,32,46,55,65,81,25,43
六趟:11,25,32,46,55,65,81,43
七趟:11,25,32,43,46,55,65,81

24. 直接选择排序:设 k 表示当前无序区最小关键字的下标序号,i 表示排序趟数,也是要与 k 下标代表的记录交换的记录序号。为了标明需要交换的关键字,特在其下方加了下划线。排序过程如下:

初始关键字序列:　[26　18　60　14　7　45　13　32]
i=1,k=5,交换后得:7　[18　60　14　26　45　13　32]
i=2,k=7,交换后得:7　13　[60　14　26　45　18　32]
i=3,k=4,交换后得:7　13　14　[60　26　45　18　32]
i=4,k=7,交换后得:7　13　14　18　[26　45　60　32]
i=5,k=5,无须交换:7　13　14　18　26　[45　60　32]

i=6,k=8,交换后得:7 13 14 18 26 32 [60 45]

i=7,k=8,交换后得:7 13 14 18 26 32 45 [60]

最后得到排序结果:7 13 14 18 26 32 45 60

25. (1) 希尔排序。

$d_1=5$ 时,排序结果为:15 57 13 79 35 41 62 39 84 61 96 83

$d_2=2$ 时,排序结果为:13 39 15 41 35 57 62 61 84 79 96 83

$d_3=1$ 时,排序结果为:13 15 35 39 41 57 61 62 79 83 84 96

(2) 快速排序。

一趟:[15 39 13 35] 41 [96 57 84 79 61 62 83]

二趟:[13] 15 [39 35] 41 [83 57 84 79 61 62] 96

三趟:13 15 [35] 39 41 [62 57 61 79] 83 [84] 96

四趟:13 15 35 39 41 [61 57] 62 [79] 83 84 96

五趟:13 15 35 39 41 [57] 61 62 79 83 84 96

六趟:13 15 35 39 41 57 61 62 79 83 84 96

(3) 基数排序。

初始关键字序列:41,62,13,84,35,96,57,39,79,61,15,83。

因为被排序的关键字 k_i 取值范围是 0 到 99 之间的整数,所以可以将其分解,先对个位数(k_i mod 10 得到)进行箱排序,然后再对十位数(k_i div 10 得到)进行箱排序,这样只需要 10 个标号为 0,1,2,…,9 的箱子。这就是基数排序。

按上述方法,第一趟先按个位扫描装箱(即按个位有序)得:

41 61 62 13 83 84 35 15 96 57 39 79

第二趟再按十位扫描装箱(即按十位上有序)得:

13 15 35 39 41 57 61 62 79 83 84 96

26. 堆排序。

初始关键字序列: [26 18 60 14 7 45 13 32]

首先建成初始堆: [60 32 45 18 7 26 13 14] (为大根堆)

第一趟排序之后: [14 32 45 18 7 26 13] 60

[1..7]重建堆后有:[45 32 26 18 7 14 13] 60

第二趟排序之后: [13 32 26 18 7 14] 45 60

[1..6]重建堆后有:[32 18 26 13 7 14] 45 60

第三趟排序之后: [14 18 26 13 7] 32 45 60

第四趟排序之后: [7 18 14 13] 26 32 45 60

第五趟排序之后: [7 13 14] 18 26 32 45 60

第六趟排序之后: [7 13] 14 18 26 32 45 60

第七趟排序之后: [7] 13 14 18 26 32 45 60

27.（1）因为直接插入排序算法由两重循环组成，外循环要进行 n－1 趟，而待排序关键字是正序，所以每一趟仅需要比较一次，因此执行 n－1 趟需要比较n－1 次。

（2）因为待排序关键字是反序，所以关键字的比较和记录移动次数均取最大值。在反序情况下，对于外循环的每一个 i 值，因为当前有序区 R[1..i]中的关键字均大于待插入记录 R[i]的关键字，所以在内循环中要进行 i 次比较才终止，因此总的比较次数为：

$$\sum_{i=2}^{n} = \frac{1}{2}(n+2)(n-1)$$

（3）因为前一半记录按关键字有序（正序），所以这一半仅需要比较 n/2－1 次；而后一半记录按关键字反序，根据(2)的分析，则需要进行 $\sum_{i=\frac{n}{2}+1}^{n} i$ 次比较，因此，总的比较次数为$\frac{n}{2}-1+\sum_{i=\frac{n}{2}+1}^{n} i$ 次。

28.（1）不是堆，调整为小根堆：7，17，32，40，18，60，73，65。

（2）已经是大根堆，无需调整。

（3）不是堆，调整为大根堆：82，79，25，40，72，23，16，36，35，48。

（4）已经是小根堆，不需要调整。

四、算法设计题

29. 假设单链表不带头结点，结点仅含有关键字域和链指针域。算法思想是：先生成一个新结点，填入插入的关键字值，链指针域置空；再顺序查找插入位置，然后插入新结点。其具体算法如下：

```
void NodeIns(LinkList head, DataType  x)
 { //将关键字值为 x 的新结点插入到有序单链表中的适当位置，保持其有序性
     ListNode * s, * p, * q;
     s=(ListNode *)malloc(sizeof(ListNode));//生成新结点 S
     s->key=x;
     s->next=NULL;
     if(head==NULL)
         head=s;
     else {
         p=head; q=NULL;
         while(p! =NULL && s->key>p->key) {
           q=p; //q 指向当前访问过的结点
```

```
            p=p->nexy;
        }
        if(q==NULL){//表示插入的结点值最小,循环未执行,结点插入最前面
            s->next=head;
            head=s;
        }
        else {
            if(p==NULL)//表示插入的结点值最大,结点插入最后面
                q->next=s;
            else {      //插入在中间位置
                s->next=q->next;
                q->next=s;
            }
        }
    }
}
```

30. 本题的算法思想是:循环读取两个文件中的记录,然后对它们进行比较,小的记录存放到C文件中,记录指针加1,小记录对应的文件指针加1,继续比较,直至两文件读取结束。实现算法如下:

```
void  ListMerge(SeqList A,SeqList B,SeqList C )
{ //合并两个有序文件
    int i,j,k;
    i=j=k=0;  //文件指针置初始值0
    while(i<n && j<m) {
        if(A[i].key<=B[j].key){
            C[k]=A[i]
            i++;
        }
        else {
            C[k]=B[j];
            j++;
        }
      k++;
    }
    if(i<n-1) { //说明A文件未读完,继续读,并填入文件C中
        while(i<n) {
            C[k]=A[i];
            i++; k++;
```

```
        }
    }
    else {//说明B文件未读完,继续读,并填入文件C中
        while(j<n) {
            C[k]=B[j];
            j++; k++;
        }
    }
}
```

同步练习 9

一、单项选择题

1. D 2. C 3. B 4. C

5. B。该题关键字序列是 11 个,按二分法查找第 6 个结点需要比较 1 次,查找结点 3,9 需要比较 2 次,而查找结点 1,4,7,10 则需要比较 3 次,因为查找的关键字 64 是第 7 个结点,所以需要比较 3 次。

6. C。按给定散列函数得 h(48)=4,地址 4 已被占用,按二次探查法计算 $h_1=(4+1^2)\%11=5$,地址 5 亦被占用,再探查计算 $h_2=(4+2^2)\%11=8$,地址 8 是开放的,因此 48 的地址是 8。

7. A 8. D 9. B 10. D

二、填空题

11. 5

12. (1) 存取元素时发生冲突的可能性越大

(2) 存取元素时发生冲突的可能性越小

13. (1) $(n+1)/2$ (2) $\frac{n+1}{n}\lg(n+1)-1$

(3) $(s^2+2s+n)/(2s)$,s 为块中结点个数

(4) $\lg(n/s+1)+s/2$,s 同上

14. (1) $(1+1/(1-\alpha))/2$,α 为装填因子 (2) $(-\ln(1-\alpha)/\alpha$ (3) $1+\alpha/2$

15. 散列查找法

16. 顺序存储结构　按关键字有序

17. 索引表　块

18. 不大于 m 的最大素数

19. (1) $O(n)$　(2) $O(\lg n)$　(3) $O(\sqrt{n})$

20. 左子树

三、解答题

21. 查找关键字 K=10 的比较过程如下：

表下标：　1　2　3　4　5　6　7　8

初始序列：　[5　10　15　20　25　30　35　40]

第 1 次比较：　mid=(1+8)/2=4　↑(20)

[5　10　15　20　25　30　35　40]

第 2 次比较：　↑(10)　mid=(1+3)/2=2

查找关键字 K=30 的比较过程如下：

表下标：　1　2　3　4　5　6　7　8

初始序列：　[5　10　15　20　25　30　35　40]

第 1 次比较：　mid=(1+8)/2=4　↑(20)

[5　10　15　20　25　30　35　40]

第 2 次比较：　mid=(5+8)/2=6　↑(30)

查找关键字 K=39 的比较过程如下：

表下标：　1　2　3　4　5　6　7　8

初始序列：　[5　10　15　20　25　30　35　40]

第 1 次比较：　mid=(1+8)/2=4　↑(20)

[5　10　15　20　25　30　35　40]

第 2 次比较：　mid=(5+8)/2=6　↑(30)

[5　10　15　20　25　30　35　40]

第 3 次比较：　mid=(7+8)/2=7　↑(35)

[5　10　15　20　25　30　35　40]

第 4 次比较：　mid=(8+8)/2=8　↑(40)

这时 high=mid−1=8−1=7，而 low=8，即 low！≤high，所以查找失败。

22. 按二分查找算法思想，显然查找结点若是表中第 7 个结点，只需要进行一次比较；若查找结点是表中第 3 或第 10 个结点，则需要比较两次；查找第 1,5,8,12

个结点需要比较三次;而查找第 2,4,6,9,11,13 个结点则需要比较四次。由此可得到二叉判定树如图Ⅰ.13 所示。所以查找成功的二分查找过程恰好是走了一条从判定树的根到被查结点的路径,经历比较的关键字次数正好为该结点在树中的层数,借助于二叉判定树,在等概率情况下,很容易求得 13 个结点的二分查找成功的平均查找长度为:

$$ASL=(1\times1+2\times2+3\times4+4\times6)/13=41/13$$

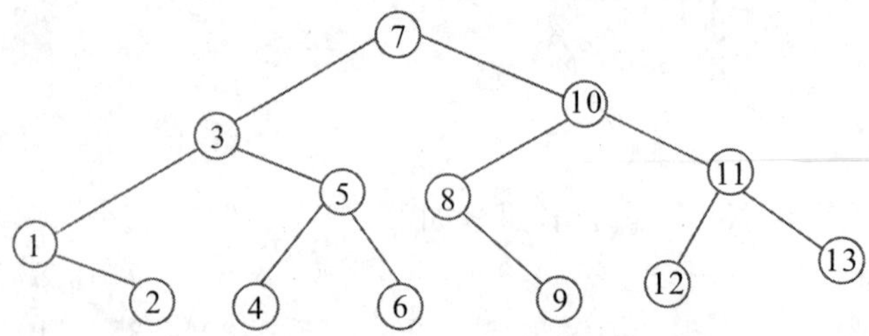

图Ⅰ.13　长度为 13 的有序表二分查找的判定树

23. 由于关键字是字符串,所以在关键字比较时是按串的 ASCII 码的大小进行的,因此题目给出的关键字生成的二叉排序树如图Ⅰ.14 所示。在等概率情况下,该二叉排序树的平均查找长度为:

$$ASL=(1\times1+2\times2+3\times3+4\times3+5\times2+6\times1)/12=42/12=3.5$$

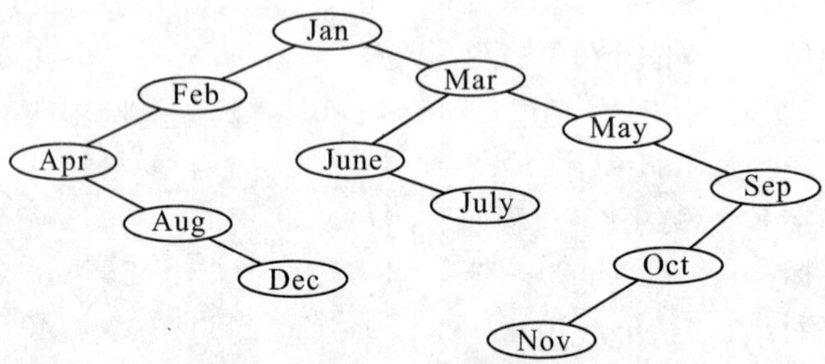

图Ⅰ.14　二叉排序树

24. 插入和删除过程如图Ⅰ.15 所示。

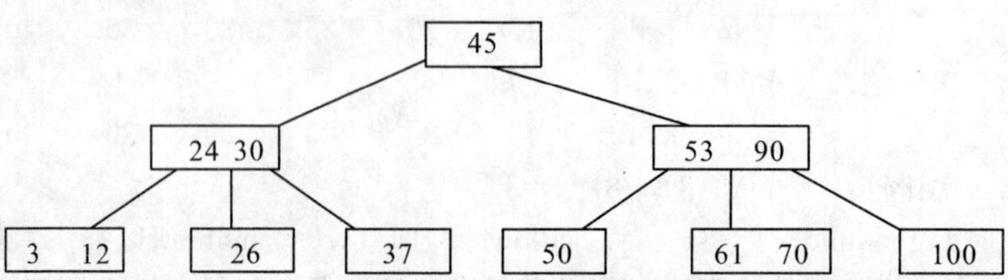

(a) 插入26后的3阶B-树

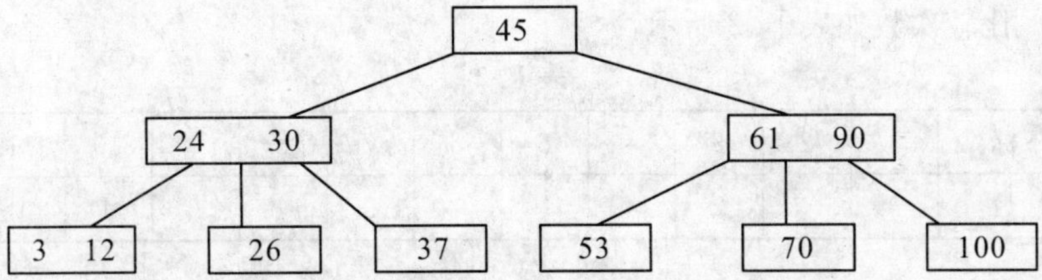

(b) 删除59后的3阶B-树

图Ⅰ.15

25. (1) 线性探测法解决冲突构造的散列表如图Ⅰ.16 所示。

下标(地址)	0	1	2	3	4	5	6	7	8	9	10	11	12
散列表 T[0..12]		14	01	68	27	55	19	20	84	79	23	11	10
探查次数		1	2	1	4	3	1	1	3	9	1	1	3

图Ⅰ.16

(2) 拉链法解决冲突构造的散列表如图Ⅰ.17 所示。

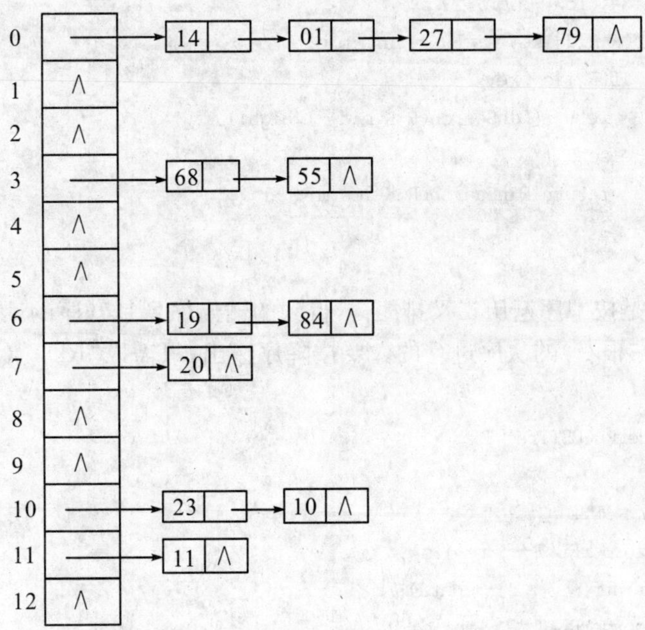

图Ⅰ.17

26. 比较次数如表Ⅰ.2所示。

表Ⅰ.2

元素下标:	1	2	3	4	5	6	7	8	9	10	11	12
比较次数:	3	4	2	4	3	1	3	4	2	4	3	4

四、算法设计题

27. 递归的二分查找算法如下:

```
int BinSearch(SepList R, KeyType K, int low, int high)
{//在有序表R[1..n]中进行二分查找,K为给定值,查找成功时,
  //返回结点的序号,查找失败返回零值
    if(low>high)
      return 0;
    else {
      mid=(low+high)/2;
      if(R[mid].key==K) return mid;
        if(R[mid].key<K)
          return(BinSearch(R,K,mid+1,high));
        else
          return(BinSearch(R,K,low,mid-1));
    }
}
```

28. 如果是按中序遍历二叉排序树,得到的输出序列是升序的,因为中序遍历是按"LDR"(左根右)的次序进行的。要按降序输出,只需以"RDL"(右根左)的次序遍历即可。

```
void inorderRL(BSTTree T)
{
    if(T! =NULL) {
      inorderRL(T->rchild);
      printf("  ",T->data);
      inorderRL(T->lchild);
    }
}
```

29. 为了描述算法的方便,首先定义散列表中结点的类型:

```
#define m HTlen  //给定一个表长
#define LEN sizeof(NodeType)
```

```
typedef struct node {
    KeyType key; //KeyType表示关键字的类型,比如int,char等
    InfoType otherinfo;
    Struct node * next;
} NodeType;
```

具体算法如下:

```
void CreateHashTable(NodeType * HT[m])//定义散列表,其实是一个指针数组
{ //建立n个结点表长为m的散列表
   for(i=1;i<=n;i++) {
     p=(NodeType *)malloc(LEN);
     scanf("%d",&p->key);//输入结点关键字值,假定为整型
     d=f(p->key); //f为散列函数
     p->next=HT[d];
     HT[d]=p;     //采用头插法插入结点
   }
}
```

30. 算法如下:

```
DataType MaxKey(BSTree bt)
{ //在二叉排序树上找最大键值
   if(bt==NULL) printf("BSTtree is Empty");
   p=bt;
   while(p->rchild ! =NULL)
      p=p->rchild;
   return p->key;
}
```

同步练习 10

一、单项选择题

1. A　2. C　3. B　4. C　5. D　6. C　7. C　8. D

二、填空题

9. 主文件

10. 记录
11. 检索　维护
12. 索引组织　散列组织
13. 索引文件　多关键字文件
14. 散列

三、简答题

15. 在散列文件中进行查找时，首先依给定值求出散列桶地址，将基桶的记录读入内存，进行顺序查找，若找到关键字等于给定值的记录，则检索成功；否则读入溢出桶的记录继续进行查找。散列文件的优点是：文件能随机存放，记录不需要进行排序；插入、删除方便；存取速度快；不需要索引区，节省存储空间。

16. (1) 多重表的查找：因为多重表文件的记录按主关键字的顺序构成一个串联文件，对每个需要查询的次关键字建立一个索引，同时将具有相同次关键字的记录链接成一个链表，并将次链表的头指针、链表长度及次关键字作为索引表的一个索引项，因此，在多重表中查找时，先要按查找的次关键字到该次关键字索引表中找到与次关键字相同的索引项，再通过索引项后面的头指针到主文件中查找响应的记录。

(2) 倒排文件的查找：在倒排文件中查找是先给定次关键字，然后查找含有该次关键字的各个记录。这种文件的查找次序正好与一般文件的查找次序相反，因此称之为“倒排”。

17. (1) 索引无序文件是对每个记录的关键字及记录的物理块头地址构造索引表，索引表中的索引项按关键字值升序排序，因此，给定文件的索引表如表Ⅰ.3 所示。

表Ⅰ.3　索引表

编号	记录号	编号	记录号
1001	4	1008	5
1002	1	1013	2
1005	3		

(2) ① 性别=“女”

② 职称=“工程师”

③ 性别=“男”and 工资 ＞ 900

附录Ⅱ　课程设计实例

课程设计1　一元多项式的运算

一元多项式的运算包括加、减和乘法运算，而多项式的减法和乘法都可以用加法来实现，因此，该实验只需要实现一个加法运算即可。

1. 问题分析

在数学上，一个一元 n 次多项式 $P_n(x)$ 可按降序写成：

$$P_n(x)=p_n x^n+p_{n-1}x^{n-1}+\cdots+p_1 x+p_0$$

它由 n+1 个系数惟一确定，因此，在计算机里它可以用一个线性表 P 来表示：

$$P=(p_n,p_{n-1},\cdots,p_1,p_0)$$

每一项的指数 i 隐含在其系数 p_i 的序号里。

假设 $Q_m(x)$ 是一元 m 次多项式，同样可用线性表 Q 来表示：

$$Q=(q_m,q_{m-1},\cdots,q_1,q_0)$$

不失一般性，假设 $m<n$，则两个多项式相加的结果 $R_n(x)=P_n(x)+Q_m(x)$ 可用线性表 R 表示：

$$R=(p_n,\cdots,p_{m+1},p_m+q_m,\cdots,p_1+q_1,p_0+q_0)$$

很显然，可以对 P，Q 和 R 采用顺序存储结构，使得多项式相加的算法定义和实现十分简单。然而，在通常的应用中，多项式的次数可能变化很大而且很高，使得顺序存储结构的最大长度很难确定。特别是在处理项数少且次数特别高的情况下，对内存空间的浪费是相当大的。因此，一般情况下，都是采用链式存储结构来处理多项式的运算，使用两个线性链表分别表示一元多项式 $P_n(x)$ 和 $Q_m(x)$，每个结点表示多项式中的一项。

因此，链表结点的类型可定义如下：

```
typedef struct {
    float  coef;    //系数
    int    expn;    //指数
```

```
}DataType;
typedef struct  node {
    DataType  data;
    struct node  *next;
}ListNode,  *  LinkList;
```

2. 算法解析

(1) 建立有序链表

要实现多项式的加法运算，首先要建立多项式的存储结构，我们知道，每个一元多项式的存储结构就是一个有序单链表。有序链表的基本操作定义与线性链表有两处不同，一个是结点的查找定位操作 LocateNode 有所不同，二是结点的插入操作 InsertNode 不同，这两个操作算法分别描述如下：

```
int LocateNode(LinkList L,DataType e,int &q)
{  //查找定位算法
    ListNode  *p=L->next;
    q=0;     //记录结点位置序号
    while( p && e.expn < p->data.expn)
    {   p=p->next;q++; }
    if (p==NULL || e.expn != p->data.expn)
        return 0; //查找失败
    else
        return 1;
}
void InsertNode(LinkList &L, DataType e,int q)
{ //在有序表中插入一个结点,仍保持表的有序性
    ListNode  *s,  *p ;
    int i=0;
    p=L;
    while(p->next &&i<q)
      {  p=p->next;
         i++;
    } //查找插入位置
    s=(ListNode  *)malloc(sizeof(ListNode));
    s->data.coef=e.coef;
    s->data.expn=e.expn;
    s->next=p->next;
    p->next=s;
}
```

有了上述两个算法之后，建立一个一元多项式的单链表就非常简单了，具体实现算法如下：

```
void CreatPolyn(LinkList &L,int n)
{
    LinkList pa; int i,q;
    DataType e;
    pa=(ListNode *)malloc(sizeof(ListNode));//生成链表头结点
    pa->next=NULL;
    for(i=1;i<=n;i++)
    {   scanf("%f,%d",&e.coef,&e.expn);
        if(! LocateNode(pa,e,q)) //当前链表中不存在该指数项
            InsertNode(pa,e,q);
    }
    L=pa;
}
```

(2) 多项式链表相加

如何实现用上述的线性链表表示的多项式的加法运算呢？根据一元多项式相加的运算规则：对于两个一元多项式中所有指数相同的项，对应系数相加，若其和不为零，则构成“和多项式”中的一项；对于两个一元多项式中所有指数不相同的项，则分别复制到“和多项式”中相应的位置。

根据以上运算规则，其实现算法思路如下：假设 pc 为指向“和多项式链表”当前尾结点的指针，指针 pa 和 pb 分别指向两个多项式中当前进行比较的某个结点，则比较两个结点中的指数项值，有下面 3 种情况：① 若指针 pa 所指结点的指数值大于指针 pb 所指结点的指数值，则取 pa 指针所指向的结点插入到 pc 指针所指结点之后，分别修改指针 pa 和 pc，使之指向链表的下一个结点。② 若指针 pa 所指结点的指数值小于指针 pb 所指结点的指数值，则取 pb 指针所指向的结点插入到 pc 指针所指结点之后，分别修改指针 pb 和 pc，使之指向链表的下一个结点。③ 若指针 pa 所指结点的指数值等于指针 pb 所指结点的指数值，则将两结点中的系数相加，如果其和数不为零，则修改 pa 指针所指结点中的系数值，将其结点插入到 pc 指针所指结点之后，分别修改指针 pa、pb 和 pc，使之指向各自链表的下一个结点，同时删除并释放指针 pb 原先指向的结点；如果和数为零值，保存 pa 和 pb 所指向的结点，修改 pa 和 pb 指针使之指向各自链表的下一个结点，然后释放保存的两个结点。再比较指针 pa 和 pb 指向结点中的指数项值，分 3 种情况进行处理……这样的操作一直继续到 pa 或 pb 等于 NULL 为止。最后将未结束的链表后面剩余的结点连接到 pc 指针所指向结点之后。

上述多项式的相加过程和两有序链表合并的过程类似，不同之处仅在于多项

式的比较多了相等比较后的操作。因此，多项式相加的过程完全可以利用线性链表的基本操作来实现。具体实现多项式相加的算法如下：

```
void AddPolyn(LinkList La,LinkList Lb,LinkList &Lc)
{ //两个有序链表 La 和 Lb 表示的多项式相加
    ListNode *pa, *pb, *pc, *s;
    float sum;
    pa=La->next; pb=Lb->next; //pa 和 pb 分别指向两个链表的开始结点
    Lc=pc=La;                  //用 La 的头结点作为 Lc 的头结点
    while(pa&&pb){
      if(pa->data.expn>pb->data.expn){
         pc->next=pa;pc=pa; pa=pa->next;
      }
      else if(pa->data.expn<pb->data.expn)
      { pc->next=pb; pc=pb; pb=pb->next; }
      else
      {
            sum=pa->data.coef+pb->data.coef;
            if(fabs(sum)>1e-6){ //系数和不为零
              pa->data.coef=sum;
              pc->next=pa;pc=pa; pa=pa->next;
              s=pb;pb=pb->next;free(s);
            }
            else {
              s=pa;pa=pa->next;free(s);
              s=pb;pb=pb->next;free(s);
            }
      }
    }
    pc->next=pa ? pa : pb; //插入链表剩余部分
    free(Lb);              //释放 Lb 的头结点
}
```

(3) 多项式链表的输出

在输出项中使用了条件表达式，当系数项为正数时，在系数前输出一个“+”号，否则输出一个空格，而负数的负号还照常输出，使得输出结果尽量与原多项式的表示形式类似。因此，输出多项式链表的算法实现如下：

```
void printList(LinkList L)
{ //多项式链表的输出
```

```
    ListNode *p;
    p=L->next;
    while(p)
    {
      printf("%c %fx^%d",
        (p->data.coef>0 ? '+' : ' '),p->data.coef,p->data.expn);
      p=p->next;
    }
    printf("\n");
}
```

3. 完整的源程序清单

```
#include<stdio.h>
#include<stdlib.h>
#include<math.h>
//多项式链表结点类型定义
typedef struct {
   float  coef;    //系数
   int    expn ;   //指数
}DataType;
typedef struct node {
    DataType  data;
    struct node *next;
}ListNode, * LinkList;
//结点的查找定位
int LocateNode(LinkList L,DataType e,int &q)
{
    ListNode *p=L->next;
    q=0;    //记录结点位置序号
    while( p && e.expn<p->data.expn)
     {   p=p->next;
         q++;
     }
    if (p==NULL || e.expn != p->data.expn)
       return 0;
    else
       return 1;
}
//有序链表结点的插入
```

```
void InsertNode(LinkList &L, DataType e,int q)
{
    ListNode *s, *p ;
    int i=0;
    p=L;
    while(p->next &&i<q)
    { p=p->next;
      i++;
    }
    s=(ListNode *)malloc(sizeof(ListNode));
    s->data.coef=e.coef;
    s->data.expn=e.expn;
    s->next=p->next;
    p->next=s;
}
//多项式链表的建立
void CreatPolyn(LinkList &L,int n)
{
     LinkList pa;
     int i,q;
     DataType e;
     pa=(ListNode *)malloc(sizeof(ListNode));//生成链表头结点
     pa->next=NULL;
     for(i=1;i<=n;i++)
     {
         scanf("%f,%d",&e.coef,&e.expn);
         if(! LocateNode(pa,e,q)) //当前链表中不存在该指数项
            InsertNode(pa,e,q);
     }
     L=pa;
}
//多项式链表的输出
void printList(LinkList L)
{
    ListNode *p;
    p=L->next;
    while(p)
    {
```

```
        printf(" %c %fx^%d",(p->data.coef>0 ? '+' : ' '),p->data.coef,p->
        data.expn);
        p=p->next;
    }
    printf("\n");
}
//多项式链表的相加
void AddPolyn(LinkList La,LinkList Lb,LinkList &Lc)
{  //两个有序链表 La 和 Lb 表示的多项式相加
    ListNode *pa, *pb, *pc, *s;
    float sum;
    pa=La->next; pb=Lb->next; //pa 和 pb 分别指向两个链表的开始结点
    Lc=pc=La;                          //用 La 的头结点作为 Lc 的头结点
    while(pa&&pb){
      if(pa->data.expn>pb->data.expn){
         pc->next=pa;pc=pa; pa=pa->next;
      }
      else if(pa->data.expn<pb->data.expn)
              { pc->next=pb; pc=pb; pb=pb->next; }
          else {
              sum=pa->data.coef+pb->data.coef;
              if(fabs(sum)>1e-6){ //系数和不为零
                 pa->data.coef=sum;
                 pc->next=pa;pc=pa; pa=pa->next;
                 s=pb;pb=pb->next;free(s);
              }
              else {
                 s=pa;pa=pa->next;free(s);
                 s=pb;pb=pb->next;free(s);
              }
      }
    }
   pc->next=pa ? pa : pb; //插入链表剩余部分
   free(Lb);                    //释放 Lb 的头结点
}
//主控函数
void main()
{
```

```
    LinkList La,Lb,Lc;
    int n;
    printf("输入第一个多项式的项数：");
    scanf("%d",&n);
    printf("输入第一个多项式的每一项的系数,指数:\n");
    CreatPolyn(La,n);
    printf("第一个多项式为:");
    printList(La);
    printf("输入第二个多项式的项数：");
    scanf("%d",&n);
    printf("输入第二个多项式的每一项的系数,指数:\n");
    CreatPolyn(Lb,n);
    printf("第二个多项式为:");
    printList(Lb);
    AddPolyn(La,Lb,Lc);
    printf("\n相加后的和多项式为：");
    printList(Lc);
}
```

4. 程序运行测试

例如,要计算多项式 $9x^{15}+7x^{8}+5x^{3}+3x$ 与多项式 $-7x^{8}+6x^{3}+2$ 的和。

首先,输入并编辑上述源程序,编译正确后执行,程序提示:

输入第一个多项式的项数:4 ↙

输入 4 并回车后,接着提示:

输入第一个多项式的每一项的系数,指数:

9,15 ↙　　　表示 $9x^{15}$

5,3 ↙

7,8 ↙

3,1 ↙

输出:

第一个多项式为:+9.000000x^15+7.000000x^8+5.000000x^3+3.000000x^1

又提示:

输入第二个多项式的项数:3 ↙

输入 3 并回车后提示:

输入第二个多项式的每一项的系数,指数:

2,0 ↙

6,3 ↙

−7,8 ↙

输出：

第二个多项式为：-7.000000x^8+6.000000x^3+2.000000x^0

空一行接着输出：

相加后的和多项式为：+ 9.000000x^15 + 11.000000x^3 + 3.000000x^1 + 2.000000x^0

从上面的输入和输出结果可以看出，无论输入的顺序如何，生成的多项式链表总是有序的(降序)，这是在建立多项式链表算法中实现的。

两个一元多项式相乘的算法，可以利用两个一元多项式相加的算法来实现，因为乘法运算可以分解为一系列的加法运算。假设两个一元多项式为 $P_n(x)$ 和 $Q_m(x)$，则

$$M(x)=P(x)\times Q(x)=P(x)\times[q_n x^{e_n}+q_{n-1}x^{e_{n-1}}+\cdots+q_1 x^{e_1}]$$
$$=\sum_{i=1}^{n} q_i P(x) x^{e_i}$$

其中，每一项都是一个一元多项式。有兴趣的同学可以利用上述多项式加法运算的算法来实现两个一元多项式的乘法运算。

课程设计 2　通讯录管理

线性表是数据结构中一种最简单而且最常用的线性结构，也是学习数据结构全部内容的基础，对它掌握的好坏直接影响着后继知识的学习。线性表的顺序存储结构，即顺序表的概念相对比较简单，因此，本节的主要任务是使用有关链表的操作来实现通讯录信息系统的管理。

一、需求分析

为了实现通讯录管理的几种操作功能，首先设计一个含有多个菜单项的主控菜单程序，然后再为这些菜单项配上相应的功能。

1. 菜单内容

程序运行后，给出 6 个菜单项的内容和输入提示：

```
1. 通讯录链表的建立
2. 通讯者结点的插入
3. 通讯者结点的查询
4. 通讯者结点的删除
5. 通讯录链表的输出
0. 退 出 管 理 系 统
请选择 0 - 5：
```

2. 设计要求

使用数字 0～5 来选择菜单项，其他输入则不起作用。

二、数据存储结构描述

现假设链表结点仅含有一个数据域和一个指针域。数据域用于描述通讯者的相关信息，其类型定义如下：

```
typedef struct{
    char num[5];        //编号
    char name[9];       //姓名
    char sex[3];        //性别
    char phone[13];     //电话
    char addr[31];      //地址
}DataType;
```

因此，线性表的链式存储结构可定义如下：

```
typedef struct node{   //结点类型定义
    DataType data;      //结点数据域
    struct node * next;//结点指针域
}ListNode;
typedef ListNode * LinkList;
ListNode * p;           //定义一个指向结点的指针变量
LinkList head;          //定义指向单链表的头指针
```

这里的 LinkList 和 ListNode * 是不同名字的同一指针类型，取名不同是为了在概念上更明确。

特别值得注意的是指针变量和指针指向的变量(结点变量)这两个概念。

指针变量的值要么为空(NULL)，不指向任何结点；要么其值为非空，即它的值是一个结点的存储地址。指针变量所指向(存储)的结点地址并没有具体说明，而是在程序的执行过程中，需要存放结点时才产生，它是通过 C 语言的标准函数 malloc()实现的。例如，给指针变量 p 分配一个结点的地址：

```
p=(ListNode * )malloc(sizeof(ListNode));
```

该语句的功能是申请分配一个类型为 ListNode 的结点的地址空间，并将其首地址存入指针变量 p 中。不需要时可以用标准函数 free(p)释放结点存储空间，这时 p 为空值(NULL)。

链表中的结点变量是通过指针变量来访问的。因为在 C 语言中是用 p－＞来表示 p 所指向的变量，又由于结点类型是一个结构类型，因此可用 p－＞data 和 p－＞next分别表示结点的数据域变量和指针域变量。注意，当 p 为空值时，则它不指向任何结点，此时不能通过 p 来访问结点，否则会引起程序错误。

为了验证算法，本章的设计实例为通讯录管理，包括通讯录链表的建立、通讯者的插入、通讯者的删除、通讯者的查询以及通讯录链表的输出。

三　设计实例

首先编写一个主控菜单驱动程序，输入 0～5 以进入相应选择项。

1. 实现循环和功能选择

假设输入选择用变量 cn 存储，它作为 menu_select( )函数的返回值提供给 switch 语句。使用 for 循环实现重复选择，并在主函数 main( )中实现。

```
//* * * * * * * * * * * * * * * * * *
//* 主控菜单处理测试程序 main2.c *
//* * * * * * * * * * * * * * * * * *
#include<stdio.h>
#include<string.h>
void main( )
{
    for (;; ) {
    switch ( menu_select( ) )
    {
        case 1:
            printf("通讯录链表的建立\n");
            //建立通讯录链表函数调用
            break;
        case 2:
            printf("通讯者结点的插入\n");
            //通讯者插入函数调用
            break;
        case 3:
```

```
                printf("通讯者结点的查询\n");
                //通讯者查询函数调用
                break;
            case 4:
                printf("通讯者结点的删除\n");
                //通讯者删除函数调用
                break;
            case 5:
                printf("通讯录链表的输出\n");
                //通讯录链表输出函数调用
                break;
            case 0:
                printf("  再见! \n");
                return;
        }
    }
}
```

实际使用时,只有选择大于 5 或小于 0 时,程序才能结束运行。这里使用 for 循环语句实现菜单的循环选择,为了结束程序的运行,使用"return"语句即可,也可以使用"exit(0);"语句。

2. 得到 sn 的合理值

如前所述,应该设计一个函数用来输出提示信息和处理输入,这个函数应该返回一个数值 sn,以便供给 switch 语句使用。假设函数名为 menu_select,设计的参考程序如下:

```
/****************/
/*  菜单选择函数程序      */
/****************/
int menu_select( )
{
    intsn;
    printf("    通讯录管理系统\n");
    printf("====================\n");
    printf("  1. 通讯录链表的建立\n");
    printf("  2. 通讯者结点的插入\n");
    printf("  3. 通讯者结点的删除\n");
    printf("  4. 通讯者结点的查询\n");
    printf("  5. 通讯录链表的输出\n");
```

```
    printf("  0. 退 出 管 理 系 统\n");
    printf("===================\n");
    printf("      请 选 择 0－5:");
    for(;;)
    {
        scanf("%d",&sn);
        if(sn<0 || sn>5 )
            printf("\n\t 输入错误,重选 0－5:");
        else
            break;
    }
    returnsn;
}
```

对于 sn 输入值,在 switch 的 case 语句中对应数字 1～5,对于不符合要求的输入,提示输入错误并要求重新输入。

将该函数与主函数合在一起编译并运行程序,即可检查并验证菜单选择是否正确。

四、功能函数设计

本节的设计是以上一节设计的菜单为基础,增加菜单项的处理功能。这其实是 5 个不同功能算法的实现编程题,目的是练习利用链表结构来解决实际应用问题的能力,进一步理解和熟悉线性表的链式存储结构。

1. 建立通讯录链表的设计

这里实际上是要求建立一个带头结点的单链表。我们知道建立单链表有两种方法,一种称之为头插法,另一种称为尾插法。头插法是每次将新结点插入在链表的表头,而尾插法是将新结点插入在链表的表尾。这里只介绍尾插法建立链表的算法设计思想及具体算法实现程序,头插法请读者自己设计。

要建立链表,首先要生成结点,因此,尾插法建立链表的算法描述如下:

(1) 使链表的头、尾指针 head、rear 指向新生成的头结点(也是尾结点);

(2) 置结束标志为 0(假);

(3) while(结束标志不为真)

```
{
    p 指向新生成的结点;
    读入一个通讯者数据至新结点的数据域;
    将新结点链到尾结点之后;
```

```
        使尾指针指向新结点;
        提示:是否结束建表,读入一个结束标志;
    }
```

(4) 尾结点指针域置空值 NULL。

具体算法实现如下:

```
/*********************/
/*用尾插法建立通讯录链表函数        */
/*********************/
LinkList CreateList(void)
{//用尾插法建立带头结点的通讯录链表算法
   LinkList head=(ListNode *)malloc(sizeof(ListNode));//申请头结点
   ListNode *p, *rear;
   char flag='y';
   rear=head;  //尾指针初始指向头结点
   while(flag=='y' || flag='Y')
     { p=(ListNode *)malloc(sizeof(ListNode));//申请新结点
       printf("编号(4) 姓名(8) 性别 电话(11)  地址(31)\n");
       scanf("%s%s%s%s%s",p->data.num, p->data.name, p->data.sex,
                            p->data.phone, p->data.addr);
       rear->next=p;//新结点链接到尾结点之后
       rear=p;      //尾指针指向新结点
       printf("继续输入吗? (y/n):");
       scanf("%c",&flag);//读入一个标志数据
     }
    rear->next=NULL;//终端结点指针域置空
    return head;     //返回链表头指针
}
```

2. 通讯者信息的插入

链表结点的插入,是要求将一个通讯者数据结点按其编号插入有序通讯录表的相应位置,并保持通讯录表的有序性。插入结点的基本思想是:使用两个指针变量 p1 和 p2 分别指向当前刚访问过的结点和下一个待访问的结点,循环顺序查找链表,寻找插入结点的位置,其中 p1 指向待插入位置的前一个结点。插入操作本身则是非常简单的。其实现算法描述如下:

(1) 用 p1 指向原链表头结点,p2 指向链表的第一个结点;

```
(2) while(p2! =NULL && p2->data.num<p->data.num)
    {
       p1=p2;         //p1 指向刚访问过的结点;
```

```
        p2=p2->next; //p2 指向表的下一个结点;
    }
```

(3) 插入新结点。

有了上述分析之后,编写实现该算法的具体函数程序就很容易了。具体实现如下:

```
/*******************/
/*在有序链表 head 中插入结点   */
/*******************/
void InsertNode(LinkList &head,LinkNode *p)
{
    LinkNode *p1,*p2;
    p1=head;
    p2=p1->next;
    while(p2! =NULL && strcmp(p2->data.num,p->data.num)<0)
     {
        p1=p2;          //p1 指向刚访问过的结点
        p2=p2->next;    //p2 指向表的下一个结点
     }
     p1->next=p;        //插入 p 所指向的结点
     p->next=p2;        //链接表中剩余部分
}
```

3. 在有序链表中查找指定结点

在有序表中查找指定结点的算法是比较简单的,其基本思想是:首先输入要查找的通讯者的编号或姓名,从表头顺序访问表中结点,如查找成功,则返回一个指向查找到的通讯者结点的指针,若查找失败,则返回一个空的指针值 NULL。

若按编号查找,如果需要查找的通讯者编号不在表中,则不一定需要循环比较到表尾,因为表是按编号递增有序的;而按姓名查找时,则要循环比较到表尾,才能确定查不到的情况。

查找算法实现如下:

```
/*******************/
/*   有序通讯录链表上的查找   */
/*******************/
linkNode * ListFind(LinkList head)
{ //有序通讯录链表上的查找
   LinkNode *p;
   char num[5];
```

```
    char name[9];
    int xz;
    printf("==================\n");
    printf(" 1. 按编号查询  \n");
    printf(" 2. 按姓名查询  \n");
    printf("==================\n");
    printf("    请 选 择 : ");
    p=head->next;   //假定通讯录表带头结点
    scanf("%d",&xz);
    if(xz==1) {
        printf("请输入要查找者的编号:");
        scanf("%s",num);
        while(p && strcmp(p->data.num,num)<0)
           p=p->next;
        if(p==NULL || strcmp(p->data.num,num)>0)
           p=NULL; //没有查到要查找的通讯者
    }
    else
       if(xz==2) {
        printf("请输入要查找者的姓名:");
        scanf("%s",name);
        while(p && strcmp(p->data.name,name)! =0)
           p=p->next;
       }
    return p;
}
```

4. 通讯者记录的删除

链表上结点的删除是比较简单的,先调用查询函数,查询到要删除的结点,删除结点即可。其算法如下:

```
/********************/
/*  通讯录链表上结点的删除    */
/********************/
void DelNode(LinkList head)
{
    LinkNode *p,*q;
    p=ListFond(head); //调用查找函数
    if(p==NULL) {
       printf("没有查到要删除的通讯者\n");
```

```
        return;
    }
    q=head;
    while(q! =NULL && q->next! =p)
        q=q->next;
    q->next=p->next;//删除结点
    free(p);        //释放被删除的结点空间
    printf("通讯者已被删除! \n");
}
```

5. 通讯录链表的输出

通讯录链表的输出相对来说比较简单,只要将表头指针赋给一个指针变量 p,然后用 p 向后扫描,输出相应结点的值,直至表尾 p 为空为止。输出通讯录链表算法如下:

```
/**************/
/*  通讯录链表输出函数  */
/**************/
void PrintList(LinkList head)
{
    ListNode *p;
    p=head->next;     //使 p 指向链表头结点
    printf("编号  姓名  性别  联系电话  地址\n");
    printf("----------------------\n");
    while(p! =NULL)
    {
      printf("%s,%s,%s,%s,%s\n",p->data.num, p->data.name,
      p->data.sex, p->data.phone, p->data.addr);
      printf("----------------------\n");
      p=p->next;   //后移一个结点
    }
}
```

五、完整程序清单

```
/*****************/
/*主控菜单处理测试程序 main2.c*/
/*****************/
#include<stdio.h>
```

```
#include<string.h>
#include<stdlib.h>
typedef struct {   //通讯录结点类型
      char num[5];          //编号
      char name[9];         //姓名
      char sex[3];          //性别
      char phone[13];       //电话
      char addr[31];        //地址
}DataType;
typedef struct node{        //结点类型定义
      DataType data;        //结点数据域
      struct node * next; //结点指针域
}ListNode;
typedef ListNode * LinkList;
LinkList head;
ListNode *p;
//函数说明
int menu_select( );
LinkList CreateList(void);
void InsertNode(LinkList head,ListNode *p);
ListNode * ListFind(LinkList head);
void DelNode(LinkList head);
void PrintList(LinkList head);
//主函数
void main( )
{
  for (;; ) {
    switch ( menu_select( ) )
    {
      case 1:
        printf("**********************\n");
        printf("*  通 讯 录 链 表 的 建 立  *\n");
        printf("**********************\n");
        head=CreateList( );
        break;
      case 2:
        printf("***********************\n");
        printf("*    通 讯 者 信 息 的 添 加    *\n");
```

```
  printf("***********************\n");
  printf("编号(4)  姓名(8)  性别  电话(11)  地址(31)\n");
  printf("***********************\n");
  p=(ListNode *)malloc(sizeof(ListNode));//申请新结点
  scanf("%s%s%s%s%s",p->data.num,p->data.name,
  p->data.sex,p->data.phone, p->data.addr);
  InsertNode(head,p);
  break;
case 3:
  printf("**********************\n");
  printf("*  通 讯 录 信 息 的 查 询  *\n");
  printf("**********************\n");
  p=ListFind(head);
  if(p! =NULL) {
    printf("编号  姓名  性别  联系电话  地址\n");
    printf("------------------------\n");
    printf("%s,%s,%s,%s,%s\n",p->data.num,p->data.name,
    p->data.sex, p->data.phone, p->data.addr);
    printf("------------------------\n");
  }
  else
    printf("没查到要查询的通讯者! \n");
  break;
case 4:
    printf("***********************\n");
    printf("*  通 讯 录 信 息 的 删 除  *\n");
    printf("***********************\n");
    DelNode(head);   //删除结点
    break;
case 5:
    printf("**********************\n");
    printf("* 通 讯 录 链 表 的 输 出 *\n");
    printf("**********************\n");
    PrintList(head);
    break;
case 0:
    printf("\t 再  见! \n");
    return;
```

```
        }
    }
}
/****************/
/* 菜单选择函数          */
/****************/
int menu_select( )
{
        int sn;
        printf("    通讯录管理系统    \n");
        printf("============\n");
        printf("  1. 通讯录链表的建立 \n");
        printf("  2. 通讯者结点的插入 \n");
        printf("  3. 通讯者结点的查询 \n");
        printf("  4. 通讯者结点的删除 \n");
        printf("  5. 通讯录链表的输出 \n");
        printf("  0. 退 出 管 理 系 统 \n");
        printf("============\n");
        printf("    请 选 择 0-5:");
        for(;;)
        {
          scanf("%d",&sn);
          if(sn<0 || sn>5 )
            printf("\n\t 输入错误,重选 0-5:");
          else
            break;
        }
        return sn;
}
/*******************/
/*  用尾插法建立通讯录链表函数   */
/*******************/
LinkList CreateList(void)
{//用尾插法建立带头结点的通讯录链表算法
    LinkList head=(ListNode *)malloc(sizeof(ListNode));//申请头结点
    ListNode *p, *rear;
    int flag=0; //结束标志置 0
    rear=head;  //尾指针初始指向头结点
```

```
    while(flag==0)
    {  p=(ListNode *)malloc(sizeof(ListNode));//申请新结点
       printf("编号(4)  姓名(8)  性别  电话(11)  地址(31)\n");
       printf("------------------------\n");
       scanf("%s%s%s%s%s",p->data.num, p->data.name, p->data.sex,
                              p->data.phone, p->data.addr);
       rear->next=p;//新结点链接到尾结点之后
         rear=p;       //尾指针指向新结点
       printf("结束建表吗?(1/0):");
       scanf("%d",&flag); //读入一个标志数据
    }
    rear->next=NULL;//终端结点指针域置空
    return head;      //返回链表头指针
}
/*******************/
/*在通讯录链表 head 中插入结点 */
/*******************/
void InsertNode(LinkList head,ListNode *p)
{
        ListNode *p1, *p2;
        p1=head;
        p2=p1->next;
        while(p2! =NULL && strcmp(p2->data.num,p->data.num)<0)
        {
          p1=p2;               //p1 指向刚访问过的结点
          p2=p2->next;     //p2 指向表的下一个结点
        }
        p1->next=p;          //插入 p 所指向的结点
        p->next=p2;          //链接表中剩余部分
}
/*******************/
/*    有序通讯录链表上的查找    */
/*******************/
ListNode * ListFind(LinkList head)
{ //有序通讯录链表上的查找
        ListNode *p;
        char num[5];
        char name[9];
```

```
        int xz;
        printf("=========\n");
        printf(" 1. 按编号查询  \n");
        printf(" 2. 按姓名查询  \n");
        printf("=========\n");
        printf("     请 选 择 : ");
        p=head->next;   //假定通讯录表带头结点
        scanf("%d",&xz);
        if(xz==1) {
          printf("请输入要查找者的编号:");
          scanf("%s",num);
          while(p && strcmp(p->data.num,num)<0)
            p=p->next;
          if(p==NULL || strcmp(p->data.num,num)>0)
            p=NULL; //没有查到要查找的通讯者
      }
      else
        if(xz==2) {
          printf("请输入要查找者的姓名:");
          scanf("%s",name);
          while(p && strcmp(p->data.name,name)! =0)
            p=p->next;
          }
    return p;
}
/*****************/
/*  通讯录链表上结点的删除   */
/*****************/
void DelNode(LinkList head)
{
    char jx;
    ListNode *p, *q;
    p=ListFind(head); //调用查找函数
    if(p==NULL) {
       printf("没有查到要删除的通讯者! \n");
       return;
    }
    printf("真的要删除该结点吗?(y/n) : ");
```

```
    scanf("%c",&jx);
    if(jx=='y'|| jx=='Y')
    {
        q=head;
        while(q!=NULL && q->next!=p)
          q=q->next;
        q->next=p->next;//删除结点
        free(p);         //释放被删除的结点空间
        printf("通讯者已被删除！\n");
    }
}
/****************/
/*  通讯录链表的输出函数  */
/****************/
void PrintList(LinkList head)
{
        ListNode *p;
        p=head->next;       //使p指向链表开始接点
        printf("编号    姓名    性别    联系电话    地址\n");
        printf("------------------------\n");
        while(p!=NULL)
        {
          printf("%s,%s,%s,%s,%s\n",p->data.num, p->data.name,
                p->data.sex, p->data.phone, p->data.addr);
          printf("------------------------\n");
          p=p->next;    //后移一个结点
        }
}
```

六、程序运行测试

上述源程序编译运行后显示如下菜单，等候用户选择：

```
                    通讯录管理系统
              ==================
                  1. 通讯录链表的建立
                  2. 通讯者结点的插入
                  3. 通讯者结点的删除
                  4. 通讯者结点的查询
```

```
              5. 通讯录链表的输出
              0. 退 出 管 理 系 统
           ================
              请选择0-5：1↙
```

选1后按回车,显示：

```
  * * * * * * * * * * * * * * * * * * * * * * *
  *      通  讯  录  链  表  的  建  立      *
  * * * * * * * * * * * * * * * * * * * * * * *
    编号(4) 姓名(8) 性别 电话(11)       地址(3)
  ---------------------------------------------
    1003    王莉芳   女  13305516896   江淮钢铁厂人事处↙
```

系统提示：

继续输入吗？(y/n)：y↙

```
    编号(4) 姓名(8) 性别 电话(11)       地址(3)
  ---------------------------------------------
    1026    张学平   男  0564-7125493 皖西工程学院计算机系↙
```

系统提示：

继续输入吗？(y/n)：y↙

```
    编号(4) 姓名(8) 性别 电话(11)       地址(31)
  ---------------------------------------------
    1058    赵正杰   男  13905698437   合肥研究分院办公室↙
```

系统提示：

继续输入吗？(y/n)：y↙

```
    编号(4) 姓名(8) 性别 电话(11)       地址(3)
  ---------------------------------------------
    1065    陈晓燕   女  020-46085693 上海张江高科研发中心↙
```

系统提示：

继续输入吗？(y/n)：y↙

```
    编号(4) 姓名(8) 性别 电话(11)      地址(3)
  ---------------------------------------------
    1108    李进发   男  010-61372986 北京海淀区教育培训部↙
```

系统提示：

继续输入吗？(y/n)：n↙

退出建立通讯录链表,返回系统主控菜单：

```
                    通讯录管理系统
               ==================
                 1. 通讯录链表的建立
                 2. 通讯者结点的插入
                 3. 通讯者结点的删除
                 4. 通讯者结点的查询
                 5. 通讯录链表的输出
                 0. 退 出 管 理 系 统
               ================
                 请选择0-5：5↙
```

选5后按回车，显示：

```
  **********************
  *   通 讯 录 链 表 的 输 出   *
  **********************
  编号(4) 姓名(8) 性别 电话(11)        地址(3)
  ------------------------------------------
  1003    王莉芳   女  13305516896   江淮钢铁厂人事处
  ------------------------------------------
  1026    张学平   男  0564-7125493 皖西工程学院计算机系
  ------------------------------------------
  1058    赵正杰   男  13905698437   合肥研究分院办公室
  ------------------------------------------
  1065    陈晓燕   女  020-46085693 上海张江高科研发中心
  ------------------------------------------
  1108    李进发   男  010-61372986 北京海淀区教育培训部
  ------------------------------------------
                    通讯录管理系统
               ==================
                 1. 通讯录链表的建立
                 2. 通讯者结点的插入
                 3. 通讯者结点的删除
                 4. 通讯者结点的查询
                 5. 通讯录链表的输出
                 0. 退 出 管 理 系 统
               ================
                 请选择0-5：2↙
```

选2后按回车，显示：

```
* * * * * * * * * * * * * * * * * * * * * * * * * * *
*       通  讯  录  链  表  的  添  加       *
* * * * * * * * * * * * * * * * * * * * * * * * * * *
  编号(4) 姓名(8) 性别 电话(11)          地址(3)
* * * * * * * * * * * * * * * * * * * * * * * * * * *
```

输入以下信息：

1086　王长柱　男　13869185630　安徽高新科技公司↙

在添加一条信息之后，系统又回到主控菜单，在菜单中选择 5，输出通讯录表信息如下：

```
* * * * * * * * * * * * * * * * * * * * * * * * * * *
*       通  讯  录  链  表  的  输  出       *
* * * * * * * * * * * * * * * * * * * * * * * * * * *
  编号(4) 姓名(8) 性别 电话(11)          地址(3)
-----------------------------------------------------
  1003    王莉芳    女   13305516896    江淮钢铁厂人事处
-----------------------------------------------------
  1026    张学平    男   0564-7125493 皖西工程学院计算机系
-----------------------------------------------------
  1058    赵正杰    男   13905698437    合肥研究分院办公室
-----------------------------------------------------
  1065    陈晓燕    女   020-46085693 上海张江高科研发中心
-----------------------------------------------------
  1086    王长柱    男   13869185630    安徽高新科技公司↙
-----------------------------------------------------
  1108    李进发    男   010-61372986 北京海淀区教育培训部
-----------------------------------------------------
```

从以上显示结果可以看出，新增的一条通讯者结点被插入到应该插入的位置。如需要查找某通讯者的信息，只要在主控菜单中选择 4，系统会提示：

```
* * * * * * * * * * * * * * * * * * * * * * * * * * *
*       通  讯  录  链  表  的  输  出       *
* * * * * * * * * * * * * * * * * * * * * * * * * * *
              ==========
              1. 按编号查询
              2. 按姓名查询
              ==========
              请 选 择 ：2↙
```

系统会提示：

请输入要查找者的姓名:赵正杰↙

显示以下的查找结果:

```
编号(4) 姓名(8) 性别 电话(11)        地址(3)
--------------------------------------------------
1058     赵正杰    男   13905698437    合肥研究分院办公室
--------------------------------------------------
```

如果输入的姓名没有查到,系统会显示:

没查到要查询的通讯者!

如要删除某个通讯者结点,只需在主控菜单中选择 3,然后输入要删除者的姓名或编号,即可进入查询子系统,若查找成功,系统会提示:"真的要删除吗?(y/n):",键入"y"或"Y"即可删除该结点;若查找不成功或暂时不想删除(键入"n"或"N")即返回主控菜单。如果想结束操作,在主控菜单中选择 0 即可退出整个系统,并显示:

再　见!

课程设计 3　表达式求值

栈和队列是两种特殊的线性表,它们的逻辑结构和线性表相同,只是其运算规则较线性表有更多的限制,故又称它们为运算受限的线性表。栈和队列被广泛地应用于各种程序设计问题中。但仅仅认识到栈和队列是两种特殊的线性表是远远不够的,本课程设计的主要目的是使读者深入了解栈和队列的特性,以便在解决实际问题中灵活运用它们,同时加深对这两种结构的理解和认识。

本设计是使用队列和栈实现算术表达式的求值。

一、表达式求值问题描述

我们在很早就开始学习如何写和计算表达式。可以想像,大部分小学生开始在计算诸如"8+5*(7-3)"之类的表达式时,都碰到了一些困难。通过一段时间的学习之后,学生就能够掌握和描述计算步骤了,例如上述表达式可描述为:7 减去 3 得 4,5 乘以 4 得 20,8 加 20 得 28,因此表达式的值为 28。如果进一步问为什么要以这个次序计算该表达式,回答起来就比较困难了。当然,随着时间的推移,人们逐步熟悉了这种表达式的求值顺序,即运算规则:有括号先算括号内,无括号时,先做乘除法,再做加减法;对于相同级别的运算,按从左到右次序计算。这是人们沿袭下来一直使用的手工运算规则。如今，计算机已逐渐普及到千家万户，那么计算机能否计算给定的算术表达式的值呢？回答是肯定的。表达式计算是程序设计的基本问题之一，也是栈和队列应用的一个典型的例子。

二、设计要求与分析

设计要求 以字符序列的形式从终端输入语法正确的、不含变量的整数表达式，利用给定的算符优先关系，实现对算术四则混合运算表达式的求值，并演示在求值过程中运算符栈、操作数栈、输入字符和主要操作的变化过程。

分析 人们在书写表达式时通常采用的是“中缀”表示形式，也就是将运算符放在两个操作数中间，用这种“中缀”形式表示的表达式称为中缀表达式。但是，这种表达式表示形式对计算机处理来说是不大合适的。表达式的表示还有一种形式，称之为“后缀”表达式，即将运算符放在两个操作数的后面。例如前面的中缀表达式 8＋5＊(7－3)写成后缀式为“8573－＊＋”。要计算该后缀表达式，可以从左到右对其进行扫描，查找其中的运算符；扫描到的第一个运算符是减号“－”，由于每个运算符对它前面的两个操作数进行运算，于是就执行“7－3”的运算，并用运算结果“4”取代原表达式中的“73－”，这样原表达式就变成了“854＊＋”；继续扫描，得到运算符“＊”，于是执行“5＊4”，得运算结果 20，将其代入，表达式由“854＊＋”变为 820＋；继续扫描，得运算符“＋”，于是执行“8＋20”，得运算结果 28；其后扫描不到更多的运算符，于是计算结束，得最终结果为 28。这种计算方法既简单又方便，特别是适合计算机的处理方式。因此，要用计算机来处理算术表达式计算问题，首先要解决的问题是如何将人们习惯书写的中缀表达式转换成计算机容易处理的后缀表达式。

三、中缀表达式到后缀表达式的转换

如何将一个中缀表达式转换成后缀表达式呢？我们来分析一下，先假定在算术表达式中只含有四种基本运算符，操作数是 10 以内的整数，没有括号。假设有一个中缀表达式 4＋2＊3，它的后缀表达式为 423＊＋。在扫描到中缀表达式中的 2 后，不能立即输出＋，因为＊具有更高的优先级，必须先运算，因此先要保存＋。也就是说，新扫描到的运算符的优先级必须与前一个运算符的优先级做比较，如果新的运算符优先级高，就要像前一个运算符那样保存它，直到扫描到第二个操作数并将它输出后才能将该运算符输出。因此，在转化中必须保存两个运算符，后保存的运算符先输出。用计算机来实现这一转化过程，就需要用到“后进先出”的栈。

如果在中缀表达式中含有小括号，那么由于括号隔离了优先级规则，它在整个表达式的内部产生了完全独立的子表达式，因此前面的算法需要有所改变。当扫描到一个左括号时，需要将其压入栈中，使其在栈中产生一个“伪栈底”。这样，算法就可以像前面一样地进行。但当扫描到一个右括号时，就需要将从栈顶到这个“伪栈底”之间的所有运算符全部弹出，然后再将这个“伪栈底”删除。

综上所述，可得到通过栈将中缀表达式转换为后缀表达式算法的思想如下：

顺序扫描中缀算术表达式，读到数字时，直接将其送至输出队列中；读到运算符时，将栈中所有优先级高于或等于该运算符的运算符弹出，送至输出队列中，再将当前运算符入栈；读到左括号时，左括号入栈；读到右括号时，将靠近栈顶的第一个左括号上面的运算符全部依次弹出，送至输出队列中，再删除栈中的左括号。

1. 算法设计

有了上述分析之后，转换算法就不难给出了。为了简化算法，我们把括号也作为运算符看待，并规定它的优先级为最低。另外，表达式中的操作数规定为 1 位，运算符也只包括 ＋、－、＊、/ 四种。读者可根据需要对算法的功能加以扩充。

为了方便边界条件（栈空）的判断，提高算法的运行效率，在扫描读入中缀表达式之前，在空栈中预先压入一个“＃”字符，作为栈底元素。另外，在表达式的最后增加一个“＃”字符，作为中缀表达式的结束标志，该结束符与栈底元素“＃”配对。本算法不进行输入表达式的语法检查，但可以过滤掉输入符号之间的空格。具体算法如下：

```
void CTPostExp(SeqQueue *Q )
{
    SeqStack OS;      //运算符栈
    char c,t;
    SeqStack *S;
    S=&OS;   InitStack(S);  //初始化栈
    Push(S,'#');  //压入栈底元素#
    Do //扫描中缀表达式
    { c=getchar( );
      switch(c)
      {
        case ' ': break; //去除空格符
        case '0':
        case '1':
        case '2':
        case '3':
        case '4':
```

```
        case '5':
        case '6':
        case '7':
        case '8':
        case '9':
              EnQueue(Q,c); break;
        case '(': Push(S,c); break;
        case ')':
        case '#':
              do {
                    t=Pop(S);
                    if(t! ='('&& t! ='#') EnQueue(Q,t);
              } while(t! ='('&& S->top! =-1); break;
        case '+':
        case '-':
        case '*':
        case '/':
              while(Priority(c) <= Priority(GetTop(S)))
              {
                t=Pop(S); EnQueue(Q,t);
              }
            Push(S,c); break;
      }//EndSwitch
  }while(c! ='#');//以#号结束表达式扫描
}
//求运算符优先级函数
int Priority(DataType op)
{
    switch(op) {
        case '(':
        case '#': return(0);
        case '-':
        case '+' : return (1);
        case '*':
        case '/': return (2);
    }
}
```

2. 算法的具体实现

如果要执行上述算法,还必须给出相关的栈和队列的定义和操作以及调用该算法的主函数,具体内容如下:

```
#include<stdio.h>
#define StackSize 100
#define QueueSize 100
/*队列的相关操作 */
typedef  char DataType;
typedef struct {
  char data[100];
  int front,rear;
}SeqQueue; //定义队列类型
void InitQueue(SeqQueue * Q)//初始化队列
{
    Q->front=0;    Q->rear=0;
}
int QueueEmpty(SeqQueue * Q) //判空队列
{
    return Q->rear==Q->front;
}
void EnQueue(SeqQueue * Q, DataType x) //入队列
{
    if((Q->rear +1) % QueueSize ==Q->front)
      printf("Queue overflow");
    else
      { Q->data[Q->rear]=x;
        Q->rear=(Q->rear+1) % QueueSize;    }
}
/*栈的相关操作 */
typedef struct {
    DataType data[100];
    int top;
}SeqStack;  //栈类型的定义
void InitStack(SeqStack * S) //初始化栈
{
    S->top=-1;
}
void Push(SeqStack * S,DataType x)//入栈(进栈)
```

```
{
  if(S->top==StackSize-1)
    printf("stack overflow");
  else {
      S->top=S->top+1;
      S->data[S->top]=x;
  }
}
DataType Pop(SeqStack * S) //退栈(出栈)
{
    if(S->top==-1)
      printf("stack underflow");
    else
      return S->data[S->top--];
}

DataType GetTop(SeqStack * S) //取栈顶元素
{
    if(S->top==-1)
      printf("stack empty");
    else
      return S->data[S->top];
}
void main( )
{
  SeqQueue *Q;
  SeqQueue PostQ; //定义队列,存放后缀表达式
  Q=&PostQ;
  InitQueue(Q);    //初始化队列
  CTPostExp(Q);    //调用转换函数将中缀表达式转换成后缀表达式
  while(! QueueEmpty(Q)) //输出后缀表达式
    printf("%2c",DeQueue(Q));
}
```

执行上述程序,输入中缀表达式字符串“9－(2＋4＊7)/5＋3 ＃”,输出结果为“9247＊＋5/－3＋”。程序执行过程中,运算符栈和存放后缀表达式的队列的变化过程如表Ⅱ.1 所示。

表Ⅱ.1　中缀表达式到后缀表达式的转换过程示例

转换步骤	中缀表达式的读入	运算符栈 OS	后缀表达式 PostQ
初始	9－(2＋4＊7)/5＋3 ＃	＃	空
1	－(2＋4＊7)/5＋3 ＃	＃	9
2	(2＋4＊7)/5＋3 ＃	－	9
3	2＋4＊7)/5＋3 ＃	－(	9
4	＋4＊7)/5＋3 ＃	－(	9 2
5	4＊7)/5＋3 ＃	－(＋	9 2
6	＊7)/5＋3 ＃	－(＋	9 2 4
7	7)/5＋3 ＃	－(＋ ＊	9 2 4
8	)/5＋3 ＃	－(＋ ＊	9 3 4 7
9	/5＋3 ＃	－	9 3 4 7 ＊ ＋
10	5＋3 ＃	－ /	9 2 4 7 ＊ ＋
11	＋3 ＃	－ /	9 2 4 7 ＊ ＋ 5
12	3 ＃	＋	9 2 4 7 ＊ ＋ 5 / －
13	＃	＋	9 2 4 7 ＊ ＋ 5 / －3
14		空	9 2 4 7 ＊ ＋ 5 / － 3 ＋

四、后缀表达式的计算

在后缀表达式中，不仅仅不需要括号，而且还完全免除了算符优先规则。对于后缀表达式来说，仅仅适用一个自然规则，即从左到右顺序完成计算，这个规则对计算机而言是很容易实现的。下面讨论如何用计算机来实现后缀表达式的计算。

如果表达式中仅仅只有一个运算符，如“53＊”这样的表达式，显然计算过程非常简单，可立即进行。但后缀表达式在多数情况下都含有不止一个运算符，因此必须要像保存输入数字一样保存其中间结果。我们知道，在计算后缀表达式时，最后保存的值最先取出参与运算，所以要用到栈。利用前面生成的后缀表达式队列，很容易写出计算后缀表达式的算法。算法中使用 VS 栈来存储读入的操作数和运算结果。因为在生成的后缀表达式队列中存放的是字符序列，因此在算法中要有一个数字字符到数值的转换。具体实现算法如下：

```
int CPostExp(SeqQueue *Q)
{
```

```
    SeqStack VS, * S;
    char ch;
    int x,y;
    S=&VS;
    InitStack(S);
    while(! QueuEmpty(Q)) {
      ch=DeQueue(Q);
      if(ch>='0' && ch<='9')
          Push(S,ch-'0');
      else {
          y=Pop(S);
          x=Pop(S);
          switch(ch) {
              case '+' : Push(S,x+y); break;
              case '-' : Push(S,x-y); break;
              case '*' : Push(S,x*y); break;
              case '/' : Push(S,x/y); break;
          }
      }
    }
    return GetTop(S);
}
```

这个算法非常简单,这里就不做详细解析了。只要将此算法与前面的中缀表达式到后缀表达式的转换算法连在一起,稍做修改即可运行,这部分工作留给读者自己去完成。以后缀表达式"9247 * +5/-3+"为例,使用上述算法计算该表达式的计算过程如表Ⅱ.2 所示。

表Ⅱ.2 后缀表达式的计算过程示例

计算步骤	后缀表达式的读入	运算结果栈 VS
初始	9 2 4 7 * + 5 / - 3 +	空
1	2 4 7 * + 5 / - 3 +	9
2	4 7 * + 5 / - 3 +	2 9
3	7 * + 5 / - 3 +	4 2 9
4	* + 5 / - 3 +	7 4 2 9
5	+ 5 / - 3 +	28 2 9
6	5 / - 3 +	30 9

续表

7	/ － 3 ＋	5 30 9
8	－ 3 ＋	6 9
9	3 ＋	3
10	＋	3 3
11	空	6

课程设计 4　串模式匹配算法的设计与实现

字符串是非数值处理中的主要对象，在信息检索、文本编辑、符号处理等许多领域得到越来越广泛的应用。在高级语言中也引入了串数据类型概念，并且串变量与其他变量，如整型、实型等一样，可以进行各种运算。

各种不同类型的应用中所处理的字符串有不同的特点，要想有效地实现字符串的处理，就必须熟悉串的存储结构及其基本运算。本课程设计的目的就是帮助大家熟悉串类型的实现方法、文本模式匹配方法以及字符串定位算法（即模式匹配算法）。

一、设计要求

在串的基本操作中，在主串中查找模式串的模式匹配算法，即求子串位置的函数 Index(s,t)是文本处理中最常用、最重要的操作之一。

所谓子串的定位就是求子串在主串中首次出现的位置，又称为模式匹配或串匹配。模式匹配的算法很多，在这里只要求用最简单的称为朴素的匹配算法。该算法的基本思路是：将给定子串与主串从第一个字符开始比较，直到找到首个完全匹配的子串为止，并记住该位置。但为了统计子串出现的个数，不仅需要从主串的第一个字符位置开始比较，而且需要从主串的任一给定位置检索匹配字符串，所以要给出两个算法，一个标准的朴素模式匹配算法，一个给定位置的匹配算法。

二、算法分析及设计

1. 朴素模式匹配算法

该算法的基本思想是：设有三个指针 i、j 和 k，用 i 指示主串 S 每次开始比较的位置,用指针 j 和 k 分别指示主串 S 和模式串 T 中当前正在等待比较的字符的位置;从主串 S 的第一个字符(i=0,j=0)开始和模式串 T 的第一个字符(k=0)进行比较,若相等,则继续逐个比较后续字符(j++,k++),否则从主串的下一个字符(i++)起再重新和模式串(j=0)的字符进行比较;依此类推,直到找到匹配的子串或主串 S 中的所有字符都比较完为止。如果找到了与模式串相等的子串,称匹配成功,返回子串在主串 S 中的位置 i;否则返回 -1,表示匹配失败。顺序串的模式匹配算法如下:

```
int Index(SString S,SString T)
{ //求模式串 T 在主串 S 中首次出现的位置
  int i,j,k,m,n;
  m=T.length;//模式串长度赋 m
  n=S.length;//目标串长度赋 n
  for(i=0;i<=n-m;i++)
  { j=0;k=i;//目标串起始位置 i 送 k
    while(j<=m && S.ch[k]==T.ch[j])
      { k++;j++;}//继续下一个字符的比较
    if(j==m)//若相等,则说明找到匹配的子串,返回匹配位置 i
          //否则从下一个位置重新开始比较
      return i;
  }//endfor
  return - 1;
}//endIndex
```

2. 给定位置的串匹配算法

该算法要求从串 s1(为顺序存储结构)中第 k 个字符起求出首个与字符串 s2 相同的子串的起始位置。

分析 此算法与朴素模式匹配算法在本质上是同一个算法,只不过是要求从第 k 个字符开始进行比较,相当于省去了朴素模式匹配算法中前 k 个字符的比较。如果 k=0,此算法就是朴素模式匹配算法。

具体实现算法如下:

```
int  PartPosition(SString s1,SString s2,int k)
{   int  i, j;
    i=k-1;
    //扫描 s1 的下标,因为 C 数组下标是从 0 开始,串中序号相差 1
    j=0; //扫描 s2 的开始下标
    while (i<s1.length && j<s2.length)
       if (s1.ch[i]==s2.ch[j])
```

```
        { i++;  j++;} //使下标移向下一个字符位置
      else
        {
          i=i-j+1;  j=0;/*使i下标回溯到原位置的下一个位置，
                          使j指向s2的第一个字符，再重新比较 */
        }
    if (j>=s2.length )
      return  i- s2.length; //表示s1中存在s2，返回其起始位置
    else
      return  -1;//表示s1中不存在s2，返回-1
}//函数结束
```

三、调用算法实例

在具体实现算法之前，还必须定义字符串类型。假定使用顺序存储结构，前面算法中所用到的类型可定义如下：

```
#define MaxStrSize 256  //根据用户需要自己定义大小
typedef struct {
    char ch[MaxStrSize];//ch是一个可容纳256个字符的字符数组
    int length;
}SString;//定义顺序串类型
```

在有了上述类型定义以及串匹配算法之后，我们就可以编写一个在主串中检索子串所在的位置以及统计子串在主串中出现次数的应用程序。假设串类型定义SString以及串匹配算法PartPosition存储在头文件“strpp.h”中，可设计主程序如下：

```
#include<stdio.h>
#include<string.h>
#include"strpp.h"//包含串类型和串匹配算法
void main( )
{
    int i,j,k;
    SString  S1,T1;
    int wz[80];//记录子串出现的位置
    i=0;        //计数器清零
    printf("请输入主字符串:");gets(S1.ch); //读入主串
    printf("请输入模式串:");gets(T1.ch);   //读入子串
    S1.length=strlen(S1.ch);
```

```
    T1.length=strlen(T1.ch);
    k=0;        //初始化开始检索位置
    while( k<S1.length-1) //检索整个主串 S1
    {
        j= PartPosition(S1,T1,k);//调用串匹配算法
        if(j<0) {
          printf("没有检索到需要的子串");break;
        }
        else {
          i++;  //计数器加 1
          wz[i]=j;
          k=j+T1.length;// 继续下一个子串的检索
        }
    }
    printf("子串 %s 出现在主串中的次数为 %d\n",T1.ch,i);
    printf("%d 次匹配位置分别为:",i);
    for(k=1;k<=i;k++)printf("%4d",wz[k]);printf("\n");
}
```

运行该程序，会提示：

请输入主字符串：

Through a retrospective look at the mathematics teaching at USTC, this article summarizes university's teaching achievements in past 45 years.↙

按回车后，又显示：

请输入匹配串：teaching↙

输出结果如下：

子串 teaching 出现在主串中的次数为：2

2 次匹配位置分别为：46　102；

课程设计 5　广义表运算的实现

广义表是一种较为复杂的非线性结构，本课程设计的主要任务是设计和实现广义表的操作。

一、设计要求

要求实现广义表的建立、查找、输出、取表头、取表尾、求深度。

本设计用一个主控菜单进行控制，分为 6 个子系统：

(1) 建立广义表

提示用户输入广义表字符串。要求构成广义表的合法字符为：大写或小写字母、空格、圆括号和逗号，并且设广义表的原子为单个字母。如果输入字符为非法字符应能给出错误提示。

(2) 输出广义表

打印输出给定存储结构的广义表。

(3) 结点的查找

查找数据域值为 x 的结点。

(4) 求广义表表头

按照广义表表头的定义，求给定广义表的表头

(5) 求广义表表尾

按照广义表表尾的定义，求给定广义表的表尾。

(6) 求广义表的深度

按照广义表深度的定义，求给定广义表的深度。

二、算法分析

1. 广义表的存储结构

由于广义表中的元素本身又可以具有结构，是一种带有层次的非线性结构，因此难以用顺序存储结构表示，通常采用链式存储结构，每个元素可用一个结点表示，结点结构如下所示：

tag	data/slink	link

每个结点由三个域构成。其中 tag 是一个标志位，用来区分当前结点是原子还是子表，当 tag 为 0 时，该结点是子表，第二个域为 slink，用以存放子表的地址；当 tag 为 1 时，该结点是原子结点，第二个域为 data，用以存放元素值。link 域用来存放与本元素同一层的下一个元素对应结点的地址，当本元素是所在层的最后一个元素时，link 的值为 NULL。广义表的结点类型可定义如下：

```
typedef enum{atom,list}NodeTag; //atom=0,表示原子;list=1,表示子表
typedef struct GLnode {
    NodeTag tag;        //用以区分原子结点和表结点
    union {
        DataType data; //用以存放原子结点值,其类型由用户自定义
        GLnode * slink;//指向子表的指针
```

```
    };
    GLnode * link;     //指向下一个表结点
}GLNode, * Glist;     //广义表结点及广义表类型
```

2. 基本操作算法分析

根据设计要求,除了主控函数之外,还需要实现广义表的六种操作功能,因此要设计六个算法。

(1) 建立广义表 CreatGList(Glist &GL)

通过用户输入的广义表表达式建立相应的广义表,并且边输入边建立。基本思想是:在广义表表达式中,遇到左括号“(”时递归构造子表,否则构造原子结点;遇到逗号时递归构造后续广义表,直到表达式字符串输入结束(假设结束符为“;”)。实现过程可描述如下:

```
void CreatGList(Glist &GL)
{
    读入广义表的一个字符给 ch;
    if(ch! =空格)
    {   建立一个新结点;
        if(ch=='(')
        递归调用构造子表;
    else
        构造原子结点;
    }
    读表达式中一字符到 ch;
    if(ch==',')  递归构造后续广义表;
    else  表示遇到')'或结束符';'时,无后续表;
}
```

(2) 输出广义表 PrintGList(Glist GL)

输出广义表采用的算法思想是:若遇到 tag=1 的结点,是一个子表的开始,先打印输出一个“(”,如果该子表为空,则输出一个空格符,否则递归调用输出该子表,子表打印输出完后,再打印一个“)”;若遇到 tag=0 的结点,则直接输出其数据域的值。若还有后续元素,则递归调用打印后续每个元素,直到遇到 link 域为 NULL。实现过程可描述如下:

```
void PrintGList(Glist GL)
{
    if(GL! =NULL) {
      if(GL->tag==list)
      {  输出左括号'(';
```

```
        if(GL->slink==NULL) 输出一个空格;
        else 递归调用输出子表;
      }
      else 输出结点数据域值;
      if(GL->tag==list) 打印右括号')';
      if(GL->link! =NULL) 输出逗号',';递归调用输出下一个结点;
    }
}
```

(3) 广义表的查找 FindGlistX(Glist GL,DataType x,int &mark)

在给定的广义表中查找数据域为 x 的结点,采用的算法思想是:若遇到 tag=0 的原子结点,如果是要找的结点,则查找成功;否则,若还有后续元素,则递归调用本过程查找后续元素,直到遇到 link 域为 NULL 的元素。若遇到 tag=1 的结点,则递归调用本过程在该子表中查找,若还有后续元素,则递归调用本过程查找后续每个元素,直到遇到 link 域为 NULL 的元素。

设 f(p,x)为查找函数,当查找成功时返回 TRUE,否则返回 FALSE,则有如下递归模型:

```
f(p,x)=true                              若 p->tag=0 且 p->data=x
f(p,x)=f(p->link,x)                      若 p->tag=0 且 p->data≠x
f(p,x)=f(p->slink,x) or f(p->link,x)     若 p->tag=1
```

(4) 求广义表表头 head(Glist GL)

一个广义表的表头指的是该广义表的第一个元素。求表头的实现过程可描述如下:

```
Glist head(Glist GL)
{
  if(GL 不为空表并且不只是原子)
    返回 GL 中指向子表的指针;
}
```

(5) 求广义表表尾 tail(Glist GL)

一个广义表的表尾指的是除去该广义表的第一个元素后的所有剩余部分。实现过程可描述如下:

```
Glist tail(Glist GL)
{
  if(GL 不为空表并且有表尾)
    保存指向表尾的指针,删除广义表第一个元素;
}
```

(6) 求广义表的深度 depth(Glist GL,int &maxdh)

假设广义表是一个无共享子表的非递归表,求其深度的算法思想是:扫描广义表的第一层的每个结点,对每个结点递归调用计算其深度,取最大的子表深度。然后加 1 即为广义表的最大深度。其递归模型如下:

maxdh(GL)=0　GL 为单个元素,即 GL－＞tag＝＝0

maxdh(GL)=1　GL 为空表,即 GL－＞tag＝＝1 且 GL－＞slink＝＝NULL

maxdh(GL)=max(maxdh(GL1),maxdh(GL2),…,maxdh(GLn))＋1　其中 GL=(GL1,Gl2,…,Gln)

因此,实现该功能的算法可描述如下:

```
depth(Glist GL,int &maxdh)
{
  if(广义表不是单个元素并且不为空表)
    循环扫描广义表的第一层的每个结点,
        递归调用每个结点求其子表深度,
        找出最大的子表深度,
    直到 GL==NULL 为止;
    子表最大深度加 1;
}
```

三、算法实现

根据上述算法分析,写出各对应算法的函数如下:

1. 建立广义表函数

```
void CreatGList(Glist &GL)
{  char ch;
  scanf("%c",&ch);
  if(ch! =' ')
  {
    GL=(GLNode *)malloc(sizeof(GLNode));
    if(ch=='(')
    {
        GL->tag=list;
        CreatGList(GL->slink);//递归调用构造子表
    }
    else
    {  //构造原子结点
        GL->tag=atom;
        GL->data=ch;
```

```
        }
    }
    else
      GL=NULL;
    scanf("%c",&ch);
    if(GL!=NULL)
      if(ch==',')
        CreatGList(GL->link);//递归构造后续广义表
      else
        GL->link=NULL;//表示遇到')'或结束符';'时,无后续表
}
```

2. 输出广义表函数

```
void PrintGList(Glist GL)
{   if(GL!=NULL) {
      if(GL->tag==list)
      {  printf("(");
         if(GL->slink==NULL) printf(" ");
         else PrintGList(GL->slink); //递归调用输出子表
      }
      else printf("%c",GL->data); //输出结点数据域值
      if(GL->tag==list)
         printf(")");
      if(GL->link!=NULL)
      {
         printf(",");
         PrintGList(GL->link);      //递归调用输出下一个结点
      }
    }
}
```

3. 广义表查找函数

```
FindGlistX(Glist GL,DataType x,int &mark)
{ //GL为待查找的广义表,mark=false,x为待查找的元素值
  //若查找成功,mark=true,p为指向数据域为x的结点
  if(GL!=NULL) {
     if(G->tag==0 && GL->data==x) {
       p=GL;            //p为全局量
       mark=1;
     }
```

```
    else
      if(GL->tag==1)FindGlistX(GL->slink,x,mark);
    FindGlistX(GL->link,x,mark);
    }
}
```

4. 求广义表表头函数

```
Glist head(Glist GL)
{   Glist p;
    if(GL!=NULL && GL->tag!=0)
    {                   //不为空表并且不只是原子
        p=GL->slink;
        p->link=NULL;
        return p;     // 返回 GL 中指向子表的指针
    }
    else
    return NULL;
}
```

5. 求广义表表尾函数

```
Glist tail(Glist GL)
{  Glist p;
    if(GL!=NULL && GL->tag!=0)
    {  //表不为空表并且有表尾
        p=GL->slink;
        p=p->link;    //p 指向第二个元素
        GL->slink=p; //删除广义表第一个元素
    }
    return p;
}
```

6. 求广义表深度函数

```
depth(Glist GL,int &maxdh)
{ int h;
  if(GL->tag==0)maxdh=0;//说明广义表为单个元素
  else
    if(GL->tag==1 && GL->slink==NULL)
      maxdh=1;                    //广义表为空表
    else {                        //进行递归求解
      GL=GL->slink;               //进入第一层
```

```
        maxdh=0;
        do {//循环扫描表的第一层的每个结点,对每个结点求其子表深度
          depth(GL,h);
          if(h>maxdh)maxdh=h;//取最大的子表深度
          GL=GL->link;
        }while(GL! =NULL);
        maxdh=maxdh+1;              //子表最大深度加1
    }
}
```

四、测试运行实例

1. 主控程序设计

假设以上定义的数据类型及设计的各函数等内容都存储在文件“gyb.h”中,可编写主控函数如下:

```
#include<stdio.h>
#include<stdlib.h>
typedef char DataType; //定义原子数据类型
#include"gyb.h"          //包含广义表类型及各函数
void main( )
{ //广义表基本运算的实现
    int xz=1,mark;
    char x;
    Glist GL,GL1;
    while(xz) {
        printf("***广义表的运算***\n");
        printf("*============*\n");
        printf("*   1.建立广义表   *\n");
        printf("*   2.广义表查找   *\n");
        printf("*   3.求广义表表头*\n");
        printf("*   4.求广义表表尾*\n");
        printf("*   5.求广义表深度*\n");
        printf("*   0.退出表的运算*\n");
        printf("*============*\n");
        printf("    请 选 择:0—5\n");
        scanf("%d",&xz);
        switch(xz) {
```

```
case 1 :  printf("输入广义表:");
          CreatGList(GL);
          printf("输出广义表:");
          PrintGList(GL);printf("\n");
          break;
case 2:  printf("输入要查找的数据值(单个字符):\n");
         scanf(" %c",&x);mark=0;
         FindGlistX(GL,x,mark);
         if(mark)
               printf("要查找的数据存在表中! \n");
         else
               printf("要查找的数据不在表中! \n");
         break;
case 3 :  printf("输入要求表头的广义表:\n");
          GL=NULL;
          CreatGList(GL);
          GL1=head(GL);
          printf("广义表的表头是:");
          PrintGList(GL1);printf("\n");
          break;
case 4 :  printf("输入要求表尾的广义表:\n");
          GL=NULL;
          GL1=tail(GL);
          printf("广义表的表尾是:");
          printf("(");PrintGList(GL1);printf(")");
          printf("\n");GL=NULL;
          break;
case 5 :  printf("输入要求深度的广义表:\n");
          GL=NULL;
          CreatGList(GL);
          mark=0;
          depth(GL,mark);
          printf("广义表的深度是: %5d\n",mark);
          break;
default : printf("再见! \n");return;
      }
    }
  }
```

2. 测试运行实例

在编译并运行上述主程序之后，系统即显示出如下的菜单，供使用者选择。(注：在每次输入广义表时请注意，要先键入一个空格符后再接着输入广义表，可能是编译系统的问题。)

```
* * *广义表的运算* * *
*=============*
*     1.建立广义表      *
*     2.广义表查找      *
*     3.求广义表表头    *
*     4.求广义表表尾    *
*     5.求广义表深度    *
*     0.退出表的运算    *
*=============*
    请 选 择:0—5: 1↙
```

选择1建立广义表，系统提示：

输入广义表:((a,b),c,(d,e))↙

显示：

输出广义表:((a,b),c,(d,e))

如果需要查询某个原子数值是否被包含在广义表中的话，可选择2，此时系统会提示：

输入要查找的数据值(单个字符):d↙

系统会显示：

要查找的数据存在表中!

假如输入的字符为f，而输入的广义表中没有该字符，则系统会显示：

要查找的数据不在表中!

然后又进入系统主菜单：

```
* * *广义表的运算* * *
*=============*
*     1.建立广义表      *
*     2.广义表查找      *
*     3.求广义表表头    *
*     4.求广义表表尾    *
*     5.求广义表深度    *
*     0.退出表的运算    *
*=============*
    请 选 择:0—5: 3↙
```

系统会提示：

输入要求表头的广义表：((A,B),C,((D,E),F))↙

输入完后，系统会输出：

广义表的表头是：(A,B)

如果要求广义表的表尾，可在菜单中选择 4，系统会提示：

输入要求表尾的广义表：((A,B),C,((D,E),F))↙

输入完后，系统就会求出表尾并输出结果：

广义表的表尾是：(C,((D,E),F))

如果要求广义表的深度，可在菜单中选择 5，系统会提示：

输入要求深度的广义表：((a),((b),c),(((d))))↙

输入完后，系统会显示结果：

广义表的深度是：4

当需要退出整个系统时，只需要在主控菜单中选择 0 即可。

课程设计 6　求二叉树上结点的路径

树形结构是一类重要的非线性数据结构，树中结点之间具有明确的层次关系，并且结点之间有分支，非常类似于真正的树。树形结构在客观世界中大量存在，如行政组织机构和人类社会的家谱等都可用树形结构形象地表示。在计算机应用领域中树形结构也被广泛地应用。例如在编译程序中，用树结构来表示源程序的语法结构；在数据库系统中，用树结构来组织信息；在计算机图形学中，用树结构来表示图像关系等。本课程设计主要涉及树、二叉树的存储结构及其遍历。

一、设计要求与分析

设计要求　在采用链式存储结构存储的二叉树上，bt 指向根结点，p 指向任一给定的结点，编程实现求出从根结点到给定结点之间的路径。

分析　我们知道，在二叉树上无论采用哪种遍历方法，都能够访问遍树中的所有结点，由于访问结点的顺序不同，前序遍历和中序遍历都很难达到设计的要求，但采用后序遍历二叉树是可行的，因为后序遍历是最后访问根结点，按这个顺序将访问过的结点存储到一个顺序栈中，然后再输出即可。因此我们可非递归后序遍历二叉树 bt，当后序遍历访问到结点 * p 时，此时栈 stack 中存放的所有结点均为

给定结点 * p 的祖先,这些祖先连在一起便构成了一条从根结点到结点 * p 之间的路径。

另外,为了加深对遍历二叉树的理解,这里顺便把实现二叉树的非递归遍历也加入到这个设计要求中。

为了实现上述的设计要求,首先要定义二叉树的链式存储结构,通常采用的方法是:每个结点中设置三个域,即值域、左指针域和右指针域,用 data 表示值域,用 lchild 和 rchild 分别表示指向左、右子树(孩子)的指针域。相应的类型说明为:

```
typedef struct node {
      DataType data;
      struct node * lchild, * rchild;
} BinTNode;
typedef  BinTNode * BinTree;
```

要实现二叉树的遍历,就需要建立二叉树,因此还需要编写建立二叉树的算法,只有先有了二叉树后,才会有如何遍历、求结点之间的路径等问题。所以这个设计中至少要编写两个算法。

二、设计实例

1. 二叉树的建立

在二叉树上做任何运算之前,二叉树本身必须存在。因此,在讨论运算之前,首先介绍二叉树的生成。要生成二叉树,实际上就是建立二叉树的存储结构。

建立二叉树的链式存储结构,就是建立二叉链表。根据输入二叉树结点形式的不同,建立的方法也不同。下面介绍一种按完全二叉树的层次顺序,依次输入结点信息建立二叉链表的算法。该算法的基本思想是:首先对一般的二叉树,添加若干个虚结点使其成为完全二叉树,然后依次输入结点信息,若输入的结点不是虚结点,则建立一个新结点,若是第一个,则令其为根结点,否则将新结点插入到它的双亲结点上,如此重复下去,直到输入信息“#”(结束表示)时为止。

为了使新结点能正确地链接到其双亲结点上,可设置一个指针数组作为队列,保存已输入的结点地址。因为是按层自左向右输入结点的,所以先输入的结点的孩子结点先进入队列,因此可以利用队列的队头指针 front 指向当前结点的双亲结点,利用队尾指针 rear 指向当前结点。若 rear 为偶数,则说明当前结点应作为左孩子链接到 front 所指向的结点上;否则,当前结点应作为右孩子链接到 front 所指向的结点上。若当前结点为虚结点,则不需链接。之后,使队头指针 front 指向下一个双亲结点。具体实现算法如下:

```
BinTree CreateBinTree(BinTree bt)
```

```
//该函数存储在文件 cbt.c 中
{//Q[1..n]是一个 BinTNode 类型的指针数组,front 和 rear 分别是队头和队尾指针
  BinTNode * Q[num];       //定义队列
  BinTNode * s;
  int front,rear;char ch;
  ch=getchar( );bt=NULL;//置空二叉树
  front=1;rear=0;          //初始化队列
  while(ch!='#') {            //假设结点值为单字符,#为截止符
    s=NULL;                //先假设读入的为虚结点"@"
    if(ch!='@') {
    s=(BinTNode *)malloc(sizeof(BinTNode));//申请新结点
    s->data=ch;s->lchild=s->rchild=NULL;  //新结点赋值
    }//endif_1
  rear++;      //队尾指针自增
  Q[rear]=s;  //将新结点地址或虚结点地址(NULL)入队
  if(rear==1)  //若 rear 为 1,则说明是根结点,用 bt 指向它
    bt=s;
  else
    { if(s!=NULL && Q[front]!=NULL) //当前结点及其双亲结点都不是虚结点
        if(rear % 2==0)        //rear 为偶数,新结点应作为左孩子
          Q[front]->lchild=s;
        else
          Q[front]->rchild=s;        //rear 为奇数,新结点应作为右孩子
        if(rear % 2 !=0)
          front ++;//rear 为奇数,说明两个孩子已处理完,front 指向下一个双亲
    }
    ch=getchar( );//读下一个结点值
    }//endwhile
    return bt;
}
```

2. 求指定结点的路径

在有了二叉链表树之后,就可以遍历访问二叉树求结点路径了。后序遍历的递归算法非常简单,但理解和实现该设计要求都是比较困难的,因此这里采用非递归的方法来实现。根据后序遍历二叉树的递归定义,采用一个栈保存返回的结点,先扫描根结点的左子树上的结点并入栈,出栈一个结点,然后扫描该结点的右结点并入栈,再扫描该右结点的所有左结点并入栈,当一个结点的左、右子树均访问完后再访问该结点,并与给定的结点比较,若相等,则输出栈中从栈底到栈顶的每个

元素值,按这个顺序得到的序列就是要求的路径,若不等,则继续上述过程。在访问根结点的右子树后,当指针 s 指向右子树树根时,必须记下根结点的地址,以便在遍历右子树之后能正确返回。但在退栈回到根结点时,如何区别是从左子树返回还是从右子树返回呢? 这里我们采用两个栈 stack 和 tag,并使用同一个栈顶指针,一个栈存放地址值,一个栈存放左、右子树标志(0 为左子树,1 为右子树)。具体算法如下:

```
void NodePath(BinTree bt,BinTNode *ch)
//该函数存储在文件 np.c 中
{ //求二叉树根结点到给定结点*p的路径
  typedef enum { FALSE,TRUE } boolean;
  BinTNode * stack[num];    //定义栈
  int tag[num];             //标志数组
  int i,top;
  boolean find;
  BinTNode *s;
  find=FALSE;
  top=0;
  s=bt;
  do{
    while(s!=NULL)
    { //扫描左子树
      top++;
      stack[top]=s;
      tag[top]=0;
      s=s->lchild;
    }
    if(top>0)
    {
      s=stack[top];
      if(tag[top]==1)
      {
        if(s==ch)
        { //找到ch,则显示从根结点到ch之间的路径
          for(i=1;i<=top;i++)
          printf("→%c",stack[i]->data);
          find=TRUE;
        }
```

```
            else
                top--;
            s=stack[top];
        }
        if(top>0 && ! find)
        {
            if(tag[top]! =1) {
                s=s->rchild;   //扫描右子树
                tag[top]=1;
            }
            else s=NULL;
        }
      }
  }while(! find && top! =0);
}
```

3. 二叉树的前、中、后序非递归遍历算法

根据递归算法执行过程中递归工作栈的状态变化情况，很容易写出相应的非递归算法。

(1) 利用栈的非递归前序遍历算法

算法思想是：利用栈，先将二叉树根结点指针入栈，然后执行出栈，获取栈顶元素值(即结点指针)，若不为空值，则访问该结点，再将右、左子树的根结点指针分别入栈，依次重复出栈入栈，直至栈空为止。具体实现算法如下：

```
void Preorder(BinTree bt)
{    //非递归前序遍历二叉树
     BinTNode * stack[num];   //定义顺序栈
     int top=0;               //初始化栈
     BinTNode * s;
     stack[top]=bt;           //根结点指针进栈
     while(top>=0)              //当栈不空时做循环
     {
       s=stack[top];
       top--;
       if(s! =NULL)
           { printf("%c",s->data);//访问结点，假设数据域为字符型
             top++;
             stack[top]=s->rchild;  //右子树入栈
             top++;
```

```
            stack[top]=s->lchild;//左子树入栈
        }

    }
}
```

(2) 利用栈的非递归中序遍历算法

从中序遍历递归算法的执行过程可知,递归工作栈中包括两项,一项是递归调用的语句编号,另一项则是指向根结点的指针,当栈顶记录中的指针值为非空时,应该遍历左子树,即指向左子树根结点的指针进栈。当栈顶记录中的指针值为空时,则应该退至一层,此时,若是从左子树返回,则应访问当前栈顶记录中指针所指向的根结点;若是从右子树返回,则说明当前层已遍历结束,继续退栈。由此可以得到如下非递归的中序遍历算法:

```
void Inorder(BinTree  bt)
{ //二叉树非递归中序遍历算法
    BinTNode * stack[num]; //定义栈数组
    int top=0;                //初始化栈
    stack[top]=bt;
    do
    {  while(stack[top]! =NULL)
        { //扫描根结点及其所有的左结点并将其地址入栈
            top=top+1;
            stack[top]=stack[top-1]->lchild;
        }
        top=top-1;  //退栈
        if(top>=0)   //判栈是否为空
        {
            printf("%c",stack[top]->data); //访问结点
            stack[top]=stack[top]->rchild; //扫描右子树
        }
    } while(top>=0);
}
```

(3) 利用栈的非递归后序遍历算法

在求指定结点的路径算法 nodepath 中,去掉判断查找结点的部分及相关内容即可。

```
void void Postorder(BinTree bt)
{ //非递归后序遍历算法
    BinTNode * stack[num];   //定义栈
```

```
    int tag[num];               //标志数组
    int i,top;
    BinTNode *s;
    top=0;
    s=bt;
    do
    {
      while(s!=NULL)
      { //扫描左子树
          top++;
          stack[top]=s;
          tag[top]=0;
          s=s->lchild;
      }
      if(top>0)
      {
          s=stack[top];
          if(tag[top]==1)
          {
              printf("%c",stack[top]->data);
              top--;
              s=stack[top];
          }
          if(top>0)
          {
              if(tag[top]!=1) {
                  s=s->rchild;    //扫描右子树
                  tag[top]=1;
              }
              else s=NULL;
          }
      }
    }while(top!=0);
}
```

以上三个算法都存储在 blecs. c 中。

4. 查找函数

为了实现设计要求，除了需要编写上述函数之外，还需要编写一个查找给定值结点的函数和一个主函数。查找给定值结点的函数用递归算法实现是非常简单的。

```
void FindBT(BinTree bt,DataType x)
//查找给定值结点的函数,存储在文件 fxn.c 中
{  if((bt! =NULL) && ! found)
   {  if(bt->data==x)
        { p=bt;found=1;}
      else
        { FindBT(bt->lchild,x); //遍历查找左子树
          FindBT(bt->rchild,x); //遍历查找右子树
        }
   }
}
BinTNode * FindX(BinTree bt, DataType  x)
{ //按给定值查找结点
      found=0; //用 found 来作为是否查找到的标志
      p=NULL;  //置空指针
      FindBT(bt,x);     return(p);
}
```

三、算法运行实例

1. 主控函数及运行环境设置

```
//主控程序文件名:main61.c
#include <stdio.h>
#include <stdlib.h>
#define num 100
typedef   char DataType;
typedef struct node {
      DataType data;
      struct node * lchild, * rchild;
} BinTNode;
typedef  BinTNode * BinTree;
#include"cbt.c"    //建立二叉树存储结构函数
#include"np.c"     //求指定结点的路径
#include"fxn.c"    //查找指定的结点
#include"blecs.c" //二叉树的遍历算法
int found;
```

```
BinTNode *p;
void main( )
{
    BinTree *bt;
    int xz=1;
    char ch1;
    while(xz) {
        printf("  二叉树的遍历及求结点路径  \n");
        printf("=================\n");
        printf("   1. 建立二叉树存储结构    \n");
        printf("   2. 求二叉树的前序遍历    \n");
        printf("   3. 求二叉树的中序遍历    \n");
        printf("   4. 求二叉树的后序遍历    \n");
        printf("   5. 求给定的结点的路径    \n");
        printf("   0. 退   出   系   统    \n");
        printf("=================\n");
        printf("    请 选 择 :0 - 5    ");
        scanf("%d",&xz);
        switch(xz) {
          case 1 : printf("输入二叉树的按层结点值(按完全二叉树):\n");
                   bt=CreateBinTree(bt);
                   printf("二叉树的链式存储结构建立完成! \n");
                   break;
          case 2 : printf("该二叉树的前序遍历序列是:");
                   Preorder(bt);
                   printf("\n");
                   break;
          case 3 : printf("该二叉树的中序遍历序列是:");
                   Inorder(bt);
                   printf("\n");
                   break;
          case 4 : printf("该二叉树的后序遍历序列是:");
                   Postorder(bt);
                   printf("\n");
                   break;
          case 5 : printf("输入要求路径的结点值:\n");
                   ch1=getchar();
                   ch1=getchar();
```

```
                FindX(bt,chl);
                if(p! =NULL)
                    NodePath(bt,p);
                else
                    printf("没有要求的结点! \n");
                break;
            }
        }
}
```

2. 测试运行实例

例如,有如图Ⅱ.1(a)所示的二叉树,要建立二叉树的存储结构,必须在原二叉树的基础上加上一些虚结点(假设用字符“@”表示),使之成为一棵完全二叉树,如图Ⅱ.1(b)所示。

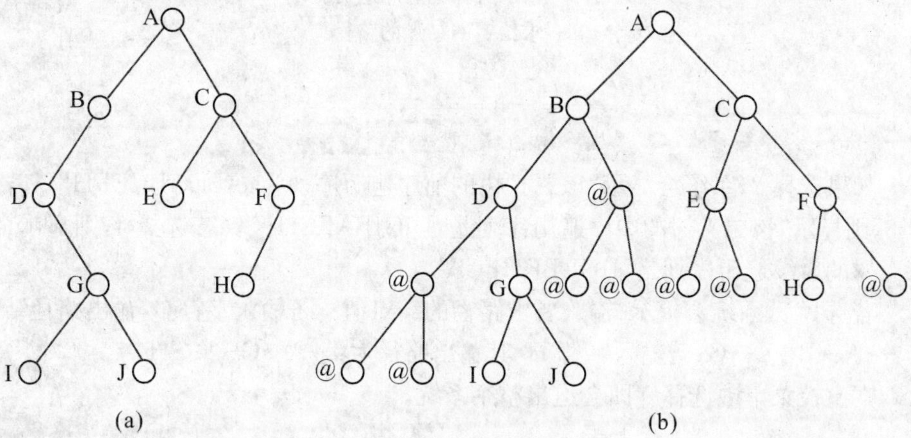

图Ⅱ.1 二叉树及其对应完全二叉树

由图Ⅱ.1(b)可以得到二叉树的按层存储的结点字符序列为:

A,B,C,D,@,E,F,@,G,@,@,@,@,H,@,@,@,I,J

编译并运行上面给出的主控程序,将会显示如下的主控菜单:

```
            二叉树的遍历与求结点路径
        ================
            1. 建立二叉树存储结构
            2. 求二叉树的前序遍历
            3. 求二叉树的中序遍历
            4. 求二叉树的后序遍历
            5. 求给定的结点的路径
```

0. 退　出　系　统

==================

请 选 择:0 - 5 __1↙

在做其他操作之前必须先建立二叉链表。选择1后,系统会提示输入二叉树所对应的完全二叉树按层结点值序列。假如要建立图Ⅱ.1所示的二叉树的二叉链表,那么在提示后输入字符序列"ABCD@EF@G@@@@H@@@IJ#","#"号表示输入字符的结束,按回车后,如果运行正常,系统会显示"二叉树的链式存储结构建立完成!"。而后又会显示主控菜单:

二叉树的遍历与求结点路径

==================

1. 建立二叉树存储结构
2. 求二叉树的前序遍历
3. 求二叉树的中序遍历
4. 求二叉树的后序遍历
5. 求给定的结点的路径
0. 退　出　系　统

==================

请 选 择:0 - 5 __2↙

如果选择2,系统会显示"该二叉树的前序遍历序列为:ABDGIJCEFH"。若选择3,则显示"该二叉树的中序遍历序列是:DIGJBAECHF"。若选择4,则显示"该二叉树的后续遍历序列是:IJGDBEHFCA"。

若选择5,系统会提示"输入要求路径的结点值",若输入字符G,输出路径结果为:→A→B→D→G;若输入字符H,其输出路径为:→A→C→F→H。

在主控菜单中选择0即会退出整个系统。

课程设计7　交通咨询系统设计(最短路径问题)

图是一种复杂的非线性结构。在人工智能、工程、数学、物理、化学、计算机等领域中,图结构有着广泛的应用。本课程设计主要介绍图应用中的最短路径问题,用一个人们熟悉的交通咨询系统实例来验证迪杰斯特拉算法和费洛伊德算法。

在交通网络非常发达、交通工具和交通方式不断更新的今天,人们在出差、旅游或其他交通出行时,不仅关心节省交通费用,而且对里程和所需要的时间等问题也比较在意。对于这样一个人们关心的问题,可用一个图结构来表示交通网络系统,图中顶点表示城市,边表示城市之间的交通关系,基于此种表示,即可在计算机上建立一个交通咨询系统。这个交通咨询系统可以回答旅客提出的各种问题。例如,一位旅客要从A城到B城,他希望选择一条途中中转次数最少的路线。假设图中每一站都需要换车,那么这个问题反映到图上就是要找一条从顶点A到B所含边的数目最少的路径。我们只需要从顶点A出发对图作广度优先搜索,一旦遇到顶点B就终止。由此所得广度优先生成树上,从根顶点A到顶点B的路径就是中转次数最少的路径,路径上A与B之间的顶点个数就是路径的中转站数。这是一类最简单的图的最短路径问题。

一、设计要求及分析

设计一个交通咨询系统,当旅客咨询从任一城市顶点到另一城市顶点之间的最短路径(里程)或最低花费或最少时间等问题时,能给出正确的回答。对于不同咨询要求,可输入城市间的路程或所需时间或所需费用。

该设计共分三个部分,一是建立交通网络图的存储结构;二是解决单源最短路径问题;三是求两个城市顶点之间的最短路径问题。

1. 建立图的存储结构

要实现设计要求,首先要定义交通图的存储结构。邻接矩阵(Adjacency Matrix)是表示图形中顶点之间相邻关系的矩阵,设G=(V,E)是具有n个顶点的图,则G的邻接矩阵是具有如下定义的n阶方阵:

$$A[i,j]=\begin{cases} w_{ij}, & 若(v_i,v_j)或<v_i,v_j>\in E(G) \\ 0\ 或\infty, & 若(v_i,v_j)或<v_i,v_j>\notin E(G) \end{cases}$$

一个图的邻接矩阵表示是唯一的。图的邻接矩阵表示,除了需要用一个二维数组(邻接矩阵)存储顶点之间的相邻关系外,通常还需要使用一个具有n个元素的一维数组来存储顶点信息,其中下标为i的元素存储顶点v_i的信息。因此,图的邻接矩阵的存储结构可定义如下:

```
#definf MVNum 50 //最大顶点数
typedef struct {
    VertexType vexs[MVNum];//顶点数组,类型假定为char型
    Adjmatrix  arcs[MVNum][MVNum];//邻接矩阵,假定为int型
}MGraph;
```

2. 单源最短路径

最短路径问题的提法很多,这里先讨论单源最短路径问题:已知有向图(带权),我们希望找出从某个顶点S∈V到G中其余各顶点的最短路径。

为了叙述方便,我们把路径上的开始点称为源点,路径的最后一个顶点称为终点。

那么如何求得给定有向图的单源最短路径呢？迪杰斯特拉(Dijkstra)提出了按路径长度递增产生诸顶点的最短路径算法，称之为迪杰斯特拉算法。

迪杰斯特拉算法求最短路径的实现思想是：设有向图 G＝(V,E)，其中 V＝{1,2,…,n}。cost 是 G 的邻接矩阵，cost[i][j]表示有向边<i,j>的权，若不存在有向边<i,j>，则 cost[i][j]的权为无穷大(这里取值为 32767)。设 S 是一个集合，其中的每个元素表示一个顶点，从源点到这些顶点的最短距离已经求出。设顶点 v_1 为源点，集合 S 的初态只包含顶点 v_1。数组 dist 记录从源点到其他各顶点当前的最短距离，其初值为 dist[i]＝cost[v_1][i]，i＝2,…,n。从 S 之外的顶点集合 V－S 中选出一个顶点 w，使 dist[w]的值最小。于是从源点到达 w 只通过 S 中的顶点，把 w 加入到集合 S 中，调整 dist 中记录的从源点到 V－S 中每个顶点 v 的距离：从原来的 dist[v] 和 dist[w]＋cost[w][v]中选择较小的值作为新的 dist[v]。重复上述过程，直到 S 中包含 V 中所有顶点。

最终结果是：S 记录了从源点到该顶点存在最短路径的顶点集合，数组 dist 记录了从源点到 V 中其余各顶点之间的最短路径，path 是最短路径的存储数组，path[i] 表示从源点到顶点 i 之间的最短路径的前驱顶点。

因此，迪杰斯特拉算法可用自然语言描述如下：

```
初始化 S 和 D,置空最短路径终点集,置初始的最短路径值;
S[v1]=TRUE;D[v1]=0;//S 集初始时只有源点,源点到源点的距离为 0;
while( S 集中顶点数 < n)
{
    开始循环,每次求得 v1 到某个 v 顶点的最短路径,并加 v 到 S 集中;
    S[v]=TRUE;
    更新当前最短路径及距离;
}
```

3. 任意一对顶点间最短路径

任意顶点对之间的最短路径问题，是对于给定的有向网络图 G＝(V,E)，对 G 中任意一对有序顶点对(v,w)(v≠w)，找出 v 到 w 的最短路径。

要解决这个问题，我们可以依次以有向网络图中的每个顶点作为源点，重复执行前面讨论过的 Dijkstra 算法 n 次，即可求得每对顶点之间的最短路径。

这里用另外一种方法——费洛伊德(Floyd)算法。该算法的基本思想是：假设求从顶点 v_i 到 v_j 的最短路径。如果从 v_i 到 v_j 存在一条长度为 arcs[i][j]的路径，该路径不一定是最短路径，还需要进行 n 次试探。首先考虑路径<v_i,v_1>和<v_1,v_j>是否存在。如果存在，则比较路径<v_i,v_j>和<v_i,v_1,v_j>的路径长度，取长度较短者为当前所求得的最短路径。该路径是中间顶点序号不大于 1 的最短路径。其次，考虑从 v_i 到 v_j 是否有包含顶点 v_2 为中间顶点的路径<v_i,…,v_2,…,v_j>，若没有，则说明从 v_i 到 v_j 的当前最短路径就是前一步求出的；若有，那么＜v_i，…，v_2，…，v_j＞可分解为＜v_i，…，v_2＞和＜v_2，…，v_j＞，而这两条路径是前一次找到的中间顶点序号不大于1的最短路径，将这两条路径长度相加就得到路径＜v_i，…，v_2，…，v_j＞的长度，将该长度与前一次中求出的从 v_i 到 v_j 的中间顶点序号不大于1的最短路径比较，取其长度较短者作为当前求得的从 v_i 到 v_j 的中间顶点序号不大于2的最短路径。依此类推……直至顶点 v_n 加入当前从 v_i 到 v_j 的最短路径后，选出从 v_i 到 v_j 的中间顶点序号不大于 n 的最短路径为止。由于图 G 中顶点序号不大于 n，所以 v_i 到 v_j 的中间顶点序号不大于 n 的最短路径已考虑了所有顶点作为中间顶点的可能性，因此它就是 v_i 到 v_j 的最短路径。

二、设计功能的实现

1. 建立有向图的存储结构

由于有向图的邻接矩阵是不对称的，所以只要输入所有有向边及其权值即可，因此，建立一个有向图的算法可设计如下：

```
//文件名 save.c
void CreateMGraph(MGraph * G,int n,int e)
{//采用邻接矩阵表示法构造有向图 G, n、e 表示图的当前顶点数和边数
    int i,j,k,w;
    for(i=1;i<=n;i++)//输入顶点信息
      G->vexs[i]=(char)i;
    for(i=1;i<=n;i++)
      for(j=1;j<=n;j++)
          G->arcs[i][j]=Maxint;//初始化邻接矩阵
    printf("输入%d条边的i、j及w:\n",e);
    for(k=1;k<=e;k++){        //读入e条边,建立邻接矩阵
      scanf("%d,%d,%d",&i,&j,&w);
      G->arcs[i][j]=w;
    }
    printf("有向图的存储结构建立完毕!\n");
}
```

2. 迪杰斯特拉算法

迪杰斯特拉算法用 C 语言描述如下：

```
// 文件名:dijkstra.c
void Dijkstra(MGraph *G,int v1,int n)
{ //用 Dijkstra 算法求有向图 G 的 v1 顶点到其他顶点 v 的最短路径 P[v]及其权 D[v]
```

```
//设G是有向图的邻接矩阵,若边<i,j>不存在,则G[i][j]=Maxint
//S[v]为真当且仅当v∈S,即已求得从v1到v的最短路径
int D2[MVNum],P2[MVNum];
int v,i,w,min;
enum boolean S[MVNum];
for(v=1;v<=n;v++)          {//初始化S和D
  S[v]=FALSE;              //置空最短路径终点集
  D2[v]=G->arcs[v1][v];    //置初始的最短路径值
  if(D2[v]<Maxint)
     P2[v]=v1;             //v1是v的前趋(双亲)
  else
     P2[v]=0;              //v无前趋
}//end_for
D2[v1]=0;S[v1]=TRUE;       //S集初始时只有源点,源点到源点的距离为0
//开始循环,每次求得v1到某个v顶点的最短路径,并加v到S集中
for(i=2;i<n;i++){//其余n-1个顶点
  min=Maxint;
  for(w=1;w<=n;w++)
    if(! S[w] && D2[w]<min)
      {v=w;min=D2[w];}//w顶点离v1顶点更近
  S[v]=TRUE;
  for(w=1;w<=n;w++)//更新当前最短路径及距离
    if(! S[w]&&(D2[v]+G->arcs[v][w]<D2[w])){//修改D2[w]和P2[w],w∈V-S
      D2[w]=D2[v]+G->arcs[v][w];
      P2[w]=v;
    }//End_if
}//End_for
printf("路径长度    路径\n");
for(i=1;i<=n;i++) {
   printf("%5d",D2[i]);
   printf("%5d",i);v=P2[i];
   while(v! =0) {
     printf("<-%d",v);
     v=P2[v];
   }
   printf("\n");
}
}
```

3. 费洛伊德算法

```
//文件名 floyd.c
void Floyd(MGraph *G,int n)
{
    int i,j,k,v,w;
    for(i=1;i<=n;i++) //设置路径长度D和路径path初值
     for(j=1;j<=n;j++)
     {
         if(G->arcs[i][j]! =Maxint)
           P[i][j]=j;   //j是i的后继
         else
           P[i][j]=0;
       D[i][j]=G->arcs[i][j];
     }
    for(k=1;k<=n;k++)
    {//做k次迭代,每次均试图将顶点k扩充到当前求得的从i到j的最短路径Pij上
     for(i=1;i<=n;i++)
         for(j=1;j<=n;j++)
         { if(D[i][k]+D[k][j]<D[i][j])  {
             D[i][j]= D[i][k]+D[k][j]; //修改长度
             P[i][j]=P[i][k];
             //printf("dij=%d,pij=%d\n",D[i][j],P[i][j]);
         }
     }
    }
}
```

三、测试运行实例

1. 主控程序清单(main71.c)

```
#include <stdio.h>
#include <stdlib.h>
#define MVNum 100 //最大顶点数
#define Maxint 32767
enum boolean{ FALSE,TRUE };
typedef char VertexType;
typedef int Adjmatrix;
```

```
typedef struct {
    VertexType vexs[MVNum];//顶点数组,类型假定为char型
    Adjmatrix  arcs[MVNum][MVNum];//邻接矩阵,假定为int型
}MGraph;
int D1[MVNum],P1[MVNum];
int D[MVNum][MVNum],P[MVNum][MVNum];
#include"save.c"
#include"dijkstra.c"
#include"floyd.c"
void main( )
{   MGraph *G;
    int m,n,e,v,w,k;
    int xz=1;
    G=(MGraph *)malloc(sizeof(MGraph));
    printf("输入图中顶点个数和边数n,e:");
    scanf("%d,%d",&n,&e);
    CreateMGraph(G,n,e);//建立图的存储结构
    while (xz! =0) {
        printf("******求城市之间的最短路径******\n");
        printf("=========================\n");
        printf("1.求一个城市到所有城市的最短路径\n");
        printf("2.求任意的两个城市之间的最短路径\n");
        printf("=========================\n");
        printf("  请选择:1 或 2,选择 0 退出 :");
        scanf("%d",&xz);
        if(xz==2) {
          Floyd(G,n); //调用费洛伊德算法
          printf(" 输入源点(或称起点)和终点:v,w :");
          scanf("%d,%d",&v,&w);
          k=P[v][w];  //k为起点v的后继顶点
          if(k==0)
            printf("顶点 %d 到 %d 无路径! \n",v,w);
          else
          {
            printf("从顶点%d到%d的最短路径是:%d",v,w,v);
            while(k! =w) {
              printf("→%d",k); //输出后继顶点
              k=P[k][w];          //继续找下一个后继顶点
```

```
            }
          printf("→%d",w);      //输出终点 w
          printf("  路径长度:%d\n",D[v][w]);
        }
      }
    else
      if(xz==1) {
        printf("求单源路径,输入源点 v :");
        scanf("%d",&v);
        Dijkstra(G,v,n);   //调用迪杰斯特拉算法
      }
    }
  printf("结束求最短路径,再见!\n");
}
```

2. 两个运行实例

(1) 求有向图的最短路径

有如图Ⅱ.2 所示的有向图,求顶点 a 到其余顶点的最短路径;分别求顶点 b 到顶点 d 之间以及顶点 a 到顶点 d 之间的最短路径。

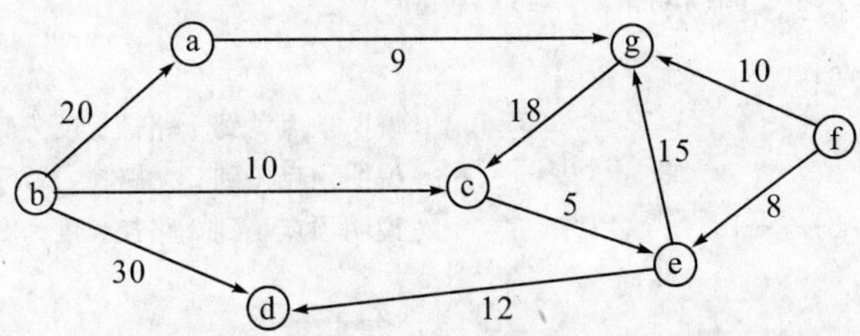

图Ⅱ.2　一个有向图

算法中为了操作方便,对于图的顶点都使用序号来表示,对图Ⅱ.2,顶点字母与序号的对应关系为:a—1,b—2,c—3,d—4,e—5,f—6,g—7。

编译并运行上述主控程序 main71.c,系统会显示提示:

输入图中顶点个数和边数 n,e:7,10↙

输入顶点数 7 和边数 10 之后,系统又提示输入边及权值:

输入 10 条边的 i,j 及 w:

1,7,9↙

2,1,20↙

2,3,10↙

2,4,30↙

3,5,5↙

5,4,12↙

5,7,15↙

6,5,8↙

6,7,10↙

7,3,18↙

系统显示：

有向图的存储结构建立完毕!

系统紧接着显示如下菜单：

```
                    *****求城市之间的最短路径*****
                    ==========================
                        1. 求一个城市到所有城市的最短路径
                        2. 求任意的两个城市之间的最短路径
                    ==========================
                         请选择:1 或 2,选择 0 退出 :1↙
```

系统提示：

求单源路径,输入源点 v :1↙

输入 1,表示求从顶点 1(a)到其他所有顶点的最短路径。这时程序执行迪杰斯特拉算法,求得结果显示如下：

```
路径长度  路径
   0      1                       //说明顶点 1 到 1 路径长度为 0
32767     2                       //说明顶点 1 到 2 无路径,32767 表示∞
  27      3←7←1                   //说明顶点 1 到 3 路径长度为 27,路径为 1,7,3
  44      4←5←3←7←1
  32      5←3←7←1
32767     6
   9      7←1
```

紧接着又会显示如下菜单：

```
                    *****求城市之间的最短路径*****
                    ==========================
                        1. 求一个城市到所有城市的最短路径
                        2. 求任意的两个城市之间的最短路径
                    ==========================
                         请选择:1 或 2,选择 0 退出 :2↙
```

在选择 2 之后,程序即调用费洛伊德算法,并提示：

输入源点(或称起点)和终点:v,w :2,4↙

表示求从 b 到 d 的最短路径,显示结果为：

从顶点 2 到 4 的最短路径是:2→3→5→4 ,路径长度:27

又显示如下菜单:

＊＊＊＊＊求城市之间的最短路径＊＊＊＊＊

==========================

1. 求一个城市到所有城市的最短路径

2. 求任意的两个城市之间的最短路径

==========================

请选择:1 或 2,选择 0 退出 :2↙

系统提示:

输入源点(或称起点)和终点:v,w :1,4↙

表示求从 a 到 d 的最短路径,显示结果为:

从顶点 1 到 4 的最短路径是:1→7→3→5→4 ,路径长度:44

该结果与前面用迪杰斯特拉算法求得的结果完全一样。

如果再在菜单下选择 2,并求顶点 4 到 7 的最短路径,系统会显示:

顶点 4 到 7 无路径!

若想退出系统,只需要在菜单出现时选择 0 即可。

(2) 求交通网络图(无向图)的最短路径

有如图Ⅱ.3 所示的交通网络图,求顶点北京到其余各城市之间的最短路径;分别求成都到上海之间以及上海到西安之间的最短路径。同样,为了操作方便,在程序中城市也使用编号来表示。

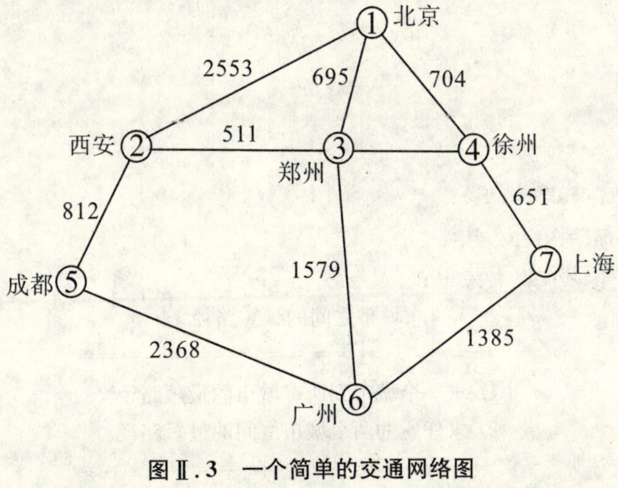

图Ⅱ.3　一个简单的交通网络图

我们所看到的图是模拟的交通网络图,边上的数据代表两地路径的里程,它是一个无向图,为了适应前面给出的结构和算法,假设该图的每条边都是双向的,因此,10 条边的长度以及路径都必须从两个方向输入,即等于 20 条边,所以在运行时要输入 20 条边的数据。

编译并运行上述主控函数 main71. c,系统提示:

```
输入图中顶点个数和边数 n,e:7,20↙
```

输入顶点数和边数之后,系统又提示输入边及权值:

```
输入 20 条边的 i、j 及 w:
1,2,2553↙
2,1,2553↙
1,3,695↙
3,1,695↙
1,4,704↙
4,1,704↙
2,3,511↙
3,2,511↙
2,5,812↙
5,2,812↙
3,4,349↙
4,3,349↙
3,6,1579↙
6,3,1579↙
4,7,651↙
7,4,651↙
5,6,2368↙
6,5,2368↙
6,7,1385↙
7,6,1385↙
```

输入完成后,系统显示:

```
有向图的存储结构建立完毕!
```

系统紧接着显示如下菜单:

```
* * * * * 求城市之间的最短路径 * * * * *
========================
1. 求一个城市到所有城市的最短路径
2. 求任意的两个城市之间的最短路径
========================
请选择:1 或 2,选择 0 退出 :1↙
```

选择 1,并在提示"求单源路径,输入源点 v:"之后键入 1 并按回车,即可求得图Ⅱ.3 中北京到其他各城市之间的最短路径,显示结果如下:

```
路径长度    路径
    0      1
 1206      2←3←1
  695      3←1
  704      4←1
 2018      5←2←3←1
 2274      6←3←1
 1355      7←4←1
```

系统接着显示如下菜单：

```
              *****求城市之间的最短路径*****
              ==========================
                 1. 求一个城市到所有城市的最短路径
                 2. 求任意的两个城市之间的最短路径
              ==========================
                   请选择:1 或 2,选择 0 退出 :2↙
```

输入 2 后系统提示：

输入源点(或称起点)和终点:v,w :5,7↙

表示求从成都到上海的最短路径，显示结果为：

从顶点 5 到 7 的最短路径是:5→2→3→4→7,路径长度:2323

之后系统又会显示如下菜单：

```
              *****求城市之间的最短路径*****
              ==========================
                 1. 求一个城市到所有城市的最短路径
                 2. 求任意的两个城市之间的最短路径
              ==========================
                   请选择:1 或 2,选择 0 退出 :2↙
```

输入 2 后系统提示：

输入源点(或称起点)和终点:v,w :7,2↙

表示求从上海到西安的最短路径，显示结果为：

从顶点 7 到 2 的最短路径是:7→4→3→2 ,路径长度:1511

系统接着显示如下菜单：

```
              *****求城市之间的最短路径*****
              ==========================
                 1. 求一个城市到所有城市的最短路径
                 2. 求任意的两个城市之间的最短路径
              ==========================
                   请选择:1 或 2,选择 0 退出 :2↙
```

输入 0 后系统显示：

结束求最短路径，再见！

课程设计 8　航班信息的查询与检索

排序和查找是数据信息处理中使用频度极高的两个操作。为了加快查找的速度，需要先对数据记录按关键字排序。

如今乘飞机旅行的人越来越多，人们要关心和了解各类航班的班次、时间、价格及机型等信息，这就涉及信息的查询与检索。在这个飞机航班数据的信息模型中，航班号是关键字，而且是具有结构特点的一类关键字。航班号是用字母、数字混编的，例如 CZ3869，这种记录集合适合于多关键字排序。

一、设计需求

要求实现对飞机航班信息的排序和查找，可按航班的航班号、起点站、到达站、起飞时间以及到达时间等信息进行查询。

本设计可采用基数排序方法对一组具有结构特征的飞机航班号进行排序，利用二分查找方法对排好序的航班记录按航班号实现快速查找；按其他次关键字的查找可采用最简单的顺序查找方法进行，因为它们用得较少。

每个航班记录包括 8 项，分别是航班号、起点站、终点站、班期、起飞时间、到达时间、飞机型号以及票价。假设航班信息表（8 条记录）如表Ⅱ.3 所示。

表Ⅱ.3　航班信息表

航班号	起点站	终点站	班期	起飞时间	到达时间	机型	票价
CA1544	合肥	北京	1.2.4.5	1055	1240	733	960
MU5341	上海	广州	每日	1420	1615	M90	1280
CZ3869	重庆	深圳	2.4.6	0855	1035	733	1010
MU3682	桂林	南京	2.3.4.6.7	2050	2215	M90	1380
HU1836	上海	北京	每日	0940	1120	738	1250
CZ3528	成都	厦门	1.3.4.5.7	1510	1650	CRJ	1060
MU4594	昆明	西安	1.3.5.6	1015	1140	328	1160
SC7425	青岛	海口	1.3.6	1920	2120	DH4	1630

航班号项的格式为：

k0	k1	k2	k3	k4	k5
C	Z	3	8	6	9

其中 k0 和 k1 的输入值是航空公司的别称，用两个**大写**字母表示；后 4 位为航班编号。其余 7 项输入内容因为不涉及本设计的核心，因此除票价为数值型外，均定义为字符串型。

二、算法描述

1. 定义数据类型

根据设计要求，我们知道设计中要用到的数据记录只有航班信息，因此可定义相关的数据类型：

```
typedef struct {
    char start[7];          //起点
    char end[7];            //终点
    char sche[12];          //班期
    char time1[5];          //起飞时间
    char time2[5];          //到达时间
    char model[4];          //机型
    int  price;             //票价
}InfoType;                  //航班记录类型
typedef strunct {
    KeyType keys[keylen];   //关键字
    InfoType others;
    int next;
}SLNode;                    //表结点
typedef struct {
    SLNode sl[MaxSpace];    //静态链表,sl[0]为头结点
    int keylen;             //关键字长
    int length;             //当前表长
}SLList;                    //静态链表类型
```

为了进行基数排序，需要定义分配和收集操作时用到的指针数组：

```
typedef int ArrType_n[10];  //十进制数字指针数组
typedef int ArrType_c[26]   //26 个字母指针数组
```

2. 各函数的说明

(1) 一趟分配排序函数

```
void  Distribute(SLNode *sl, int i,ArrType f,ArrType e);
//本算法是按关键字 keys[i]建立 RADIX 个子表,使同一个子表中记录的 keys[i]
//相同,f[0..RADIX]和 e[0..RADIX]分别指向各自表中的第一个和最后一个记录
```

(2) 一趟搜集函数

```
void Collect(SLNode *sl, int i, ArrType f, ArrType e);
//本算法是按关键字 keys[i]从小到大将[0..RADIX]所指的个子表依次链接成一个链表
```

(3) 链式基数排序函数

```
void RadixSort(SLList &L);
//本算法是按关键字从最低位到高位依次对各关键字进行分配和收集,分两段实现
```

(4) 二分查找函数

```
int BinSearch(SLList L, KeyType key[ ]);
//L 为待查找的表,key[ ]为待查找的关键字,按二分查找的思想实现查找
```

(5) 主控函数

```
void main( )
{
    初始化;
    数据输入;
    排序处理;
    接受查找要求及查找关键字;
    查找处理;
    输出查找结果;
}
```

三、算法实现

1. 一趟分配算法

```
void Distribute(SLNode *sl, int i, ArrType f, ArrType e)
{  int j,p;
  for(j=0;j<RADIX;j++)
  {  //各子表初始化为空表
     f[j]=0;
     e[j]=0;
  }
  for(p=sl[0].next; p; p=sl[p].next)
  {
     j=sl[p].keys[i] % 48; //将数字字符转换成对应的数值
     if(! f[j])
```

```
      f[j]=p;
    else
      sl[e[j]].next=p;
    e[j]=p;                   //将 p 指向的结点插入到第 j 个结点
  }
}
```

2. 一趟收集算法

```
void Collect(SLNode *sl, int i, ArrType f, ArrType e)
{  int j,t;
   for(j=0;! f[j]; j++);      //找第一个非空子表
   sl[0].next=f[j];t=e[j]; //sl[0].next 指向第一个非空子表中的一个结点
   while(j<RADIX-1)
   {
      for(j=j+1;j<RADIX-1 && ! f[j];j++);       //找下一个非空子表
      if(f[j]) { sl[t].next=f[j];t=e[j];}        //链接两个非空子表
   }
   sl[t].next=0;                //t 指向最后一个非空子表中的最后一个结点
}
```

3. 链式基数排序算法

```
void RadixSort(SLList &L)
{
  ArrType_n fn,en;
  ArrType_c fc,ec;
  for(i=0; i<L.length;i++)
    L.sl[i].next=i+1;
  L.sl[L.length].next=0;           //将改造为静态链表
  for(i=L.keynum-1;i>=2;i--)//按最低位优先依次对各关键字进行分配和收集
  {  //需分为两段完成,因为字符的那个分关键字要单独做
     Distribute_n(L.sl,i,fn,en);
     Collect_n(L.sl,i,fn,en);
  }
  for(i=1;i>=0;i--)
  {
    Distribute_c(L.sl,i,fc,ec);
    Collect_c(L.sl,i,fc,ec);
  }
}//RadixSort
//按指针链进行整序
```

```
void Arrange(SLList &L)
{
  p=L.sl[0].next;  //p指示第一个记录的当前位置
  for(i=1;i<L.length;i++)//L.sl[1..i-1]已按关键字有序排列
  {                        //第i个记录在L中的当前位置应不小于i
      while(p<i) p=L.sl[p].next;
      //找到第i个记录,并用p指示其在L中的当前位置
      q=L.sl[p].next;    //q指示尚未调整的表尾
      if(p! =i)
      {
          temp=L.sl[p];L.sl[p]=L.sl[i];L.sl[i]=temp; //交换记录
          L.sl[i].next=p;
          //指向被移走的记录,使得以后可由while循环找回
      }
      p=q;          //p指向尚未调整的表尾,为找第i+1个记录做准备
  }
}//Arrange
```

4. 二分查找的函数定义

```
int BinSearch(SLList L, KeysType key[ ])
{
    while(low<=high){
        mid=(low+high)/2;
        if(strcmp(key,L.sl[mid].keys)==0)
          return mid;
        else if(strcmp(key,L.sl[mid].keys)<0)
              high=mid-1;
        else
              low=mid+1;
    }
    return 0;
}//BinSearch
```

四、测试运行实例

1. 源程序清单

(1) 数据类型定义(type8.h)

```
#include<stdio.h>
```

```
#include<string.h>
#define MaxSpace 100
#define keylen 6
#define RADIX_n 10
#define RADIX_c 26
typedef char KeyType;
typedef struct {
    char start[6];          //起点
    char end[6];            //终点
    char sche[6];           //班期
    char time1[4];          //起飞时间
    char time2[4];          //到达时间
    char model[3];          //机型
    int price[4];           //票价
}InfoType;                  //航班记录类型
typedef struct {
    KeyType keys[keylen];   //关键字(航班号)
    InfoType others;
    int next;
}SLNode;                    //静态链表结点类型
typedef struct {
    SLNode sl[MaxSpace];    //静态链表,sl[0]为头结点
    int keynum;             //记录当前关键字字符个数
    int length;             //当前表长
}SLList;                    //静态链表类型
typedef int ArrType_n[RADIX_n];//十进制数字指针数组
typedef int ArrType_c[RADIX_c];//26 个字母指针数组
```

(2) 链式基数排序(jspx.c)

```
//一趟数字字符分配函数
void Distribute(SLNode *sl, int i, ArrType_n f, ArrType_n e)
{  int j,p;
    for(j=0;j<RADIX_n;j++)
    {  //各子表置为空表
        f[j]=0;
        e[j]=0;
    }
    for(p=sl[0].next; p; p=sl[p].next)
    {
```

```
        j=sl[p].keys[i] % 48;//将数字字符转换成对应的数值
        if(! f[j])
          f[j]=p;
        else
          sl[e[j]].next=p;
        e[j]=p;                 //将p指向的结点插入到第j个子表中
      }
}
//一趟数字字符的收集函数
void Collect(SLNode *sl, int i, ArrType_n f, ArrType_n e)
  {   int j,t;
      for(j=0;! f[j];j++);      //找第一个非空子表
    sl[0].next=f[j];        //sl[0].next指向第一个非空子表中的一个结点
    t=e[j];
    while(j<RADIX_n-1)
    {
      for(j=j+1;j<RADIX_n-1 && ! f[j];j++); //找下一个非空子表
      if(f[j])
      { sl[t].next=f[j];t=e[j];} //链接两个非空子表
    }
    sl[t].next=0;        //t指向最后一个非空子表中的最后一个结点
}
//一趟字母字符分配函数
void Distribute_c(SLNode *sl, int i, ArrType_c f, ArrType_c e)
{  int j,p;
    for(j=0;j<RADIX_c;j++)
    { //各子表置为空表
      f[j]=0;
      e[j]=0;
    }
    for(p=sl[0].next; p! =0; p=sl[p].next)
    {
        j=sl[p].keys[i] % 65;//将字母字符转换成字母集中相应的序号(0~25)
        if(! f[j])
            f[j]=p;
        else
            sl[e[j]].next=p;
        e[j]=p;
```

```
    }
}
//一趟字母字符收集
void Collect_c(SLNode *sl, int i, ArrType_c f, ArrType_c e)
{  int j,t;
    for(j=0;!f[j]; j++);
      sl[0].next=f[j];t=e[j];
    while(j<RADIX_c-1)
    {
      for(j=j+1;j<RADIX_c-1 && !f[j];j++);
        if(f[j])
        {
        sl[t].next=f[j];t=e[j];}
      }
      sl[t].next=0;
}
//链式基数排序函数
void RadixSort(SLList &L)
{  int i;
    ArrType_n fn,en;
    ArrType_c fc,ec;
    for(i=0; i<L.length;i++)
        L.sl[i].next=i+1;        //0号单元仅存放指针,不存储内容
    L.sl[L.length].next=0;     //将普通的线性表改造为静态链表
    for(i=L.keynum-1;i>=2;i--)
    { //按最低位优先次序对各关键字进行分配和收集,先做低4位数字部分
        Distribute(L.sl,i,fn,en);
        Collect(L.sl,i,fn,en);
    }
    for(i=1;i>=0;i--)
    {  //对高位的2位大写字母进行分配和收集
        Distribute_c(L.sl,i,fc,ec);
        Collect_c(L.sl,i,fc,ec);
    }
}//RadixSort

//按指针链重新整理静态链表
void Arrange(SLList &L)
```

```
{  int p,q,i;
   SLNode temp;
   p=L.sl[0].next;        //p指向第一个记录的当前位置
   for(i=1;i<L.length;i++)//L.sl[1..i-1]已按关键字有序
   {
       while(p<i)
       p=L.sl[p].next; //找到第i个记录,并用p指向其在L中的当前位置
       q=L.sl[p].next;     //q指向尚未调整的表尾
       if(p! =i)
       {
         temp=L.sl[p];L.sl[p]=L.sl[i];L.sl[i]=temp; //交换记录
         L.sl[i].next=p;
       }
       p=q;          //p指向尚未调整的表尾,为找第i+1个记录做准备
   }
}//Arrange
```

(3) 查找算法实现(search.c)

```
//二分查找函数
int BinSearch(SLList L, KeyType key[ ])
{  int low,high,mid;
   low=1; high=L.length-1;
   while(low<=high){
     mid=(low+high)/2;
     if(strcmp(key,L.sl[mid].keys)==0)
       return mid;
     else if(strcmp(key,L.sl[mid].keys)<0)
       high=mid-1;
     else low=mid+1;
   }
   return 0;
}//BinSearch
//顺序查找函数
void SeqSearch(SLList L, KeyType key[ ],int i)
{   int j,k,m=0;
   for(j=1;j<L.length;j++)
   {switch(i) {
          case 2: k=strcmp(key,L.sl[j].others.start);break;//起点站
          case 3: k=strcmp(key,L.sl[j].others.end);  break;//终点站
```

```
            case 4: k=strcmp(key,L.sl[j].others.time1);break;//起飞时间
            case 5: k=strcmp(key,L.sl[j].others.time2);break;//到达时间
        }
        if(k==0){ m=1; Display(L,j); }
      }
    if(m==0)printf("无此航班信息,可能是输入错误!\n");
}
```

(4) 输入输出函数(inout.c)

```
//显示一条航班记录函数
void Display(SLList L,int i)
{
    printf("航班号 起点站 终点站 航班期 起飞时间 到达时间 机型 票价\n");
    printf("%6s,%6s,%6s,%8s,%6s,%6s,%4s,%d\n",L.sl[i].keys,
    L.sl[i].others.start,L.sl[i].others.end,L.sl[i].others.sche,
    L.sl[i].others.time1,L.sl[i].others.time2,L.sl[i].others.model,
    L.sl[i].others.price);
}
//查询检索菜单控制程序
serachcon(SLList L)
{
  int i=1;
  while(i>=1 && i<=5) {
    printf("*****************\n");
    printf("*     航班信息查询系统        *\n);
    printf("*****************\n");
    printf("*          1. 航 班 号          *\n");
    printf("*          2. 起 点 站          *\n");
    printf("*          3. 终 点 站          *\n");
    printf("*          4. 起飞时间          *\n");
    printf("*          5. 到达时间          *\n");
    printf("*          0. 退出系统          *\n");
    printf("*****************\n");
    printf("         请选择(0-5) :\n     ");
    scanf("%d",&i);
    switch(i) {
      case 1 : printf("输入要查询的航班号(字母要大写):");
               scanf("%s",key);k=BinSearch(L,key);
               Display(L,k); break;
```

```
        case 2 : printf("输入要查询的航班起点站名:");
                 scanf(" % s",key); SeqSearch(L,key,i);
                 break;
        case 3 : printf("输入要查询的航班终点站名:");
                 scanf(" % s",key); SeqSearch(L,key,i);
                 break;
        case 4 : printf("输入要查询的航班起飞时间:");
                 scanf(" % s",kl); SeqSearch(L,kl,i);
                 break;
        case 5 : printf("输入要查询的航班到达时间:");
                 scanf(" % s",kl); SeqSearch(L,kl,i);
                 break;
        case 0 : printf("再  见! \n");
                 return;
      }
    }
}
//输入航班记录函数
void InputData(SLList &L)
{  int i=++L.length;
   char yn='y';
   while(yn=='y' || yn=='Y')
   { printf("航班号 起点站 终点站 航班期 起飞时间 到达时间 机型 票价\n");
     scanf(" % s % s % s % s % s % s % s % d"",L.sl[i].keys,L.sl[i].others.start,
         L.sl[i].others.end,L.sl[i].others.sche,L.sl[i].others.time1,
         L.sl[i].others.time2,L.sl[i].others.model,&L.sl[i].others.price);
     ++i;
     printf("继续输入吗? y/n:\n");
     scanf(" % c",&yn);
   }
   L.length=i-1;
}
```

2. 运行测试实例

测试主控(函数 main8.c)如下:

```
#include "type8.h"       //包含类型文件
#include "jspx.c"        //包含排序算法文件
#include "rearch.c"      //包含查询算法文件
#include "inout.c"       //包含输入输出记录算法文件
void main( )
{
```

```
    int i,k;
    SLList L;
    KeyType key[keylen],kl[4];
    //初始化及输入数据
    L.keynum=6;L.length=0;
    //输入航班记录
    InputData(L)
    //基数排序
    RadixSort(L);
    Arrange(L);
    //调用查询函数
    serachcon(L);
    return;
}
```

(1) 航班信息输入

编译运行后,首先进行系统初始化,然后进入输入子系统,根据提示逐条输入表Ⅱ.3中的航班信息。

输入结束后,系统自动进入排序处理子系统,对输入的航班信息记录进行链式基数排序,排序完成后,自动进入下一步。

(2) 航班信息查询

进入查询子系统之后,显示菜单如下。

```
* * * * * * * * * * * * * * *
*      航班信息查询系统      *
* * * * * * * * * * * * * * *
*        1. 航 班 号         *
*        2. 起 点 站         *
*        3. 终 点 站         *
*        4. 起飞时间         *
*        5. 到达时间         *
*        0. 退出系统         *
* * * * * * * * * * * * * * *
        请选择(0-5) :1↙
```

选择1,按航班号查询,系统提示:

输入要查询的航班号(字母要大写):MU5431↙

查找成功显示该航班记录的相关信息:

航班号	起点站	终点站	航班期	起飞时间	到达时间	机型	票价
MU5341	上海	广州	每日	1420	1615	M90	1280

显示之后,回到查询主控菜单:

```
* * * * * * * * * * * * * * * *
*      航班信息查询系统        *
* * * * * * * * * * * * * * * *
*         1. 航 班 号          *
*         2. 起 点 站          *
*         3. 终 点 站          *
*         4. 起飞时间          *
*         5. 到达时间          *
*         0. 退出系统          *
* * * * * * * * * * * * * * * *
       请选择(0-5) :2↙
```

选择 2,按起点站查询系统,系统提示:

输入要查询的起点站名:上海↙

系统显示:

```
航班号 起点站 终点站 航班期 起飞时间 到达时间  机型  票价
MU5341,上海,广州,每日,      1420,    1615,     M90,1280
航班号 起点站 终点站 航班期 起飞时间 到达时间  机型  票价
HU1836,上海,北京,每日,      0940,    1120,     738,1250
```

如果选择 2 并输入起点站名"南昌"↙,系统会显示:"无此航班信息,可能是输入错误!",之后返回查询主控菜单。

```
* * * * * * * * * * * * * * * *
*      航班信息查询系统        *
* * * * * * * * * * * * * * * *
*         1. 航 班 号          *
*         2. 起 点 站          *
*         3. 终 点 站          *
*         4. 起飞时间          *
*         5. 到达时间          *
*         0. 退出系统          *
* * * * * * * * * * * * * * * *
       请选择(0-5) :4↙
```

选择 4,按起飞时间查询,系统会提示:

输入要查询的起飞时间:1510↙

查询结果显示:

```
航班号 起点站 终点站 航班期     起飞时间 到达时间  机型  票价
CZ3528 成都   厦门   1.3.4.5.7  1510     1650      CRJ   1060
```

显示查询主菜单：

```
* * * * * * * * * * * * * * *
*      航班信息查询系统        *
* * * * * * * * * * * * * * *
*        1. 航 班 号          *
*        2. 起 点 站          *
*        3. 终 点 站          *
*        4. 起飞时间          *
*        5. 到达时间          *
*        0. 退出系统          *
* * * * * * * * * * * * * * *
       请选择(0-5):0↙
```

选择0,系统在显示“再见!”之后退出并结束整个查询系统。

课程设计9 图书管理信息系统

一、设计要求

图书管理一般包括图书采编、图书编目、图书查询及图书流通(借书、还书)等。要求设计一个图书管理信息系统,用计算机实现上述系统功能。

具体设计要求：

(1) 建立一个图书信息数据库文件,输入若干种书的记录,建立一个以书号为关键字的索引文件;在主数据库文件中建立以书名、作者及出版社为次关键字的索引以及对应的索引链头文件,如图Ⅱ.4所示。

(2) 建立关于书号、书名、作者及出版社的图书查询。

(3) 实现图书的借还子系统,包括建立读者文件、借还文件、读者管理及图书借还等相关的处理。

书　名	链头地址	长度
数据库	6	2
数据结构	7	2
操作系统	3	1
程序设计	8	2

(a) 书名索引链头文件

作　者	链头地址	长度
李小云	7	3
刘晓阳	8	2
许海平	6	2
孙华英	4	1

(b) 作者索引链头文件

出版社	链头指针	长度
人民邮电	7	3
中国科学	5	2
清华大学	8	3

（c）出版社索引链头文件

图Ⅱ.4 图书主文件及相关索引文件示例

二、设计分析

1. 数据文件类型设计

根据设计要求，定义数据结构类型如下：

（1）主数据库文件

```
typedef struct {
    char bno[5];        //书号
    char bname[21];     //书名
    int  namenext;      //书名指针链，为了处理方便，仅将数据库记录号看
                        //为记录的地址指针
    char author[9];     //作者
    int  authnext;      //作者链指针(用记录号)
    char press[11];     //出版社
    int  prenext;       //出版社链指针(用记录号)
    char sortno[4];     //分类号
    int  storenum;      //藏书量
    int  borrownum;     //借出数
}BookRecType;          //数据库记录类型
typedef struct {
    BookRecType BookDbase[BookSize];
    int len;            //文件当前长度
}BookDbaseFile;         //定义图书数据库文件类型
```

（2）书号索引文件

```
typedef struct {
    char bno[5];        //书号
    int  RecNo;         //记录指针
}BidxRecType;           //索引文件记录类型
typedef struct {
    BidxRecType BnoIdx[BookSize];
    int len;            //当前记录个数
```

```
}BnoIdxFile;              //书号索引文件类型
```

(3) 书名链头索引文件

```
typedef struct {
    char bname[21];       //书名
    int  lhead;           //链头指针
    int  RecNum;          //长度
}BNRecType;               //书名链头文件记录类型
typedef struct {
    BNRecType LHFrec1[BLHnum];
    int len1;             //链头文件当前长度
}LHFile1;                 //书名链头文件类型
```

(4) 作者链头索引文件

```
typedef struct {
    char author[9];       //作者
    int  lhead;           //链头指针
    int  RecNum;          //长度
}BARecType;               //作者链头文件记录类型
typedef struct {
    BARecType LHFrec2[BLHnum];
    int len2;
}LHFile2;                 //作者链头文件类型
```

(5) 出版社链头索引文件

```
typedef struct {
    char press[11];       //出版社
    int  lhead;           //链头指针
    int  RecNum;          //长度
}BPRecType;               //出版社链头文件记录类型
typedef struct {
    BPRecType LHFrec3[BLHnum];
    int len3;
}LHFile3;                 //出版社链头文件类型
```

(6) 读者文件

```
typedef struct {
    char rno[4];          //读者号
    char name[8];         //读者名
    int  bn1;             //可借书数
    int  bn2;             //已借书数
```

```
}RRecType;              //读者文件记录类型
typedef struct {
    RRecType ReadRec[RRnum];
    int len;            //当前读者数
}ReadFile;              //读者文件类型
```

(7) 借还书文件

```
typedef struct {
    char rno[4];        //读者号
    char bno[5];        //书号
    char date1[9];      //借书日期
    char date2[9];      //还书日期
}BbookRecType;          //借还书文件记录类型
typedef struct {
    BbookRecType Bbook[BookSize];
    int len;            //当前借书数
}BbookFile;             //借还书文件类型
```

2. 系统功能算法描述

(1) 建立图书数据库文件及按书号的索引文件

建立文件时,在输入记录建立数据库文件的同时建立一个索引表。索引表中的索引项按记录输入的书号升序排列(用插入排序法),并同时修改相关的索引及链头文件。为了方便起见,我们将文件用记录数组替代实现,在后面使用数组时,数组下标都是从 1 开始。

① 输入一条图书记录的算法描述如下:

```
void AppeDBaseFile(BookDbaseFile &df)
{
    提示输入项的输入顺序;
    输入一条记录;
    图书记录计数器加 1;
}
```

② 书号索引文件的修改:

```
void ChangeBnoIdxF(BookDbaseFile &df, BnoIdxFile &bif)
{
    取当前图书记录中书号送至变量 sh 中
    while(j>=1)
    {  //找插入位置
        if(sh>索引表中第 j 个记录的书号)
        {  k=j+1;break;}
```

```
        j——;
    }
    //有序索引表中插入一个索引记录
    记录后移,留出位置;
    插入记录;
    bif.len++;      //表长加1
}
```

(2) 多重表文件的建立

文件可以按照记录中关键字的多少,分成单关键字文件和多关键字文件。若文件中的记录只有一个惟一标识记录的主关键字,则称其为单关键字文件;若文件中的记录除了含有一个主关键字外,还含有若干个次关键字,则称为**多关键字文件**。设计的图书文件就是一个多关键字文件,除了书号为主关键字外,还有多个次关键字,如书名、作者、出版社等。

多关键字文件的组织方式有两种,一种叫做倒排文件,另一种叫做多重表文件。这里采用多重表文件方式来表示图书文件。多重表文件是将索引方法和联接方法相结合的一种组织方式,它对每个需要查询的次关键字建立一个索引,同时将具有相同次关键字的记录链接成一个链表,并将此链表的头指针、链表长度及次关键字,作为索引表的一个索引项,该索引表又称为链头索引文件。

根据设计要求,需要建立三项次关键字的索引和相对应的链头索引文件。建立次关键字索引及链头索引文件的基本思想是:根据一条主文件的记录,将要建立索引的次关键字与对应的链头索引文件中的关键字比较,如有相等的,就将主文件中的索引指针修改成链头指针文件中的当前指针,并同时修改链头文件中和链头指针为当前主文件的记录指针并将记录个数加1,若没有相等的,将主文件中的索引指针置成0(NULL),修改链头文件中和链头指针为当前主文件的记录指针并将记录个数置成1。以书名次关键字建立索引为例,具体算法描述如下:

```
void ChangeLinkHeadFl(BookDbaseFile &df, LHFile1 &lhf1)
{
    处理图书文件当前记录;
    while(j<=lhf1.len1)
    {
        在链头文件中查找与次关键字相等的记录;
        if(相等)
        {  k=j;break;}
        j++;
    }
    //采用头插法建立索引
```

```
    if(找到相等的记录)
    {
        链头文件记录的指针存入图书主文件当前记录的相应指针域;
        主文件的当前记录号(假定为指针)存入链头文件的指针域;
        链头文件的记录计数器加 1;
    }
    else
    {
        主文件中当前记录的指针域置空(0);
        主文件的当前记录号(假定为指针)存入链头文件的指针域;
        链头文件的记录计数器置为 1;
        索引关键字个数加 1;
    }
}
```

(3) 建立关于书号、书名、作者及出版社的查询

```
void SearchBook(BookDbaseFile df,BnoIdxFile bif,LHFile1 f1,
          LHFile2 f2,LHFile3 f3 )
{
    choose=1;
    while(choose>=1 && choose<=5)
    { 显示图书查询菜单:
        1. 书　号  2. 书　名
        3. 作　者  4. 出版社
        5. 退出
            请用户选择:to choose
        switch(choose)
        {
          case 1: 输入书号;调用书号查询算法;break;
          case 2: 输入书名;调用书名查询算法;break;
          case 3: 输入作者;调用作者查询算法;break;
          case 4: 输入出版社;调用出版社查询算法;break;
          case 5: return;
        }
    }
}
```

① 按书号查询算法:

由于图书文件已按书号建立了索引文件,就是说已按书号索引有序,因此可采

用二分查找算法来实现书号查询。查询算法描述如下：

```
int BinSearch(BnoIdxFile bif, char key[ ])
{
    while(low<=high){
        mid=(low+high)/2;
        if(strcmp(key,L.sl[mid].keys)==0) return mid;
        else if(strcmp(key,L.sl[mid].keys)<0) high=mid-1;
        else low=mid+1;
    }
    return 0;
}//BinSearch
```

② 按书名查询算法：

```
int BnameFind(LHFile1 lhf1,char key1[])
{
    //顺序查找书名链头文件
    for(i=1;i<=lhf1.len1;i++)
    {  if(key==链头文件中当前记录的书名)
        {  k=链头文件中当前记录链头;
           退出循环;
        }
    }
        return k;  //k 就是要查找的书在图书文件中的首记录号
    }
```

按作者或出版社查询与上述按书名查询算法类似,这里就不再一一介绍了。

(4) 借书处理算法

```
void BorrowBook(BookDbaseFile bf,BbookFile bbf,ReadFile rf)
{
    输入读者号、书号、借阅日期；
    借书处理:查找读者文件,验证读者身份,先检验读者是否可以借书,若不能借,就提示
             读者"书已借满,不能再借";如可借,则查图书主文件,如需要借阅的图书已
             被借出,则显示"图书已借出",否则,借还书文件追加一条记录,记录相关内
             容,并分别修改图书文件和读者文件；
}
```

(5) 还书处理算法

```
void BackBook(BookDbaseFile bf,BbookFile bbf,ReadFile rf)
{
    输入读者号、书号、还书日期；
```

```
    还书处理:查找读者文件,修改借书数;
    查图书主文件,修改借出数;
    查询借还书文件,填入还书日期;
}
```

三、设计的实现

1. 输入图书记录建立相关文件(createfile.c)

(1) 追加一条图书主数据库记录

```
void AppeDBaseRec(BookDbaseFile &df)
{   int i;
    i=++df.len;            //图书主数据库长度加 1
    printf("书号      书名      作者名   出版社   分类   藏书量\n");
    scanf("%s%s",df.BookDbase[i].bno, df.BookDbase[i].bname);
    scanf("%s%s",df.BookDbase[i].author, df.BookDbase[i].press);
    scanf("%s %d",df.BookDbase[i].sortno,&df.BookDbase[i].storenum);
    df.BookDbase[i].borrownum=0;    //借出数置 0
}
```

(2) 修改书号索引表

```
void ChangeBnoIdxF(BookDbaseFile &df, BnoIdxFile &bif)
{   int i,j,k;
    char sh[4];
    i=df.len;          //图书主文件的当前长度,也就是要处理的当前记录号
    strcpy(sh,df.BookDbase[i].bno); //取记录中书号送至变量 sh 中
    j=bif.len; k=1;
    while(j>=1)
    {  //查找插入位置
        if(strcmp(sh,bif.BnoIdx[j].bno)>0)
        {  k=j+1;break;}
        j--;
    }
    if(bif.len>0) //有序表的插入
      for(j=bif.len;j>=k;j--)
         bif.BnoIdx[j+1]=bif.BnoIdx[j]; //记录后移
    strcpy(bif.BnoIdx[k].bno,sh);
    bif.BnoIdx[k].RecNo=i;
    bif.len++;                               //表长加 1
}
```

(3) 修改书名索引以及书名链头索引表

```
void ChangeLinkHeadF1(BookDbaseFile &df, LHFile1 &lhf1)
{   int i,j,k,m;
    char sm[20];
    i=df.len;          //图书主文件的当前长度,也就是要处理的当前记录号
    strcpy(sm,df.BookDbase[i].bname); //取记录中书名送至变量 sm 中
    j=1; k=0;
    while(j<=lhf1.len1)
    {  //查找与次关键字相等的记录
        if(strcmp(sm,lhf1.LHFrec1[j].bname)==0)
        {  k=j;break;}
        j++;
    }
    if(k!=0)
    {
        df.BookDbase[i].namenext=lhf1.LHFrec1[k].lhead;
        lhf1.LHFrec1[k].lhead=i; //i 为主文件的当前记录号(假定为指针)
        lhf1.LHFrec1[k].RecNum++;
    }
    else
    { m=++lhf1.len1;                    //索引关键字个数加 1
      df.BookDbase[i].namenext=0;       //用头插法建立链表,指针置空
      lhf1.LHFrec1[m].lhead=i;          //i 为主文件的当前记录号(假定为指针)
      lhf1.LHFrec1[m].RecNum=1;         //计数器置 1
      strcpy(lhf1.LHFrec1[m].bname,sm);
    }
}
```

(4) 修改作者索引以及作者链头索引表

```
void ChangeLinkHeadF2(BookDbaseFile &df, LHFile2 &lhf2)
{   int i,j,k,m;
    char zz[8];
    i=df.len;          //图书主文件的当前长度,也就是要处理的当前记录号
    strcpy(zz,df.BookDbase[i].author); //取记录中作者送至变量 zz 中
    j=1; k=0;
    while(j<=lhf2.len2)
    {  //查找与次关键字相等的记录
        if(strcmp(zz,lhf2.LHFrec2[j].author)==0)
        {  k=j;break;}
```

```
        j++;
    }
    if(k! =0)
    {
        df.BookDbase[i].authnext=lhf2.LHFrec2[k].lhead;
        lhf2.LHFrec2[k].lhead=i; //i为主文件的当前记录号(假定为指针)
        lhf2.LHFrec2[k].RecNum++;
    }
    else
    {   m=++lhf2.len2;                  //索引关键字个数加1
        df.BookDbase[i].authnext=0; //用头插法建立链表,指针置空
        lhf2.LHFrec2[m].lhead=i;     //i为主文件的当前记录号(假定为指针)
        lhf2.LHFrec2[m].RecNum=1;   //计数器置1
        strcpy(lhf2.LHFrec2[m].author,zz);
    }
}
```

(5) 修改出版社索引以及出版社链头索引表

```
void ChangeLinkHeadF3(BookDbaseFile &df, LHFile3 &lhf3)
{   int i,j,k,m;
    char cbs[10];
    i=df.len;         //图书主文件的当前长度,也就是要处理的当前记录号
    strcpy(cbs,df.BookDbase[i].press); //取记录中出版社送至变量cbs中
    j=1; k=0;
    while(j<=lhf3.len3)
    {  //查找与次关键字相等的记录
        if(strcmp(cbs,lhf3.LHFrec3[j].press)==0)
        {   k=j;break;}
        j++;
    }
    if(k! =0)
    {
        df.BookDbase[i].prenext=lhf3.LHFrec3[k].lhead;
        lhf3.LHFrec3[k].lhead=i; //i为主文件的当前记录号(假定为指针)
        lhf3.LHFrec3[k].RecNum++;
    }
    else
    {   m=++lhf3.len3;                //索引关键字个数加1
        df.BookDbase[i].prenext=0; //用头插法建立链表,指针置空
```

```
        lhf3.LHFrec3[m].lhead=i;    //i为主文件的当前记录号(假定为指针)
        lhf3.LHFrec3[m].RecNum=1;   //计数器置1
        strcpy(lhf3.LHFrec3[m].press,cbs);
    }
}
```

(6) 建立图书多重表主索引及相关索引链头文件

```
CreateBook(BookDbaseFile &bf,BnoIdxFile &bif,LHFrec1 &f1,LHFrec2 &f2,LHFrec3 &f3)
{     cahr yn='y';
      while(yn=='y'|| yn=='Y') {
        AppeDBaseRec(bf);          //输入记录
        ChangeBnoIdxF(bf,bif);  //修改书号索引文件
        ChangeLinkHeadF1(bf,f1);//修改书名索引文件
        ChangeLinkHeadF2(bf,f2);//修改作者索引文件
        ChangeLinkHeadF3(bf,f3);//修改出版社索引文件
        printf("继续输入吗? y/n :\n");
        scanf("%c",&yn);
      }
}
```

2. 建立关于书号、书名、作者及出版社的查询(search.c)

(1) 书号查询算法

用二分查找实现书号查询算法如下:

```
int BinSearch(BnoIdxFile bif,char key[ ])
{    int low,high,mid;
     low=1;
     high=bif.len;
     while(low<=high){
        mid=(low+high)/2;
        if(strcmp(key,bif.BnoIdx[mid].bno)==0)
            return bif.BnoIdx[mid].RecNo;
        else if(strcmp(key,bif.BnoIdx[mid].bno)<0)
                high=mid-1;
        else low=mid+1;
     }
     return 0;
}//BinSearch
```

(2) 按书名查询算法

```
int BnameFind(LHFile1 lhf1,char key[])
```

```
{  int i,k=0;
   for(i=1;i<=lhf1.len1;i++)
   {  if(strcmp(key,lhf1.LHFrec1[i].bname)==0)
      {
         k=lhf1.LHFrec1[i].lhead; break;
      }
   }
   return k;
}
```

(3) 按作者查询算法

```
int BauthFind(LHFile2 lhf2,char key[])
{  int i,k=0;
   for(i=1;i<=lhf2.len2;i++)
   {  if(strcmp(key,lhf2.LHFrec2[i].author)==0)
      {
         k=lhf2.LHFrec2[i].lhead; break;
      }
   }
   return k;
}
```

(4) 按出版社查询算法

```
int BnameFind(LHFile3 lhf3,char key[])
{  int i,k=0;
   for(i=1;i<=lhf3.len3;i++)
   {  if(strcmp(key,lhf3.LHFrec3[i].press)==0)
      {
         k=lhf3.LHFrec3[i].lhead; break;
      }
   }
   return k;
}
```

(5) 输出一条图书主数据库记录

```
void ShowRec(BookDbaseFile df, int i)
{
   printf("书 号      书 名       作者名   出版社   分类号\n");
   printf("=================================\n");
   printf("%-6s%20s",df.BookDbase[i].bno, df.BookDbase[i].bname);
```

```
    printf("%8s%10s",df.BookDbase[i].author, df.BookDbase[i].press);
    printf("%-6s\n",df.BookDbase[i].sortno);
    printf("================================\n");
}
```

(6) 图书查询控制程序

```
void SearchBook(BookDbaseFile df,BnoIdxFile bif,LHFile1 f1,
        LHFile2 f2,LHFile3 f3 )
{   char sh[4],sm[20],zz[8],cbs[10];
    int  i,j,k,choose=1;
    while(choose>=1 && choose<=5)
    {   printf(" 图书查询子系统\n");
        printf("--------------------\n");
        printf("1.书号  2.书名\n");
        printf("3.作者  4.出版社\n");
        printf("5.退出\n");
        printf("--------------------\n");
        printf("请用户选择:\n");
        scanf("%d",&choose);
        switch(choose)
        {
          case 1:
              printf("输入书号:\n");scanf("%s",sh);
              k=BinSearch(bif,sh);//调用书号查询算法
              if(k==0) {
                printf("没有要查找的图书,请检查是否输入有错\n");
                break;
              }
              ShowRec(df,k);     //输出查找的图书记录
              break;
          case 2:
              printf("输入书名:\n"); scanf("%s",sm);
              k= BnameFind(f1,sm); //调用书名查询算法
              if(k==0) {
                printf("没有要查找的图书,请检查是否输入有错\n");
                break;
              }
              for(i=k;i;i=df.BookDbase[i].namenext)
                ShowRec(df,i);      //输出一条图书记录
```

```
                break;
            case 3:
                printf("输入作者名:\n");scanf(" %s",zz);
                k= BauthFind(f2,zz); //调用作者查询算法
                if(k==0) {
                  printf("没有要查找的图书,请检查是否输入有错\n");
                  break;
                }
                for(i=k;i;i=df.BookDbase[i].authnext)
                  ShowRec(df,i);       //输出一条图书记录
                break;
            case 4:
                printf("输入出版社:\n");scanf(" %s",cbs);
                k= BnameFind(f3,cbs);
                if(k==0) {
                  printf("没有要查找的图书,请检查是否输入有错\n");
                break;
                }
                for(i=k;i;i=df.BookDbase[i].prenext)
                  ShowRec(df,i);       //输出一条图书记录
                break;
            case 5: return;
        }
    }
}
```

3. 借还书处理(borrow.c)

(1) 借书处理算法

```
void BorrowBook(BookDbaseFile &bf,BnoIdxFile bif,BbookFile &bbf,ReadFile &rf)
{
    char dzh[8],sh[4],jyrq[8];
    int i,j,k=0;
    printf("输入读者号  书号  借阅日期\n");
    scanf(" %s%s%s",dzh,sh,jyrq);
    for(i=1;i<=rf.len;i++) //查找读者文件
      if(strcmp(dzh,rf.ReadRec[i].rno)==0)
        { k=i;break;}
    if(k==0) { printf("非法读者! \n"); return;}
    if(rf.ReadRec[k].bn2>= rf.ReadRec[k].bn1)
```

```
        { printf("书已借满! \n");return;}
    j=BinSearch(bif,sh); //查找图书文件
    if(j==0) { printf("非法书号! \n");return;}
    if(bf.BookDbase[j].borrownum>= bf.BookDbase[j].storenum)
        { printf("图书已借出\n");return; }
    i=++bbf.len;                    //借还书文件记录数加 1
    strcpy(bbf.Bbook[i].rno,dzh); //借还书文件追加一条记录,记录相关内容
    strcpy(bbf.Bbook[i].bno,sh);
    strcpy(bbf.Bbook[i].date1,jyrq);
    rf.ReadRec[k].bn2++;            //读者借书数加 1
    bf.BookDbase[j].borrownum++;  //图书借出数加 1
    printf("借书成功! \n");
}
```

(2) 还书处理算法

```
void BackBook(BookDbaseFile &bf,BnoIdxFile bif,BbookFile &bbf,ReadFile &rf)
{   char dzh[8],sh[4],hsrq[8];
    int i,j,k=0,m=0;
    printf("输入读者号  书号  还书日期\n");
    scanf("%s%s%s",dzh,sh,hsrq);
    for(i=1;i<=rf.len;i++) //查找读者文件
      if(strcmp(dzh,rf.ReadRec[i].rno)==0)
        {  k=i;break;}
    if(k==0) { printf("非法读者! \n"); return;}
    for(i=1;i<=bbf.len;i++)          //查询借还书文件
      if(strcmp(sh,bbf.Bbook[i].bno)==0)
        { m=i; break;}
    if(m==0) { printf("非法书号! \n"); return;}
    j=BinSearch(bif,sh);        //查找图书文件
    if(j==0) { printf("非法书号! \n");return;}
    rf.ReadRec[k].bn2--;                //修改借书数
    bf.BookDbase[j].borrownum--;        //修改借出数
    strcpy(bbf.Bbook[m].date2,hsrq);//填入还书日期
    printf("还书成功! \n");
}
```

4. 读者管理子系统(reader.c)

```
voidReaderManage(ReadFile &rf)
{ //为了简单起见,仅设计增加读者一个功能
    int i;char yn='y';
```

```
    i=++rf.len;
    while(yn=='y'|| yn=='Y'){
      printf("输入读者号  读者名  可借图书数\n");
      scanf("%s %s",rf.ReadRec[i].rno, rf.ReadRec[i].name);
      scanf("%d",&rf.ReadRec[i].bnl);
      printf("继续输入吗? y/n:\n");
      scanf("%c",&yn);i++;
    }
    rf.len=i-1;
}
```

5. 各类文件写盘(writefile.c)

```
void writefile(BookDbaseFile bf,BnoIdxFile bif,LHFile1 f1,LHFile2 f2,LHFile3 f3,
ReadFile rf,BbookFile bbf)
{   FILE *fp;int i;
    //写图书主文件
    fp=fopen("book","wb");
    for(i=1;i<=bf.len;i++)
      fwrite(&bf.BookDbase[i],sizeof(BookRecType),1,fp);
    fclose(fp);

    //写图书索引文件
    fp=fopen("bidx","wb");
    for(i=1;i<=bif.len;i++)
      fwrite(&bif.BnoIdx[i],sizeof(BidxRecType),1,fp);
    fclose(fp);
    //写书名索引链头文件
    fp=fopen("nidx","wb");
    for(i=1;i<=f1.len1;i++)
      fwrite(&f1.LHFrec1[i],sizeof(BNRecType),1,fp);
    fclose(fp);
    //写作者索引链头文件
    fp=fopen("aidx","wb");
    for(i=1;i<=f2.len2;i++)
      fwrite(&f2.LHFrec2[i],sizeof(BARecType),1,fp);
    fclose(fp);
    //写出版社索引链头文件
    fp=fopen("pidx","wb");
    for(i=1;i<=f3.len3;i++)
```

```
    fwrite(&f3.LHFrec3[i],sizeof(BPRecType),1,fp);
  fclose(fp);
  //写读者文件
  fp=fopen("read","wb");
  for(i=1;i<=rf.len;i++)
    fwrite(&rf.ReadRec[i],sizeof(RRecType),1,fp);
  fclose(fp);
  //写借还书文件
  fp=fopen("bbff","wb");
  for(i=1;i<=bbf.len;i++)
    fwrite(&bbf.Bbook[i],sizeof(BbookRecType),1,fp);
  fclose(fp);
}
```

6. 读盘各类文件(readfile.c)

```
void readfile(BookDbaseFile &bf,BnoIdxFile &bif,LHFile1 &f1,
            LHFile2 &f2,LHFile3 &f3,ReadFile &rf,BbookFile &bbf)
{   FILE *fp;int i;
  //读图书主文件
  fp=fopen("book","rb");
  i=1;
  while(! feof(fp)) {
    fread(&bf.BookDbase[i],sizeof(BookRecType),1,fp);
    i++;if(feof(fp))break;
  }
  bf.len=i-1;fclose(fp);
  //读书号索引文件
  fp=fopen("bidx","rb");
  i=1;
  while(! feof(fp)) {
    fread(&bif.BnoIdx[i],sizeof(BidxRecType),1,fp);
    i++;
  }
  bif.len=i-1;fclose(fp);
  //读书名索引链头文件
  fp=fopen("nidx","rb");
  i=1;
  while(! feof(fp)) {
    fread(&f1.LHFrec1[i],sizeof(BNRecType),1,fp);
```

```
        i++;
    }
    f1.len1=i-1;fclose(fp);
    //读作者索引文件
    fp=fopen("aidx","rb");
    i=1;
    while(! feof(fp)) {
        fread(&f2.LHFrec2[i],sizeof(BARecType),1,fp);
        i++;
    }
    f2.len2=i-1;
    fclose(fp);
    //读出版社索引链头文件
    fp=fopen("pidx","rb");
    i=1;
    while(! feof(fp)) {
        fread(&f3.LHFrec3[i],sizeof(BPRecType),1,fp);
        i++;
    }
    f3.len3=i-1;fclose(fp);
    //读读者文件
    fp=fopen("read","rb");
    i=1;
    while(! feof(fp)) {
        fread(&rf.ReadRec[i],sizeof(RRecType),1,fp);
        i++;
    }
    rf.len=i-1;fclose(fp);
    //读借还书文件
    fp=fopen("bbff","rb");
    i=1;
    while(! feof(fp)) {
        fread(&bbf.Bbook[i],sizeof(BbookRecType),1,fp);
        i++;
    }
    bbf.len=i-1;fclose(fp);
}
```

四、测试运行

1. 主控菜单的设计

```
void main( )
{   int i,j,m,k=1;
    char xz='n';
    BookDbaseFile bf;
    BnoIdxFile bif;
    LHFile1 f1; LHFile2 f2; LHFile3 f3;
    ReadFile rf; BbookFile bbf;
    while(k<=5)
      { printf("图书管理系统\n");
        printf("===========\n");
        printf("1.系统维护\n");
        printf("2.读者管理\n");
        printf("3.图书管理\n");
        printf("4.图书流通\n");
        printf("5.退出系统\n");
        printf("===========\n");
        printf("请选择1-5:\n");
        scanf("%d",&k);
        switch(k) {
          case 1 :
              printf("系统维护\n");
              printf("---------\n");
              printf("1.初始化\n");
              printf("2.读  盘\n");
              printf("---------\n");
              printf("请选择:\n");scanf("%d",&m);
              switch(m) {
                case 1 :
                  printf("初始化只能做一次,需慎重! 初始化吗? y/n:\n");
                  scanf("%c",&xz);
                  if(xz=='y' || xz=='Y')
                  {
                          bf.len=bif.len=f1.len1=f2.len2=0;
```

```
                f3.len3=rf.len=bbf.len=0;
            }
            break;
          case 2: readfile(bf,bif,f1,f2,f3,rf,bbf);
                break;
        }
            break;
    case 2: ReaderManage(rf);
            break;
    case 3: printf("图书管理子系统\n");
            printf("------------------\n");
            printf("1.图书信息输入\n");
            printf("2.图书信息查询\n");
            printf("------------------\n");
            printf("请  选  择 : \n");
            scanf("%d",&j);
            if(j==1)
              CreateBook(bf,bif,f1,f2,f3);
            else
              SearchBook(bf,bif,f1,f2,f3);
            break;
    case 4: printf("图书流通子系统\n");
            printf("------------------\n");
            printf(" 1. 借书处理  \n");
            printf(" 2. 还书处理  \n");
            printf("------------------\n");
            printf(" 请 选 择 :  \n");
            scanf("%d",&j);
            if(j==1)
              BorrowBook(bf,bif,bbf,rf);
            else if(j==2)
              BackBook(bf,bif,bbf,rf);
            break;
    case 5: printf("系统正在写盘,稍等...\n");
            writefile(bf,bif,f1,f2,f3,rf,bbf);
            printf("再见! \n");
            return;
}
```

```
    }
}
```

2. 测试运行实例

要运行上述主控菜单程序，还需要加入一些宏定义、文件包含以及相关的类型定义等，其中类型定义在前面已经给出，假设存储在“type.h”文件中。因此，在主控菜单程序的前面加上如下的内容：

```
#define BookSize 100          //假定图书文件的最大可能记录数
#define BLHnum 50             //索引链头文件中的记录数
#define RRnum  50             //读者的最大可能数
#include<stdio.h>             //包含标准系统输入输出头文件
#include<string.h>            //包含字符串处理头文件
#include"type.h"              //包含已定义各文件类型
#include"createfile.c"        //包含建立各种文件算法
#include"search.c"            //包含各种查询算法
#include"reader.c"            //包含读者管理算法
#include"borrow.c"            //包含借还书处理算法
#include"writefile.c"         //包含写各种文件算法
#include"readfile.c"          //包含读各类文件算法
```

编译并运行主控菜单程序，首先会显示出如下的菜单，供用户选择：

```
          图书管理系统
        ==============
          1. 系统维护
          2. 读者管理
          3. 图书管理
          4. 图书流通
          5. 退出系统
        ==============
          请选择 1-5:_
```

(1) 系统初始化

在上面的主控菜单中选择 1 后，系统显示如下菜单供选择：

```
          系统维护
        ------------
           初始化
           读  盘
        ------------
          请选择:_
```

第一次运行时，必须先选“初始化”操作，使有关文件指针、计数器等初始化为

0。而在以后的每次操作开始时，先选“读盘”操作，将保存过的相关图书信息磁盘文件读入，以便进行各类操作。

(2) 读者管理

读者管理的处理相对来说比较简单，因此在这项处理中仅设计了读者信息的追加输入一项，其他部分留给读者自己完成。

在进行借还书处理之前，必须先选择“2. 读者管理”，输入读者信息。如需要增加读者，也同样选择该项菜单进行输入。选择“2. 读者管理”，进入读者信息输入模块，系统显示输入数据项提示：

输入读者号　读者名　可借图书数
201　李石林　8↙

系统提示：

继续输入吗？ y/n ：y↙

系统显示：

输入读者号　读者名　可借图书数
203　王可旺　10↙

系统提示：

继续输入吗？ y/n ：y↙

系统显示：

输入读者号　读者名　可借图书数
204　成望平　6↙

系统提示：

继续输入吗？ y/n ：n↙

结束输入，回到主控菜单。

(3) 图书管理

在图书管理子系统中，仅设计了图书信息的输入并建立相关的索引和图书信息的查询两个部分，其他部分如图书订购、图书编目、新书通报、汇总统计等功能均未实现，如有需要，读者可根据自己的情况补充相关部分。

在选择“3. 图书管理”菜单项之后，系统提示如下：

图书管理子系统

——————————————————

1. 图书信息输入
2. 图书信息查询

——————————————————

请　选　择：_

此时选择 1，就进入图书信息输入子模块，在输入信息的同时建立相应的索引、索引文件和索引链头文件。例如在输入提示下，输入设计要求中给出的图书信息：

书号(4)	书名(20)	作者名(8)	出版社(10)	分类号(3)	藏书量
1021	数据库	李小云	人民邮电	021	8↙

系统提示：

继续输入吗? y/n :y↙

书号(4)	书名(20)	作者名(8)	出版社(10)	分类号(3)	藏书量
1014	数据结构	刘晓阳	中国科学	013	6↙

如此逐条输入以下各图书信息：

1106	操作系统	许海平	人民邮电	024	7
1108	数据结构	孙华英	清华大学	013	5
1203	程序设计	李小云	中国科学	035	6
2105	数据库	许海平	清华大学	021	6
1012	数据结构	李小云	人民邮电	013	5
0109	程序设计	刘晓阳	清华大学	035	7

有了图书信息数据之后，就可以进行图书信息的查询以及图书借阅等操作了。如果在图书管理菜单中选择"2.图书查询"，系统会有如下的子菜单提示：

```
图书查询子系统
————————————————
1. 书　号  2. 书　名
3. 作　者  4. 出版社
5. 退　出
————————————————
请用户选择：_
```

① 若在此处按 1，按书号查询，系统会提示：

输入书号：1108↙

查找到该图书后，显示查询结果：

```
书号  书　名      作者名  出版社      分类号
=========================================
1108  数据结构    孙华英  清华大学    013
=========================================
```

若输入的书号不存在，则会显示：

没有要查的书！请检查是否输入错误

② 如果选择 2，按书名查询，系统即显示：

输入书名：数据结构↙

则显示查询结果即所有书名为"数据结构"的图书信息如下：

```
书号  书　名      作者名  出版社      分类号
=========================================
1012  数据结构    李小云  人民邮电    013
```

```
==============================
书号  书  名        作者名  出版社      分类号
==============================
1014  数据结构       刘晓阳  中国科学     013
==============================
书号  书  名        作者名   出版社      分类号
==============================
1108  数据结构       孙华英  清华大学     013
==============================
```

③ 如果选择 3,按作者名查询,系统提示:

输入作者名:许海平↙

则显示"许海平"写的所有图书的信息:

```
书号  书  名        作者名  出版社      分类号
==============================
2105  数据库        许海平  清华大学     021
==============================
书号  书  名        作者名  出版社      分类号
==============================
1106  操作系统       许海平  人民邮电     024
==============================
```

④ 如果选择 4,按出版社查询,系统显示:

输入出版社:中国科学↙

则显示所有中国科学出版社出版的图书的信息:

```
书号  书  名        作者名  出版社      分类号
==============================
1203  程序设计       李小云  中国科学     035
==============================
书号  书  名        作者名  出版社      分类号
==============================
1014  数据结构       刘晓阳  中国科学     013
==============================
```

⑤ 若选择 5,则返回到主控菜单。

(4) 图书流通

图书流通子系统的主要功能应该包括借书、还书、预约及逾期处理等,这里仅设计了借书和还书功能,预约及逾期处理等功能请读者去完成。

在主控菜单中选择 4 之后,就进入图书流通子系统:

图书流通子系统

——————————————

1. 借书处理

2. 还书处理

——————————————

请 选 择 ：

① 若选择 1,则进入借书处理,系统显示输入提示:

输入读者号 书号 借阅日期

203 1203 04.08.25↙

在接受输入信息后,首先查询读者文件,若没查到,则显示"非法读者!",若找到,则再检查该读者书是否已借满,如果未借满,则检查图书文件,否则显示"书已借满!",检查图书文件时如发现书号不存在或书已借出,会提示读者"非法书号!"或"书已借出",否则进行借书处理,修改借阅文件、读者文件以及图书主文件的相关数据项,并显示"借书成功!"。

② 若选择 2,则进入还书处理,系统会提示:

输入读者号 书号 还书日期

203 1203 04.10.20↙

在接受输入信息之后,首先用书号查询借还书文件,如若找到,则填入还书日期,然后再用书号查询图书主文件,修改借出数,用读者号查询读者文件,修改读者的借书数,而后显示"还书成功!"。否则显示"非法书号!"并返回主控菜单。

(5) 退出系统

在主控菜单中选择 5,退出系统,系统会自动将当前图书数据及相关的信息写入磁盘文件。下次运行系统时,应首先读入文件,再进行各种操作。

附录Ⅲ　模拟试题及参考答案

模拟试题 1

第一部分　选择题(共 30 分)

一、单项选择题(本大题共 15 小题,每小题 2 分,共 30 分)

1. 线性表定义为(　　)。

A. 一个无限序列,可以为空　　B. 一个无限序列,不能为空

C. 一个有限序列,可以为空　　D. 一个有限序列,不能为空

2. 以二叉链表作为二叉树的存储结构时,在具有 n 个结点的二叉链表中(n>0),空指针域的个数为(　　)。

A. 2n－1　　B. n＋1

C. n－1　　D. 2n＋1

3. 若一个序列的进栈顺序为 1,2,3,4,那么不可能的出栈序列是(　　)。

A. 4,2,3,1　　B. 3,2,1,4

C. 4,3,2,1　　D. 1,2,3,4

4. 具有 65 个结点的完全二叉树其深度为(根的层次号为 1)(　　)。

A. 8　　B. 7

C. 6　　D. 5

5. 下列排序算法中,排序在每趟结束后不一定能选出一个元素放到其排好的最终位置上的算法是(　　)。

A. 选择排序　　B. 冒泡排序

C. 归并排序　　D. 堆排序

6. 设有向图有 n 个顶点和 e 条边,进行拓扑排序时,总的计算时间为(　　)。

A. $O(n\log_2 e)$　　B. $O(e\log_2 n)$

C. $O(en)$　　D. $O(n+e)$

7. 如果要求一个线性表既能较快地查找，又能适应动态变化的要求，则可采用的查找方法是(　　)。

A. 顺序　　B. 分块

C. 折半　　D. 其他

8. 链表不具有的特点是(　　)。

A. 所需空间与线性表长度成正比　　B. 不必事先估计存储空间

C. 插入、删除时不需移动元素　　D. 随机访问

9. 设有两个子串 S 和 T，求 T 在 S 中首次出现的位置的运算称为(　　)。

A. 连接　　B. 求子串

C. 模式匹配　　D. 求串长

10. 设有 98 个元素，采用二分法查找时，最大比较次数为(　　)。

A. 49　　B. 15

C. 20　　D. 7

11. 如果以链表作为栈的存储结构，则出栈操作时(　　)。

A. 必须判别栈是否为空　　B. 必须判别栈元素的类型

C. 必须判别栈是否为满　　D. 对栈不必作任何判别

12. 下列存储表示中，哪一个不是树的存储形式(　　)。

A. 双亲表示法　　B. 孩子链表表示法

C. 顺序存储表示法　　D. 孩子兄弟表示法

13. 对 n 个记录的文件进行堆排序，最坏情况下的执行时间为(　　)。

A. $O(\log_2 n)$　　B. $O(n\log_2 n)$

C. $O(n)$　　D. $O(n^2)$

14. 一个记录的关键字序列为：46，79，56，38，42，88，采用快速排序以第一个记录为基准得到的第一次划分结果为(　　)。

A. 38，42，46，56，79，88　　B. 42，38，46，79，56，88

C. 42，38，46，56，79，88　　D. 42，38，46，56，79，88

15. 设有向图有 n 个顶点和 e 条边，进行拓扑排序时，总的计算时间为(　　)。

A. $O(n\log_2 e)$　　B. $O(n^e)$

C. $O(e^n)$　　D. $O(n+e)$

第二部分　非选择题(共 70 分)

二、填空题(本大题共 10 小题，每小题 2 分，若有两个空格，每个空格 1 分，共

20 分)

16. 在一个算法中,一条语句重复执行的次数称为________。

17. 数据结构的 3 个要素是数据的逻辑结构、________和________。

18. 在单链表中,指针 p 所指结点为最后一个结点的条件是________。

19. 带头结点的单链表中,除头结点外,任一结点的存储位置(地址)是在________。

20. 多个值相同的元素只分配一个存储空间,零元素不分配空间,称为________。

21. 已知二叉树的前序遍历序列为 ABDCEFG,中序遍历序列为 DBCAFEG,则后序遍历序列为________。

22. 如要将序列{52,18,25,70,96,72,75}建成小根堆,只需把 18 与______相互交换。

23. 利用直接选择排序算法对 n 个记录进行排序,在最坏情况下,记录交换的次数为________。

24. 由二叉树的________序列或________序列可以惟一确定一棵二叉树。

25. 文件的基本操作主要是指________和________。

三、解答题(本大题共 4 小题,每小题 5 分,共 20 分)

26. 已知一组关键字为{25,7,32,98,93,17,49,93,27},对以上关键字进行冒泡排序,写出每一次排序结果的排列次序(5 分)。

27. 有一组关键码{68,31,120,49,98,53}需插入到表长为 12 的散列表中。

(1) 设计一个适当的散列函数;(2 分)

(2) 用设计的散列函数将上述关键码插入散列表。画出建好的散列表结构(假定用线性探测法解决冲突)。(3 分)

28. 已知序列{7,8,5,12,4,6},给出二叉排序树的构造过程。(5 分)

29. 分别按前序、中序、后序遍历图Ⅲ.1 所示的二叉树,给出相应的结点序列。(5 分)

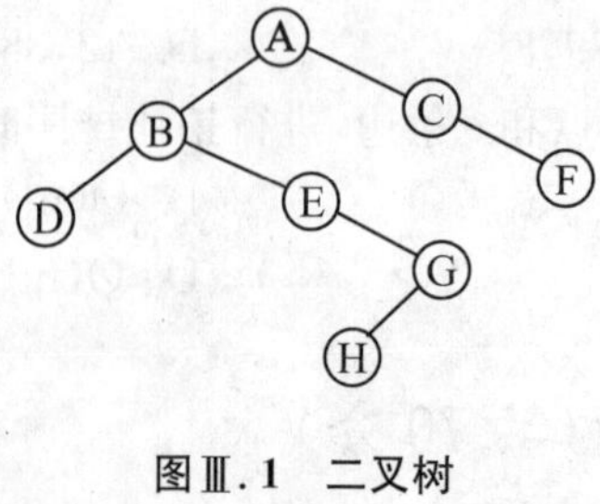

图Ⅲ.1　二叉树

四、算法阅读题(本大题共 4 小题,每小题 5 分,共 20 分)

30. 下列算法是对一个用链表表示的文件进行直接选择排序,请填入合适的内容,使其成为一个完整的算法。

```
void SelectSort(LinkList head)
{//链表结构的直接选择排序(降序)
 ListNode * p=head;//p为未排序的第一个结点指针
 while(p! =NULL){
   m=p;
   pos=p;           //pos为当前最大值结点指针
   while(m->next! =NULL){
       if( (1) )
       {q=m;pos=m->next;}//q为pos的前趋
       (2) ;
   }
   if(pos! =p){
       (3) ;
   if(p==head)
       (4) ;
   else
       (5) ;
   s=pos;
   }
   else{ s=p;p=p->next; }//s为p的前趋
 }
}
```

31. 用顺序存储结构实现将两个有序表合并成一个有序表,合并后的结果不另设新表存储,写出算法的空缺部分。说明:A,B 为整型有序表,合并后的结果仍放在 A 中。

```
void merge(SeqList * A,SeqList B);
{  int  n,m;
   n=A->length;m=B.length;//A,B表的长度分别赋给n,m
   while(m>0){
     if(n==0 || A->data[n-1]<B.data[m-1])
     {A->data[n+m-1]=B.data[m-1];
        (1) ;
     }
   else{ (2) ;n=n-1; }
```

```
}
__(3)__;
}
```

32. 下列算法求出指定结点 * p 在二叉排序树中所在的层次,请填上适当的内容,使之成为完整的算法。

```
int SearchLevel(BSTree T,BSTNode * p)
{ int  level=0;
  if(T==NULL)return(0);
  else{
      leavl=level+1;
      while(__(1)__) {
        if(T->data<p->data) T=T->rchild;
        else __(2)__;
        __(3)__;
        }
  }
  return level;
}
```

33. 设不带头结点单链表的结点是按关键字从小到大排列的,试对下面链表的查找算法填空,使之成为完整的算法。

```
void search(LinkList head,DataType x)
{//有序链表上的查找,查找成功返回结点指针,否则返回 NULL
    ListNode * p=head;
    while( (1)  &&p->data<x)
      __(2)__;
      if(__(3)__)
        return p;
      else
        return NULL;
}
```

五、算法设计题(本题共 10 分)

34. 试编写算法将一个带头结点的单循环链表 A 分解为两个具有相同结构的链表 B、C,其中,B 表中结点是 A 表中值为奇数的结点,而 C 表中结点是 A 表中值为偶数的结点(要求利用原表结点空间)。

模拟试题 2

第一部分 选择题(共 30 分)

一、单项选择题(本大题共 15 小题,每小题 2 分,共 30 分)

1. 数据的基本单位是(　　)。

A. 文件　　B. 数据元素

C. 符号　　D. 关键字

2. 下面的几个结论中,正确的是(　　)。

A. 在线性表的顺序存储结构中,逻辑上相邻的两个元素在物理上不一定相邻

B. 顺序存储方式只能用于存储线性结构

C. 顺序存储方式的优点是存储密度大,且插入、删除运算效率高

D. 顺序存储结构属于静态结构,链式结构属于动态结构

3. 对顺序存储的线性表,设其长度为 n,在任何位置上插入操作都是等概率的,则插入一个元素时大约要移动表中元素的个数是(　　)。

A. n/2　　B. (n+1)/2

C. n+1　　D. (n−1)/2

4. 线性表采用链式存储时,其地址(　　)。

A. 一定是不连续的　　B. 必须是连续的

C. 不一定连续,即可连续可不连续　　D. 部分地址必须是连续的

5. 栈是一种受限的线性表,它的特点是(　　)。

A. 先进先出　　B. 后进先出

C. 进优于出　　D. 随机进出

6. 设循环队列中数组的下标范围是 1～n,其头、尾指针分别为 f 和 r,则其元素个数为(　　)。

A. r−f　　B. r−f+1

C. (r−f) mod n+1　　D. (r−f+n) mod n

7. 如下叙述中正确的是(　　)。

A. 串是一种特殊的线性表　　B. 串的长度必须大于零

C. 串中元素只能是字母　　D. 空串就是空白串

8. 设有一个10阶的对称矩阵A,采用压缩存储方式,按行优先顺序存储,a_{00}为第一个元素,其存储地址为0,每个元素占1个地址空间,则元素a_{74}的存储地址为(　　)。

A. 13　　B. 33

C. 18　　D. 40

9. 一个非空广义表的表头(　　)。

A. 不可能是子表　　B. 只能是子表

C. 只能是原子　　D. 可以是子表或原子

10. 在一棵度为3的树中,度为3的结点个数为2,度为2的结点个数为1,则度为0的结点个数为(　　)。

A. 4　　B. 5

C. 6　　D. 7

11. 一个深度为k的完全二叉树至少有(　　)个结点。

A. 2^k　　B. 2^{k-1}

C. 2^{k+1}　　D. 2^k-1

12. 有n个顶点的强连通图至少有(　　)条边。

A. n　　B. n+1

C. n−1　　D. n(n−1)

13. 在以比较为基础的内部排序方法中,其比较次数与待排序记录的初始排列状态无关的是(　　)。

A. 插入排序　　B. 希尔排序

C. 选择排序　　D. 冒泡排序

14. 就平均查找速度而言,给定的几个查找方法的速度从慢至快的顺序是(　　)。

A. 顺序查找、折半查找、散列查找、分块查找

B. 顺序查找、分块查找、折半查找、散列查找

C. 分块查找、折半查找、散列查找、顺序查找

D. 顺序查找、散列查找、分块查找、折半查找

15. 不定长文件是指(　　)。

A. 文件的长度不固定　　B. 记录的长度不固定

C. 字段的长度不固定　　D. 关键字项的长度不固定

第二部分　非选择题(共70分)

二、填空题(本大题共10小题,每小题2分,若有两个空格,每个空格1分,共20分)

16. 数据结构是研究数据的物理结构和________以及它们之间的相互关系,

并对这种结构定义相应的__________。

17. 对顺序存储的长度为 n 的线性表，在等概率情况下，插入一个元素时大约需要移动________个元素，删除一个元素时大约需要移动表中的________个元素。

18. 在一个带头结点的单向循环链表中，p 指向尾结点的直接前驱，则指向头结点的指针 head 可用 p 表示为 head=______________。

19. 栈又称为________表，队列又称为________表。

20. 在串 S="structure"中，以"t"为首字符的子串有________个。

21. 将下三角矩阵 A[8][8]的下三角部分逐行地存储到起始地址为 1000 的内存单元中，已知每个元素占 4 个单元，则 A[6][4]的地址为________。

22. 取出广义表 A=((x,y,z),(a,b,c,d))中原子 b 的函数是__________。

23. 树是结点的有限集合，它有________根结点，记为 T。其余结点分为 m(m ⩾0)个集合 $T_1, T_2, \cdots, T_m$，每个子集本身又是一棵树，并称之为子树。一个结点拥有的子树数称为该结点的________。

24. 设无向图 G 中顶点数为 n，则图 G 最少有________条边；最多有________条边。

25. 对 n 个不同关键字的记录进行冒泡排序，在________情况下比较次数最多，其比较次数为________。

三、解答题(本大题共 4 小题，每小题 3 分，共 12 分)

26. 数据结构一般包括哪几个方面的内容?

27. 执行算法所需的时间主要涉及哪几点?

28. 线性表有两种存储结构，即顺序存储和链式存储，这两种存储方式各有什么优缺点?

29. 一棵度数为 2 的树与一棵二叉树有什么区别? 树与二叉树有何区别?

四、应用题(本大题共 4 小题，每小题 5 分，共 20 分)

30. 设散列函数为 H(key)=key%7，散列表的地址空间为 0～6，开始散列表为空，用线性探查法解决冲突，请画出依次插入键值 23,14,9,6,30,12,18 后的散列表。并求在等概率情况下查找成功的平均查找长度。

31. 请画出与图Ⅲ.2 所示的二叉树对应的森林。

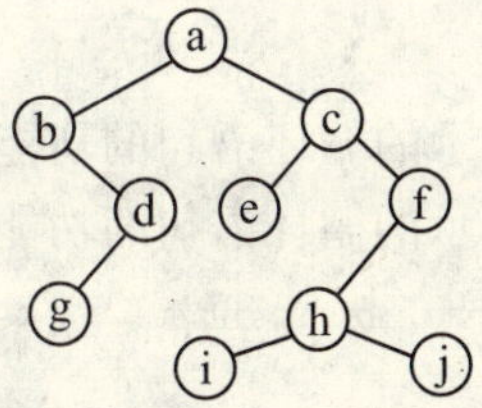

图Ⅲ.2

32. 已知一个无向图的顶点集为{a,b,c,d,e,f},其邻接矩阵如下所示:

$$\begin{bmatrix} 0 & 1 & 1 & 0 & 0 & 0 \\ 1 & 0 & 0 & 0 & 1 & 0 \\ 1 & 0 & 0 & 0 & 0 & 1 \\ 0 & 0 & 0 & 0 & 1 & 1 \\ 1 & 1 & 0 & 1 & 0 & 0 \\ 0 & 0 & 1 & 1 & 0 & 0 \end{bmatrix}$$

(1) 画出相应的图形;

(2) 根据邻接矩阵从顶点 a 出发进行深度优先遍历和广度优先遍历,写出相应的遍历序列。

33. 采用直接插入排序算法,对关键字序列:46,32,55,81,65,11,25,43 按从小到大的次序进行排序,写出每趟排序的结果。

五、算法阅读题(本大题共 2 小题,每小题 5 分,共 10 分)

34. 假设在长度大于 1 的循环单链表中,既无头结点也无头指针,p 为指向该链表中某个结点的指针,编写删除该结点的前趋结点的算法如下,请在空白处填上适当的内容。

```
ListNode *delfront(p)
ListNode *p;
{
  ListNode *q, *r;
  q=p;
  while(___(1)___! =p)q=q->next;
   r=q;
  while(r->next! =___(2)___)r=___(3)___;
   r->next=___(4)___;
   free(q);
   ___(5)___;
}
```

35. 阅读下面的算法:

(1) 写出该函数的功能;

(2) 写出语句标号 s1 所指示的循环语句的功能;

(3) 写出语句标号 s2 所指示的循环语句的功能。

```
void InsertmNode(LinkList head,int x,int m)
{
   ListNode  *p, *q, *s;
   int i,k;
```

```
    p=head->next;
s1: while(p! =NULL && p->data! =x)
      p=p->next;
      if(p==NULL)printf("error");
      else
      {
        q=p->next;
s2:     for(i=1;i<=m;i++)
        {
          s=(ListNode*)malloc(sizeof(ListNode));
          scanf("%d",&k);
          s->data=k;
          p->next=s;
          p=s;
        }
        p->next=q;
      }
}
```

六、算法设计题(本题共8分)

36. 已知一个单链表,其结点的元素值递增有序排列,试写算法删除该链表中多余的元素值相同的结点。

模拟试题3

第一部分 选择题(共30分)

一、单项选择题(本大题共15小题,每小题2分,共30分)

1. 用链表表示线性表的优点是(　　)。

   A. 便于随机存取

   B. 花费的存储空间比顺序表少

   C. 便于插入和删除

   D. 数据元素的物理顺序与逻辑顺序相同

2. 链栈与顺序栈相比,有一个比较明显的优点是(　　)。

A. 插入操作更加方便　　B. 通常不会出现栈满的情况
C. 不会出现栈空的情况　　D. 删除操作更加方便

3. 从未排序序列中挑选元素，将其放在已排序序列的一端，这种排序方法称为(　　)。

A. 选择排序　　B. 插入排序
C. 快速排序　　D. 冒泡排序

4. 若 n 个顶点的无向图采用邻接矩阵存储方法，该邻接矩阵是一个(　　)。

A. 一般矩阵　　B. 对称矩阵
C. 对角矩阵　　D. 稀疏矩阵

5. 在单链表中，增加头结点的目的是(　　)。

A. 使单链表至少有一结点
B. 标志表中首结点位置
C. 方便运算的实现
D. 说明单链表是线性表的链式存储实现

6. 下列排序方法中，排序趟数与序列的原始状态有关的方法是(　　)。

A. 选择排序　　B. 希尔排序
C. 堆排序　　D. 冒泡排序

7. 在一棵具有 5 层的满二叉树中，结点总数为(　　)。

A. 31　　B. 32
C. 33　　D. 16

8. 构造一棵具有 n 个结点的二叉排序树，最坏情况下，其深度不会超过(　　)。

A. n/2　　B. n
C. (n+1)/2　　D. n+1

9. 某二叉树的前序遍历序列为 abdgcefh，中序遍历序列为 dgbaechf，则其后序遍历序列为(　　)。

A. bdgecefha　　B. gdbecfha
C. bdgaechf　　D. gdbehfca

10. 稀疏矩阵一般的压缩存储方法有两种，即(　　)。

A. 二维数组和三维数组　　B. 三元组表和散列表
C. 三元组表和十字链表　　D. 散列表和十字链表

11. 设有 98 个元素，采用二分法查找时，最大比较次数是(　　)。

A. 49　　B. 15
C. 20　　D. 7

12. 如果以链表作为栈的存储结构，则出栈操作时(　　)。

A. 必须判别栈是否为空　　B. 判别栈元素的类型

C. 必须判别栈是否为满　　D. 对栈不必作任何判别

13. 下列存储表示中，哪一个不是树的存储形式(　　)。

A. 双亲表示法　　B. 孩子链表表示法

C. 顺序存储表示法　　D. 孩子兄弟表示法

14. 对 n 个记录的文件进行堆排序，最坏情况下的执行时间为(　　)。

A. O(log2n)　　B. O(nlog2n)

C. O(n)　　D. O(n2)

15. 一个记录的关键字为(46,79,56,38,42,88)，采用快速排序以第一个记录为基准得到的第一次划分结果为(　　)。

A. (38,42,46,56,79,88)　　B. (42,38,46,79,56,88)

C. (42,38,46,56,79,88)　　D.(42,38,56,46,79,88)

第二部分　非选择题(共70分)

二、填空题(本大题共 10 小题，每小题 2 分，若有两个空格，每个空格 1 分，共 20 分)

16. 在带有头结点的双向链表 head 中，指针 p 所指结点是第一个元素结点的条件是________________。

17. 算法的主要特性有：有穷性、________________、________、输入和输出。

18. 依次将每个记录插入到一个有序的子文件中的排序方法称为________。

19. 设循环队列存放在向量 sq. data[0. . m]中，则队头指针 sq. front 在循环意义下的加 1 操作可用模运算表示为________；若用牺牲一个单元的办法来区分队满和队空条件，则队满条件可以表示为____________。

20. 在散列存储法中，处理冲突的两种主要方法是________和________。

21. 可以仅由一个尾指针来惟一确定，即从尾指针出发能访问到链表上任何一个结点的链表有________和________。

22. 堆排序实际上是一种________排序，它的一个基本问题是如何建堆；对含 n 个元素的序列进行排序时，其时间复杂度是________。

23. 快速排序在最坏情况下的时间复杂度是________。

24. 文件按其记录中的关键字的多少，可分为________和________两种。

25. 若有向图 G 采用邻接表存储，则拓扑排序算法的时间复杂度为________。

三、解答题(本大题共 4 小题，每小题 5 分，共 20 分)

26. 对于如图Ⅲ. 3 所示的有向图，请给出：

(1) 图的强连通分量;(3 分)

(2) 邻接表和逆邻接表。(2 分)

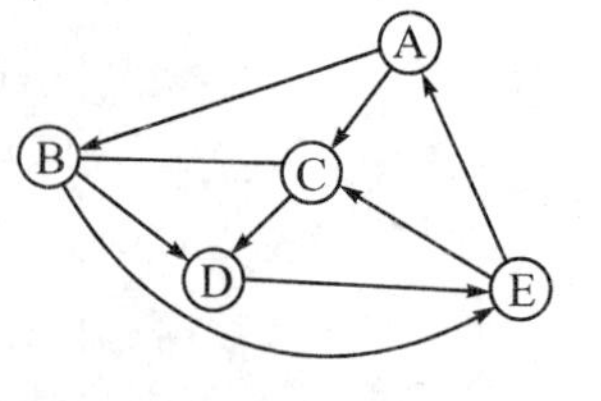

图Ⅲ.3

27. 已知如图Ⅲ.4 所示的二叉树是由森林变换过来的。

(1) 将该二叉树还原成森林;(3 分)

(2) 写出森林的先根遍历序列和后根遍历序列。(2 分)

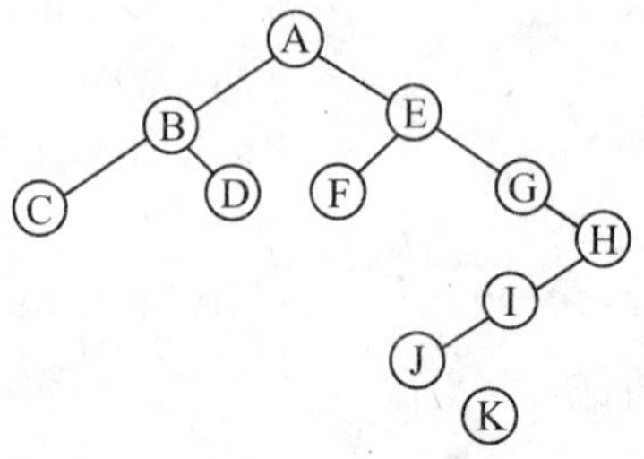

图Ⅲ.4

28. 对关键字(17,04,09,21,69,83,19,44,37,02,25,54),设散列函数为 h(key)=key%13,用链地址法处理冲突,给出散列表,并求 ASL。

29. 对如图Ⅲ.5 所示的无向图采用 Prim 算法构造最小生成树。(写出过程)

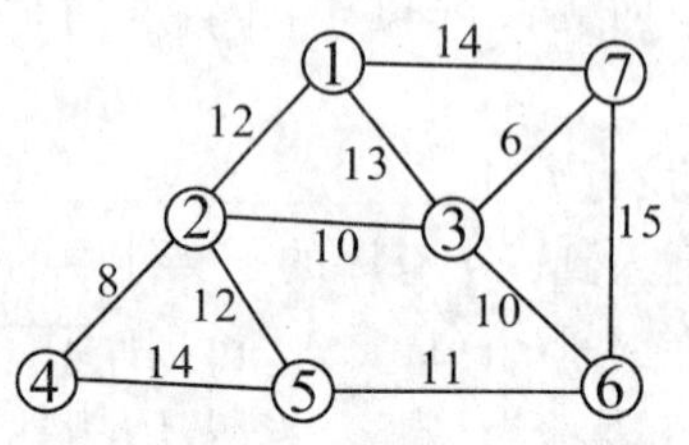

图Ⅲ.5

四、算法阅读题(本大题共 4 小题,每小题 5 分,共 20 分)

30. 下面是一个在双链表上值为 x 的结点之前插入值为 y 的结点的算法,不完整,请填上适当的内容使之成为完整的算法。

```
void Dinsert(DlinList head,DataType x,DataType y)
{ DListNode *p, * q;
  p=head->next;
  q=(DlistNode *)malloc(sizeof(DlistNode));//申请新结点
  q->data=y;
  while(p! =head && p->data! =x)
      p=p->next;
```

```
    if(p==head)
      printf("no find x's node");
    else{
      ___(1)___;
      ___(2)___;
      ___(3)___;
      ___(4)___;
    }
}
```

31. 下面是一个在带头结点的单链表中交换值为 x 的结点与其前驱结点的算法，填空使之成为一个完整的算法。

```
void change(LinkList head,DataType x)
{ ListNode *p, * q;
  int k;
  p=head; q=head->next;
  while(___(1)___ && q->data! =x) {
     p=q;___(2)___;
  }
  if(q! =NULL && p! =head) {
    k=p->data;
    ___(3)___;
    q->data=k;
    q=p;
  }
}
```

32. 阅读下面的算法。

(1) 在空白处填上适当的语句，使之成为完整的算法；

(2) 说明该算法的功能。

```
void suanfa(SeqList R)
{ int i,j,x,b;
  i=1;b=1; //b置为真值
  while(i<n && b) {
    b=0;
    for(j=1;j<n;i++)
      if(___(1)___) {
        x=R[j];
        R[j]=R[j+1];
```

```
                R[j+1]=x;
                ___(2)___;
            }
        i=i+1;
    }
}
```

33. 下面是一个将单循环链表倒置的算法,但不完整,请填上适当的语句使之成为完整的算法。

```
void revlist(LinkList head)
{ ListNode * p, * q, * s;
  q=head;
  p=head->next;
  while(___(1)___) {
      s=q;
      q=p;
      p=p->next;
      ___(2)___;
  }
  ___(3)___;
}
```

五、算法设计题(本题共 10 分)

34. 已知线索二叉树的存储结构为:

```
typedef struct node {
    DataType data;
    int ltag,rtag;                //仅取值 0 或 1
    struct node * lchild, * rchild;
} BinThrNode;
typedef BinThrNode * BinThrTree;  //定义二叉线索链表
```

试写出中序线索二叉树的中序遍历算法。

模拟试题 4

第一部分　选择题(共 30 分)

一、单项选择题(本大题共 15 小题,每小题 2 分,共 30 分)

1. 算法指的是(　　)。

A. 计算机程序　　B. 解决问题的计算方法

C. 排序算法　　D. 解决问题的有限运算序列

2. 对顺序存储的线性表,设其长度为 n,在任何位置上删除操作都是等概率的,则删除一个元素大约要移动表中元素的个数是(　　)。

A. n/2　　B. (n+1)/2

C. n−1　　D. (n−1)/2

3. 链表不具有的特点是(　　)。

A. 可随机访问任一元素　　B. 插入、删除不需要移动元素

C. 不必事先估计存储空间　　D. 所需空间与线性表长度成正比

4. 设一个栈的输入序列为 a,b,c,d,则所得出栈的输出序列不可能是(　　)。

A. a,b,c,d　　B. d,a,b,c

C. a,c,d,b　　D. d,c,b,a

5. 设有两个串 s 和 t,求 t 在 s 中首次出现的位置的运算是(　　)。

A. 连接　　B. 模式匹配

C. 求子串　　D. 求串长

6. 一个 n×n 的对称矩阵,按行优先或按列优先存储,则其所需存储空间为(　　)。

A. n^2　　B. n(n−1)/2

C. n(n−1)　　D. n(n+1)/2

7. 已知广义表 LS=(a,(b,c,d),e),取出 LS 中原子 b 的运算是(　　)。

A. head(head(LS))　　B. tail(head(LS))

C. head(head(tail(LS)))　　D. head(tail(LS))

8. 一个深度为 k 的完全二叉树至多有(　　)个结点。

A. 2^k　　B. 2^{k-1}

C. 2^{k+1}　　D. 2^k-1

9. 对二叉树从 1 开始进行连续编号,要求每个结点的编号大于其左、右孩子的编号,同一个结点的左、右孩子中,其左孩子的编号小于其右孩子的编号,则实现编号可采用的遍历次序是(　　)。

A. 前序遍历　　B. 中序遍历

C. 后序遍历　　D. 从根开始的按层次遍历

10. 任何一个无向连通图的最小生成树(　　)。

A. 只有 1 棵　　B. 有 1 棵或多棵

C. 一定有多棵　　D. 可能不存在

11. 在用邻接表表示图时，求最短路径 Dijkstra 算法的时间复杂度为(　　)。

A. O(n)　　B. O(n+e)

C. O(n^2)　　D. O(n^3)

12. 在内部排序方法中，平均比较次数最少的是(　　)。

A. 希尔排序　　B. 快速排序

C. 堆排序　　D. 冒泡排序

13. 二分查找算法要求被查表中各元素的关键字值的排列必须是(　　)。

A. 无序　　B. 递增有序

C. 递减有序　　D. 递增或递减有序

14. 当待排序记录有序时，用二叉排序树查找记录，在最坏情况下其 ASL 为(　　)。

A. O($\log_2 n$)　　B. O(n)

C. O(n^2)　　D. O(1)

15. 下列排序算法中，初始数据有序时，花费的时间反而最多的算法是(　　)。

A. 堆排序　　B. 冒泡排序

C. 快速排序　　D. 希尔排序

第二部分　非选择题(共 70 分)

二、填空题(本大题共 10 小题，每小题 2 分，若有两个空格，每个空格 1 分，共 20 分)

16. 数据的逻辑结构是从逻辑关系上描述数据，它与数据的________无关，是独立于计算机的。

17. 线性表采用链式存储结构时，其地址________，采用顺序存储结构时，其地址________。

18. 设 S[maxsize]为一个顺序存储的栈，变量 top 指向栈顶位置，栈为空的条件是__________，栈为满的条件是________。

19. 对矩阵采用压缩存储是为了____________。

20. 已知二叉树有 50 个叶子结点，则该二叉树的总结点数至少是________。

21. 设有向图 G 中顶点数为 n，则图 G 最少有________条边，最多有________条边。

22. 直接选择排序算法所执行的元素交换次数最多为________。

23. 对有 17 个元素(下标从 1 开始存储)的有序表 A[18]作二分查找，在查找值等于 A[8]的元素时,被比较的元素的下标依次为________。

24. 在左、右子树均不为空的先序线索二叉树中,空链域的数目是________。

25. 在有 n 个顶点的连通图中,其边数至少为________。

三、解答题(本大题共 4 小题,每小题 4 分,共 16 分)

26. 数据的逻辑结构有哪两大类?

27. 把算法时间复杂度的数量级 O(1),O(n),$O(n^2)$,$O(n^3)$,$O(n\log_2 n)$,$O(\log_2 n)$,$O(2^n)$按由小到大的顺序进行排序。

28. 在链表结构中,头结点与开始结点在概念上有什么区别?

29. 有 n 个顶点的连通图至少有多少条边?强连通图呢?

四、应用题(本大题共 4 小题,每小题 4 分,共 16 分)

30. 已知二叉树如图Ⅲ.6 所示,写出按前序、中序、后序遍历该二叉树所得到的 3 种遍历序列。

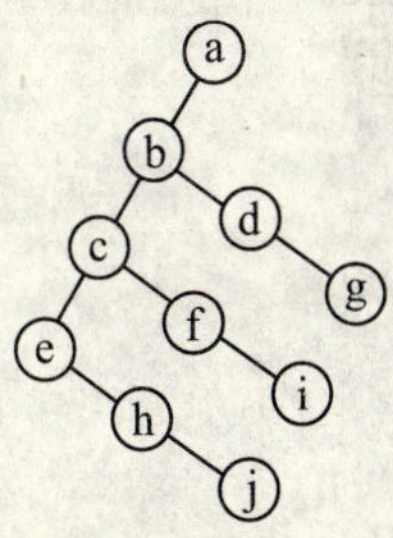

图Ⅲ.6

31. 已知关键字序列(100,12,20,31,1,5,44,66,61,200,30,80,150,4,8),写出采用希尔(增量 7,3,1)排序算法的每一趟的结果。

32. 设有无向图如Ⅲ.7 所示,要求:(1) 画出该图的邻接表;(2) 写出从顶点 a 出发的深度优先搜索和广度优先搜索的遍历序列(不一定惟一,各写一个序列即可)。

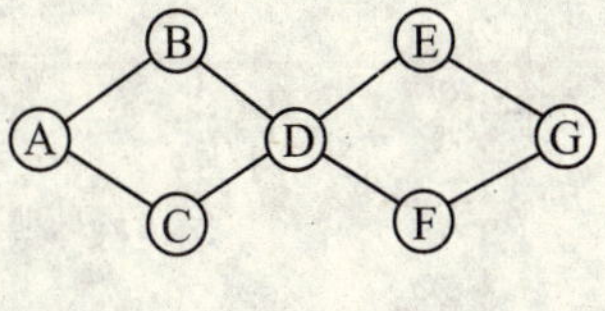

图Ⅲ.7

33. 已知散列表地址空间为 0..14,散列函数为 H(k)=k mod 13,采用线性探查法处理冲突。将下面各数依次存入该散列表中,并求出在等概率下的平均查找长度和失败的查找长度。

240,29,345,189,100,20,21,35,3,208,78,99,45,350

0	1	2	3	4	5	6	7	8	9	10	11	12	13	14

五、算法阅读题(本大题共 2 小题,每小题 5 分,共 10 分)

34. 下面的算法是判断一个带头结点的单链表 L 是否是递增有序的,请在其中空白处填上适当的内容,使之成为正确完整的算法。

```
int pdyx(LinkList L)
{ ListNode  *pre, *p;
   pre=L->next; //pre 指向第一个结点
   if(pre! =NULL)
      while(___(1)___)
      {
         p=___(2)___;//p 指向 pre 所指结点的后继
         if(p->data>___(3)___)
           pre=___(4)___;
         else
           ___(5)___;
      }
   return(1);//递增成立
}
```

35. 下面是一个求带头结点的单循环链表长度的算法:

```
int Listlen(LinkList L)
{
  int j=0;
  ListNode  *p;
  p=L->next;
  while(p! =L)
  {
     j=j+1;  p=p->next;
  }
  return(j);
}
```

要求解答下面两个问题:

(1) 若链表 L 不带头结点,应如何修改该算法?

(2) 对算法中的语句做如下修改:

① “p=L”替换“p=L->next”;

② “j=1”替换“j=0”；

③ “while(p! =NULL)”替换“while(p! =L)”。

取其中某些修改或全部修改是否能得到正确的算法？

六、算法设计题(共 8 分)

36. 已知不带头结点的单循环链表 L 中有 3 个以上的结点，其结点的两个域分别为 data 和 next，其中数据域 data 的类型为整型。设计算法以判断该链表中从第 3 个结点及其以后的每个结点的值是否等于其前面连续两个结点的值的和，若满足，返回 TRUE，否则返回 FALSE。

模拟试题 5

第一部分　选择题(共 30 分)

一、单项选择题(本大题共 15 小题，每小题 2 分，共 30 分)

1. 若某链表最常用的操作是在最后一个结点之后插入一个结点和删除最后一个结点，则采用最节省时间的存储方式为(　　)。

A. 单链表　　B. 双链表

C. 带头结点的双循环链表　　D. 单循环链表

2. 一个栈的输入序列为 1,2,3,4,5，则下列序列中不可能是栈的输出序列的是(　　)。

A. 2,3,4,1,5　　B. 5,4,1,3,2

C. 2,3,1,4,5　　D. 1,5,4,3,2

3. 设有一空栈，现有输入序列为 1,2,3,4,5，经过 push，push，pop，push，pop，pop，push，push，pop 操作后，输出序列是(　　)。

A. 2,3,4,5　　B. 5,1,3,4

C. 2,3,1,5　　D. 3,1,4,2

4. 数组 A[5][5](下标从 0 开始)的每个元素占 5 个单元，将其按行优先次序存储在起始地址为 1000 的连续的内存单元中，则元素 A[4][4]的地址为(　　)。

A. 1140　　B. 1120

C. 1125　　D. 1135

5. 已知广义表 A=((a,b,c),(d,e,f))，从 A 中取出原子 e 的运算是(　　)。

A. tail(head(A)) B. head(tail(A))

C. head(tail(tail(head(A)))) D. head(head(tail(tail(A))))

6. 将一棵有 100 个结点的完全二叉树从根这一层开始，每一层上从左到右依次对结点进行编号，根结点的编号为 1，则编号为 49 的结点的左孩子编号为(　　)。

A. 98 B. 99

C. 50 D. 48

7. 用 n 个键值构造一棵二叉排序树，最低高度为(　　)。

A. n/2 B. n

C. $\lfloor \log_2 n \rfloor$ D. $\lfloor \log_2 n+1 \rfloor$

8. 若一个栈的输入序列是 1,2,3,…,n，输出序列的第一个元素是 n，则第 i 个输出元素是(　　)。

A. 不一定 B. n－i

C. n－i－1 D. n－i＋1

9. 一棵非空的二叉树的前序遍历序列和后序遍历序列正好相反，则该二叉树一定满足(　　)。

A. 其中任意一结点均无左孩子

B. 其中任意一结点均无右孩子

C. 其中只有一个叶子结点

D. 是任意一棵二叉树

10. 设有向图有 n 个顶点和 e 条边，进行拓扑排序时，总的计算时间为(　　)。

A. $O(n\log_2 e)$ B. $O(e\log_2 n)$

C. O(en) D. O(n＋e)

11. 若有向网络图 G 用邻接矩阵 A 存储，则顶点 i 的入度等于 A 中(　　)。

A. 第 i 行非∞的元素之和 B. 第 i 列非∞的元素之和

C. 第 i 行非∞且非 0 的元素个数 D. 第 i 列非∞且非 0 的元素个数

12. 下列排序算法中，每一趟都能选出一个元素放在其最终位置上，并且是不稳定的是(　　)。

A. 冒泡排序 B. 希尔排序

C. 直接选择排序 D. 直接插入排序

13. 判断线索二叉树中 p 指向的某结点有左孩子的条件是(　　)。

A. p! ＝NULL B. p－>lchild! ＝NULL

C. p－>ltag＝0C. p－>ltag＝1

14. 依次将待排序列中的元素和有序子序列合并为一个新的有序序列的算法

是(   )。

A. 快速排序　　B. 插入排序

C. 冒泡排序　　D. 堆排序

15. 设散列表长 m=14,散列函数 H(k)=kmod11。表中已有 4 个记录(表Ⅲ.1),如果用二次探查法处理冲突,关键字为 49 的记录的存储地址是(   )。

表Ⅲ.1

0	1	2	3	4	5	6	7	8	9	10	11	12	13
				15	38	61	84						

A. 8　　B. 3

C. 5　　D. 9

第二部分　非选择题(共 70 分)

二、填空题(本大题共 10 小题,每小题 2 分,若有两个空格,每个空格 1 分,共 20 分)

16. 在线性链表结构中,根据每个结点所含指针域的个数,链表分为________和________。

17. 设 sq[maxsize]为一个顺序存储的栈,变量 top(为负数时栈空)指示栈顶元素的位置。能做入栈操作的条件是________。如要把栈顶元素弹出并送到 x 中,则需执行语句:____________。

18. 在双链表中,在指针 P 所指结点前面插入 S 所指向的结点的语句序列是:

S->next:=P;S->prior:=P->prior;P->prior:=S;____________。

19. 已知循环队列用数组 data[1..n]存储元素值,用 f、r 分别作为头、尾指针,则当前元素个数为____________。

20. 取出广义表 A=((a,x,y,z),(b,c))中的原子 c 的复合函数是________。

21. 快速排序算法在________情况下最不利于发挥其长处,在__________情况下最易发挥其长处。

22. 对于含有 n 个顶点、e 条边的无向连通图,利用 Prim 算法生成最小生成树,其时间复杂度为____________;利用 Kruskal 算法生成最小生成树,其时间复杂度为____________。

23. 在选择排序、堆排序、快速排序、直接插入排序这 4 种排序算法中,稳定的排序算法是________。

24. 散列法存储的基本思想是根据________来决定存储地址;冲突指的是不

同的关键字码对应相同的存储地址;处理冲突的两类主要方法是______________。

25. 在顺序文件中,要存取第 i 个记录,必须先存取________。

三、解答题(本大题共 4 小题,每小题 4 分。共 16 分)

26. 设指针 p 指向双向链表中的某结点,该结点有前趋结点,现要将 s 所指向的结点插入在 p 所指结点之前,写出完成该操作的语句序列。

27. 设长度为 n 的链队列用循环链表表示,若只设头指针,则入队、出队操作的时间是多少? 若只设尾指针呢?

28. 特殊矩阵和稀疏矩阵哪一种压缩存储后会失去随机存取的功能? 为什么?

29. 在无向图 G 中,从顶点 v_i 到 v_j 连通的定义是什么? 什么样的图称为连通图?

四、应用题(本大题共 4 小题,每小题 4 分,共 16 分)

30. 请对图Ⅲ.8 所示的二叉树进行后序线索化,为每个空指针建立相应的前趋或后继线索。

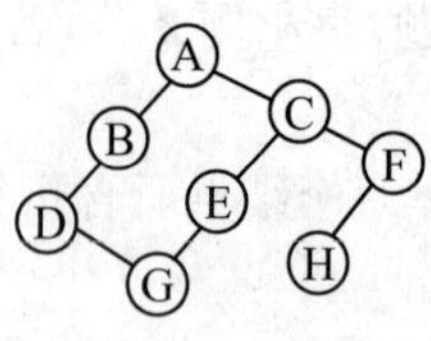

图Ⅲ.8

31. 有向图如图Ⅲ.9 所示,试用 Dijkstra 算法求从顶点 a 到其他各顶点间的最短路径。

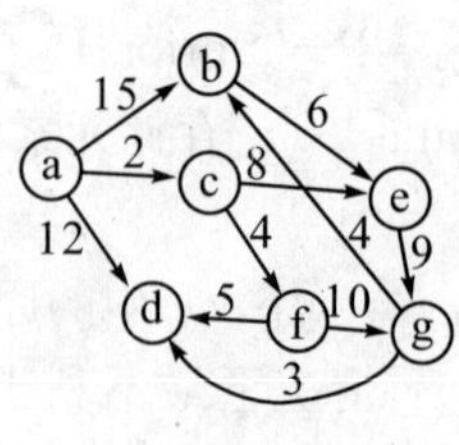

图Ⅲ.9

32. 判断下面各序列是否为堆(小根堆或大根堆)。如果不是堆,则将其调整为堆(小根堆或大根堆,不要求写过程)。

(1) (100,86,48,73,35,39,42,57,66,21);

(2) (12,70,33,65,24,56,48,92,86,33);

(3) (103,97,56,38,66,23,42,12,30,52,06,20);

(4)(05,56,20,23,40,38,29,61,35,76,28,100);

33. 已知散列函数为 H(i)=⌊i/2⌋,i 为后面关键字中第一个字母在字母表中的序号。关键字序列为:Jan,Feb,Mar,Apr,May,Jun,Jul,Aug,Sep,Oct,Nov,Dec,散列地址空间为 0～13。要求:

(1) 试用拉链法构造散列表;

(2) 求在等概率情况下的查找成功的平均查找长度。

五、算法阅读题(本大题共 2 小题,每小题 5 分,共 10 分)

34. 已知一个以 head1 为头指针的单链表,编写函数将该链表复制到以 head2 为头指针的单链表(不带头结点)中,其算法如下所示。请在算法的空白处填入适当的内容。

```
void llcopy(heda1,head2)
LinkList head1,head2;
{
  ListNode *p,*q;
  head2=(ListNode *)malloc(sizeof(ListNode));
  q=head2;p=head1;
  while(___(1)___)
  {
      s->data=p->data;
      q->next=___(2)___;
      q=___(3)___;
      p=p->next;
  }
  q->next=___(4)___;
  p=head2; //删除头结点
  head2=___(5)___;
  free(p);
}
```

35. 设有两个顺序栈 s1 和 s2,并且共享一个存储区 v[0..n-1],为了尽量利用存储空间,减少溢出的可能,采用栈顶相对,s1 栈从底向上,s2 栈从高而下迎面增长的方式存储。设计公用栈的出栈操作算法如下所示,在算法的空白处填上适当的内容使之成为完整算法。

```
DataTypa DEstackS1S2(SeqStack s1,SeqStack s2,int i)
{  //根据 i 的值选择不同的栈,i=1,s1 栈,i=2,s2 栈
   if(i! =1 && i! =2)
      printf("Inputierror!");
```

```
    else
      {
        if(s1.top! =0 && i==1)
          {
            y= __(1)__;//v[s1.top]
            __(2)__;
          }
        else
          if(s2.top! =n-1)
            {
              y= __(3)__;
              __(4)__;
            }
        else
          printf("stack is empty");
      }
      __(5)__;
}
```

六、算法设计题(共 8 分)

36. 已知 T 为一棵二叉排序树,以链表结构存储,试设计算法按递增次序打印输出树中各结点的值。

模拟试题 6

第一部分　选择题(共 30 分)

一、单项选择题(本大题共 15 小题,每小题 2 分,共 30 分)

1. 若某线性表最常用的操作是在最后一个元素之后插入一个元素和删除第一个元素,则最节省时间的存储方式是(　　)。

A. 单链表　　　　B. 双链表

C. 带头结点的双循环链表　　　　D. 单循环链表

2. 若线性表最常用的操作是存取第 i 个元素及其前趋的值,则最节省时间的存储方式是(　　)。

A. 单链表　　B. 双向链表

C. 单循环链表　　D. 顺序表

3. 在双向循环链表中，在 p 所指向的结点之后插入 s 所指向的结点，其操作是(　　)。

A. p－>next=s;s－>prior=p;p－>next－>prior=s;s－>next=p－>next;

B. p－>next=s;p－>next－>prior=s;s－>prior=p;s－>next=p－>next;

C. s－>prior=p;s－>next=p－>next;p－>next=s;p－>next－>prior=s;

D. s－>prior=p;s－>next=p－>next;p－>next－>prior=s;p－>next=s;

4. 用数组 data[m]作为循环队列 SQ 的存储空间，front 为队头指针，rear 为队尾指针，则执行出队操作后其头指针 front 的值为(　　)。

A. front=front+1　　B. front=(front+1)%(m−1)

C. front=(front−1)%m　　D. front=(front+1)%m

5. 设字符串 s1="abcdefg"，s2="pqrst"，则执行运算 s=strcat(substr(s1,2,length(s2)),substr(s1,length(s2),2))后，串 S 的值为(　　)。

A. "bcdefef"　　B. "bcpqrst"

C. "bcdefg"　　D. "bcdef"

6. 数组 A[6][7]的每个元素占 5 个单元，将其按列优先次序存储在起始地址为 1000 的连续的内存单元中，则元素 A[5][5]的地址为(　　)。

A. 1175　　B. 1180

C. 1120　　D. 1210

7. 一棵左、右子树均不为空的二叉树在前序线索化后，其空指针域数为(　　)。

A. 0　　B. 1

C. 2　　D. 不确定

8. 在有 n 个结点的二叉链表中，值为非空的链域的个数为(　　)。

A. n−1　　B. 2n−1

C. n+1　　D. 2n+1

9. 对于含有 n 个顶点、e 条边的无向连通图，利用 Kruskal 算法生成最小生成树，其时间复杂度为(　　)。

A. $O(n\log_2 n)$　　B. $O(\log_2 n)$

C. $O(e\log_2 n)$　　D. $O(e\log_2 e)$

10. 设图 G 采用邻接表存储，则拓扑排序算法的时间复杂度为(　　)。

A. O(n)　　B. O(n+e)

C. $O(n^2)$　　D. O(ne)

11. 快速排序算法在最坏情况下,其时间复杂度为(　　)。

A. $O(n^2)$　　B. $O(n^3)$

C. $O(\log_2 n)$　　D. $O(n\log_2 n)$

12. 下列排序算法中,时间复杂度不受数据初始状态影响,恒为 $O(n\log_2 n)$ 的是(　　)。

A. 堆排序　　B. 冒泡排序

C. 直接选择排序　　D. 快速排序

13. 下列算法中,某一趟结束后未必能选出一个元素放在其最终位置上的是(　　)。

A. 堆排序　　B. 冒泡排序

C. 快速排序　　D. 直接插入排序

14. 若某线性表最常用的操作是存取一指定序号的元素和在最后进行插入、删除运算,则最节省时间的存储方式是(　　)。

A. 顺序表　　B. 双向链表

C. 带头结点的双循环链表　　D. 单循环链表

15. 在有 n 个结点且为完全二叉树的二叉排序树中查找一个键值,其平均比较次数的数量级为(　　)。

A. $O(n)$　　B. $O(\log_2 n)$

C. $O(n\log_2 n)$　　D. $O(n^2)$

第二部分　非选择题(共 70 分)

二、填空题(本大题共 10 小题,每小题 2 分,若有两个空格,每个空格 1 分,共 20 分)

16. 在单链表中,删除指针 P 所指结点的后继结点的语句是__________。

17. 在双向循环链表 L 中,指针 P 所指结点为尾结点的条件是__________。

18. 已知一个栈的输入序列为 1,2,3,…,n,则其输出序列的第二个元素为 n 的输出序列的个数是________。

19. 已知数组 A[10][10]中每个元素占 4 个单元,在按行优先方式将其存储到起始地址为 1000 的连续的存储区域时,A[4][9]的地址是__________。

20. 取出广义表 A=((x,(a,b,c,d)))中原子 c 的函数是__________。

21. 在有 n 个叶结点的哈夫曼树中,总结点数目是________。

22. 设图 G 有 n 个顶点 e 条边,进行深度优先搜索的时间复杂度至多为________,进行广度优先搜索的时间复杂度至多为________。

23. 堆排序是一种________排序，堆的形状是一棵________树。

24. 在有序表 A[18]中，采用二分查找算法查找元素值等于 A[6]的元素，所比较过的元素的下标依次为__________。

25. 索引顺序文件既适合进行________存取，又适合进行________存取。

三、解答题（本大题共 4 小题，每小题 4 分，共 16 分）

26. 选择和评价算法好坏的主要因素是什么？

27. 对线性表的链式存储结构，根据每个结点所含的指针个数，链表分为哪几种？根据链表指针的链接方式，链表又可分为哪几种？

28. 设有一个栈，元素进栈的次序为 a，b，c，d，e。试问在下面几个序列中，哪些是不可能的，哪些是可能的，并写出可能的操作序列（I 为进 O 为出）。

(1) c，e，a，b，d　(2) c，b，a，d，e　(3) d，c，a，b，e　(4) a，c，b，e，d

29. 高度为 h 的完全二叉树至少有多少个结点？至多有多少个结点？

四、应用题（本大题共 4 小题，每小题 4 分，共 16 分）

30. 画出广义表(a(b(e，f(j))，c，d(g(k，l)，h，i)))对应的树形结构。

31. 对下面给出的 9 个叶结点的权值，构造一棵哈夫曼树，并求出其带权路径长度。

4，5，6，7，10，12，15，18，23

32. 已知一个带权图 G 如图Ⅲ.10 所示，画出从顶点 1 出发的一棵最小生成树。

33. 已知关键字序列(37，23，42，55，61，36，28)，写出采用快速排序的每一趟结果。

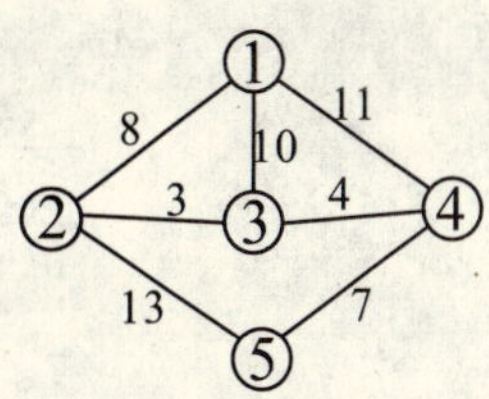

图Ⅲ.10

五、算法阅读题（本大题共 2 小题，每小题 5 分，共 10 分）

34. 下面的算法删除以 head 为头指针的双向循环链表中结点值为 x 的结点，阅读该算法，在算法的空白处填上适当的内容，使之成为完整正确的算法。

```
void delDLx(DlinkList head,DataTypevx)
{
  DlistNode *p;
  p=head->next;
  while(  (1)   && p->data! =x)
      p=  (2)  ;
  if(p==head)
        printf("nothisnodex");
  else{
```

```
        p->prior-> (3) =p->next;
        p->____(4)____->prior=p->____(5)____;
        dispose(p);
    }
}
```

35. 设有两个顺序栈 s1 和 s2,并且共享一个存储区 v[0..n-1],为了尽量利用存储空间,减少溢出的可能,采用栈顶相对、s1 栈从底向上、s2 栈从高而下迎面增长的方式存储。设计公用栈的进栈操作算法如下所示,在算法的空白处填上适当的语句使之成为完整算法。

```
void EnstackS1S2(SeqStack s1,SeqStack s2,DatTypa x,int i)
{  //根据 i 的值选择不同的栈,i=1,进 s1 栈,i=2,进 s2 栈
   if(i! =1 && i! =2)
      printf("Input error!");
   else
   {
      if(s1.top+1! =s2.top)
        {
          if(i==1)
            {____(1)____;
             ____(2)____;
            }
          else
            {____(3)____;
             ____(4)____;
            }
          }
        else
          ____(5)____;
   }
}
```

六、算法设计题(共 8 分)

36. 已知二叉树以链表方式存储,试写一个按层次遍历二叉树 T 的算法。

模拟试题 7

第一部分　选择题(共 30 分)

一、单项选择题(本大题共 15 小题,每小题 2 分,共 30 分)

1. 线性表采用链式存储时,结点的存储地址(　　)。

A. 必须是不连续的　　B. 连续与否均可

C. 必须是连续的　　D. 和头结点的存储地址相连续

2. 两个栈共享一个向量空间的好处是(　　)。

A. 减少存取时间,降低下溢发生的几率

B. 节省存储空间,降低下溢发生的几率

C. 减少存取时间,降低上溢发生的几率

D. 节省存储空间,降低上溢发生的几率

3. 队列操作的原则是(　　)。

A. 先进先出　　B. 后进先出

C. 只能进行插入　　D. 只能进行删除

4. 串的长度定义为(　　)。

A. 串中不同字母的个数　　B. 串中不同字符的个数

C. 串中所含字符的个数,且大于 0　　D. 串中所含字符的个数

5. 设有一个二维数组 A[6][8],每个元素用相邻的 6 个字节单元存储(即按字节编址)。假设第一个元素 a[0][0]的存储地址为 0。若按行存储,元素 a[2][4]的第一个字节地址是(　　)。

A. 120　　B. 156

C. 114　　D. 72

6. 有 64 个结点的完全二叉树(根的层次为 1)的深度为(　　)。

A. 8　　B. 7

C. 6　　D. 5

7. 设 p 指向线索二叉树中某结点,该结点没有左孩子的主要条件是(　　)。

A. p－＞lchild＝＝NULL　　B. p－＞rchild＝＝NULL

C. p－＞ltag＝＝1　　D. p－＞ltag＝0

8. 设有一个 n 个顶点的强连通图,这样的有向图的形状是(　　)。

A. 无回路　　B. 有回路
C. 环状　　D. 树状

9. 图 G 用邻接矩阵存储时,求最短路径的 Dijkstra 算法的时间复杂度为(　　)。

A. O(n)　　B. O(n+e)
C. $O(n^2)$　　D. O(ne)

10. 在内部排序方法中,平均比较次数最少的是(　　)。

A. 希尔排序　　B. 快速排序
C. 堆排序　　D. 冒泡排序

11. 对有 18 个元素的有序表做二分查找,则查找 A[3]的比较序列的下标依次为(　　)。

A. 1,2,3　　B. 9,5,2,3
C. 9,5,3　　D. 9,4,2,3

12. 数据表 A 中有 10000 个元素,如果仅要求求出其最大的 10 个元素,则最节省时间的排序算法是(　　)。

A. 堆排序　　B. 希尔排序
C. 快速排序　　D. 直接选择排序

13. 下列排序算法中,时间复杂度不受数据初始状态影响,恒为 $O(n^2)$的是(　　)。

A. 堆排序　　B. 冒泡排序
C. 直接选择排序　　D. 快速排序

14. 下列排序算法中,在每一趟都能选出一个元素放到其最终位置上,并且其时间性能受数据初始状态影响的是(　　)。

A. 直接插入排序　　B. 快速排序
C. 直接选择排序　　D. 堆排序

15. 倒排文件的主要优点是(　　)。

A. 便于进行插入和删除运算
B. 便于进行文件的合并
C. 能大大提高基于非关键字数据项的查找速度
D. 能大大节省存储空间

第二部分　非选择题(共 70 分)

二、填空题(本大题共 10 小题,每小题 2 分,若有两个空格,每个空格 1 分。共

20 分)

16. 数据的基本单位是________,有时它可以由若干个________组成。

17. 在带有头结点的单链表 L 中,第一个元素结点的指针是________。

18. 对栈进行入栈操作时,应先判别栈是否为________;进行退栈操作时,应先判别栈是否为________。

19. 带头结点的双循环链表 L 为空表的条件是________。

20. 数组 A[10][10]的每个元素占 5 个单元,将其按列优先次序存储在起始地址为 1000 的连续的内存单元中,则元素 A[4][5]的地址为________。

21. 树 T 的存储结构为二叉链表 bt,树 T 中的一个非叶子结点在 bt 中满足条件________。

22. 堆排序、希尔排序、快速排序、归并排序这 4 种排序算法中,占用辅助空间最多的是________。

23. n 个顶点的强连通图至少有________条边,这样的有向图的形状是________。

24. 在有序表 A[20]中,采用二分查找算法查找元素值等于 A[11]的元素,所比较过的元素的下标依次为________。

25. 在二叉链表中,判断某指针 P 所指结点为叶子结点的条件是__________。

三、解答题(本大题共 4 小题,每小题 4 分,共 16 分)

26. 数据的存储结构可用哪几种基本的存储方法?

27. 在顺序表中插入或删除一个结点需平均移动多少个结点?具体移动次数取决于哪两个因素?

28. 空串和空格串有什么区别?两个字符串相等的充分必要条件是什么?

29. 简述广义表和线性表的区别和联系。

四、应用题(本大题共 4 小题,每小题 4 分,共 16 分)

30. 已知二叉树的后序和中序遍历序列如下,请构造出该二叉树。

后序序列:a,b,c,d,e,f,g

中序序列:a,c,b,g,e,d,f

31. 已知一个无向图的顶点集为{a,b,c,d,e},其邻接矩阵如下所示:

$$\begin{bmatrix} 0 & 1 & 0 & 0 & 1 \\ 1 & 0 & 0 & 1 & 0 \\ 0 & 0 & 0 & 1 & 1 \\ 0 & 1 & 1 & 0 & 1 \\ 1 & 0 & 1 & 1 & 0 \end{bmatrix}$$

(1) 画出该图的图形;

(2) 根据邻接矩阵从顶点 a 出发进行深度优先遍历和广度优先遍历,写出相应的遍历序列。

32. 已知关键字序列(17,18,60,40,7,32,73,65,85),请写出采用冒泡排序算法排序(升序)的每一趟结果。

33. 设图 G 如图Ⅲ.11 所示,请写出图 G 中的所有拓扑序列。

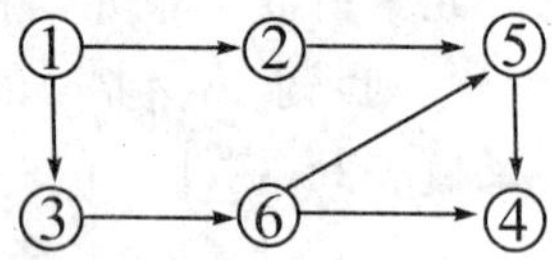

图Ⅲ.11

五、算法阅读题(本大题共 2 小题,每小题 5 分。共 10 分)

34. 在下面冒泡排序算法中填入适当内容,以使该算法在发现有序时能及时停止。

```
void BubbleSort(SeqList R)
{ int i=1,j;
  Boolean excgange=FALSE;
  while(! exchange && i<n)
  {
        exchange=FALSE;
        for(j=n-1; ___(1)___ ;j--) {
            if(R[j+1].key<R[j].key)
              {R[0]=R[j+1];
                R[j+1]=R[j];
                R[j]=R[0];
              ___(2)___ ;
              }
            if( ___(3)___ )
              ___(4)___ ;
        }
  }
}
```

35. 阅读下面的二叉树遍历算法,按算法功能写出图Ⅲ.12 所示的二叉树的遍历序列。

```
void blecs(BinTree T)
{ //非递归的遍历二叉树算法
```

```
SeqStack s1;
s1.top=0;
while(T! =NULL || s1.top! =0) {
  while(T! =NULL) {
        s1.top=s1.top+1; s1.data[s1.top]=T;
          T=T->lchild;
        }
        if(s1.top! =0) {
          T=s1.data[s1.top];  s1.top=s1.top-1;
          printf("%c",T->data);T=T->rchild;
        }
    }
}
```

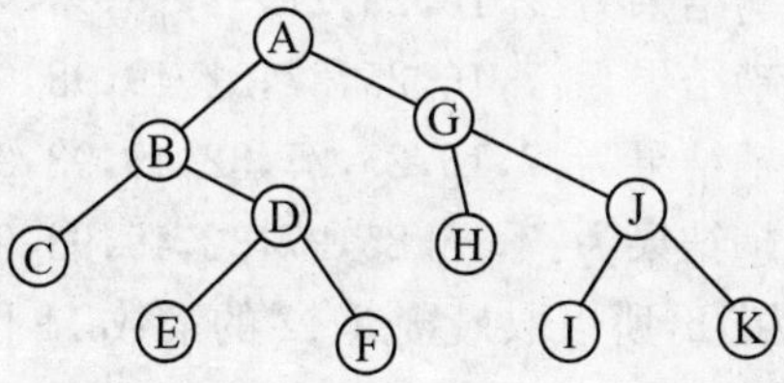

图Ⅲ.12　一棵二叉树

六、算法设计题(共 8 分)

36. 设二叉排序树的根指针为 T,以链式结构存储,试写一个算法输出二叉排序树中关键字最小的数据值。

模拟试题 1 参考答案

一、单项选择题

1. C　　2. B　　3. A　　4. B　　5. C
6. D　　7. B　　8. D　　9. C　　10. D
11. A　　12. C　　13. B　　14. A　　15. D

二、填空题

16. 频度

17. 数据的存储结构　数据的运算

18. P－＞＝＝NULL

19. 前趋结点的指针域中

20. 压缩存储

21. DCBFGEA

22. 52

23. n－1

24. 前序和中序　中序和后序

25. 检索　维护

三、解答题

26. 冒泡排序过程如下：

初始关键字:{25,7,32,98,93,16,49,93,27}
一趟结果为:7,25,16,32,98,93,27,49,93
二趟结果为:7,16,25,27,32,98,93,49,93
三趟结果为:7,16,25,27,32,49,98,93,93
四趟结果为:7,16,25,27,32,49,93,98,93
五趟结果为:7,16,25,27,32,49,93,93,98

27. (1) 因为表长为12,所以取最接近12的素数11作为除数,因此可设散列函数为H(key)＝key%11;

(2) 按其散列函数计算出各元素的散列地址分别为:2,9,10,5,3,9。

得散列表如表Ⅲ.2所示。

表Ⅲ.2

0	1	2	3	4	5	6	7	8	9	10	11
		68	80		49				31	98	53

28. 构造二叉排序树的过程如图Ⅲ.13所示。

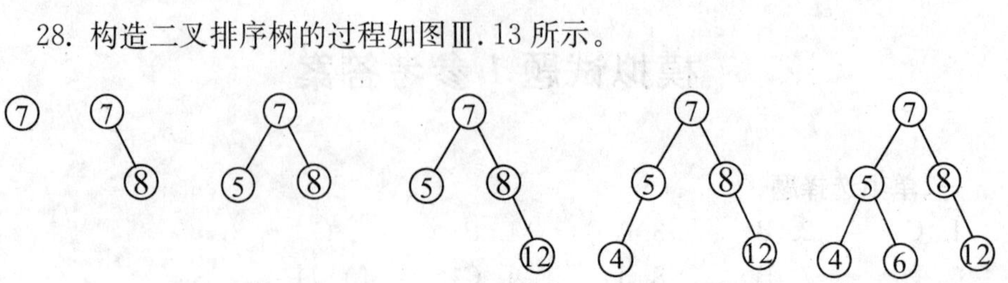

图Ⅲ.13

29. 前序序列:ABDEGHCF　　中序序列:DBEHGACF

后序序列:DHGEBFCA

四、算法阅读题

30. (1) m－＞next－＞daya＞pos－＞data

    (2) m＝m－＞next

    (3) q－＞next＝pos－＞next;pos－＞next＝p

    (4) head＝pos

    (5) s－＞next＝pos

31. (1) m＝m－1

    (2) A－＞data[n＋m－1]＝A－＞data[n－1]

    (3) A－＞length＝n＋m

32. (1) T－＞data＜p－＞data

    (2) T＝T－＞lchild

    (3) level＝level＋1

33. (1) p! ＝NULL

    (2) p＝p－＞next

    (3) p－＞data＝＝x

五、算法设计题

34.
```
void DissList(LinkList A,LinkList B,LinkList C)
  {//分解单循环链表为两个链表的算法
    C=(ListNode *)malloc(sizeof(ListNode));//申请头结点
    rc=C;
    p=A->next;q=A;
    while(p! =A) {
      if(p->data % 2 ! =0) { //结点值为奇数
          q=p;p=p->next;
      }
      else {
          q->next=p->next;
          rc->next=p;rc=p;
          p=q->next;
      }
    }
    rc->next=C;B=A;
}
```

模拟试题 2 参考答案

一、单项选择题

1. B	2. D	3. A	4. C	5. B
6. D	7. A	8. B	9. D	10. C
11. B	12. A	13. C	14. B	15. B

二、填空题

16. 逻辑结构　运算

17. n/2　(n－1)/2

18. p－>next－>next

19. 后进先出　先进先出

20. 12

21. 1100

22. head(tail(head(tail(A))))

23. 一个　度

24. n－1　n(n－1)/2

25. 从大到小排列　n(n－1)/2

三、解答题

26. 数据结构一般包括 3 个方面的内容：

(1) 数据元素之间的逻辑关系(即数据的逻辑结构)；

(2) 数据元素及其关系在计算机内的存储表示(即数据的存储结构)；

(3) 数据的运算(既对数据施加的操作)。

27. (1) 算法编程后运行时所需输入数据的总量；

(2) 对源程序进行编译所需要的时间；

(3) 计算机执行每条指令所需的时间；

(4) 程序中的指令重复执行的次数。

28. (1) 线性表的顺序存储表示结构简单，不需要额外的存储空间，数据记录在逻辑上相邻，在存储位置上亦相邻，可随机存取，有些运算容易实现；但在做插入和删除运算时要移动大量的元素，表长是固定的，不易扩展。

(2) 链式存储表示是动态结构，表长可任意扩充，插入和删除不需要移动大量的元素；但不能随机存取，需要增加相应的存储空间。

29. (1) 度为 2 的树有两个分支,没有左右之分;一棵二叉树也有两个分支,但有左右之分,且左右不能交换。

(2) 二叉树的一个结点至多有两棵子树,树则不然;二叉树的一个结点的子树有左右之分,而树则没有此要求;二叉树可以是空树,而树则至少有一个结点。

四、应用题

30. 线性探测法所得的散列表如表Ⅲ.3 所示。

表Ⅲ.3

0	1	2	3	4	5	6
14	18	23	9	30	12	6

比较次数:

1　5　1　2　3　1　1

所以查找成功的平均查找长度为 ASL=(1*4+2+3+5)/7=2。

31. 对应的森林如图Ⅲ.14 所示。

32. (1) 相应的图形如图Ⅲ.15 所示。

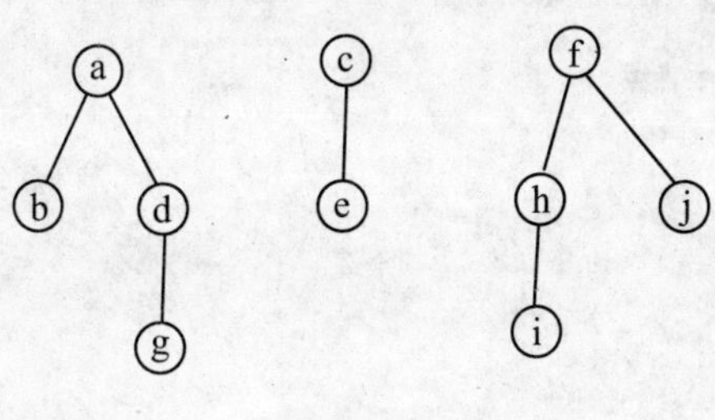

图Ⅲ.14

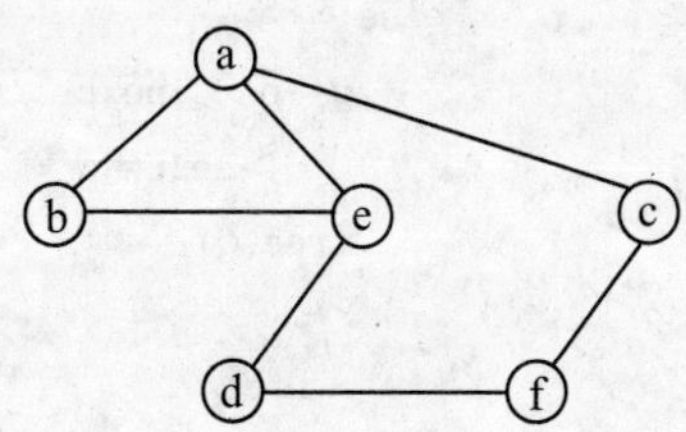

图Ⅲ.15

(2) 从顶点 a 出发进行深度优先搜索遍历和广度优先搜索遍历的相应遍历序列分别为 a,e,d,f,c,b 和 a,b,c,e,f,d。

33. 直接插入排序的每一趟结果如下:

初始关键字	[46]	32	55	81	65	11	25	43
j=2(32)	[32	46]	55	81	65	11	25	43
j=3(55)	[32	46	55]	81	65	11	25	43
j=4(81)	[32	46	55	81]	65	11	25	43
j=5(65)	[32	46	55	65	81]	11	25	43
j=6(11)	[11	32	46	55	65	81]	25	43
j=7(25)	[11	25	32	46	55	65	81]	43
j=8(43	[11	25	32	43	46	55	65	81]

五、算法阅读题

34. (1) q—>next　(2) q　(3) r—>next　(4) p　(5) return(p)

35. (1) 该算法的功能是:在值为 x 的结点之后插入 m 个新结点;

(2) s1 所指示的循环语句是查找值为 x 的结点;

(3) s2 所指示的循环语句是生成并插入 m 个新结点。

六、算法设计题

36.【分析】 本题的算法思想是:从头至尾扫描该单链表,并执行操作:若当前结点的元素值与多余的元素值不相等,则指针后移,否则删除该结点,直到扫描完所有的结点。实现本题功能的算法如下:

```
void delnode(LinkList head) {
    ListNode *p, *q;
    if(head! =NULL)
    { p=head;
      while(p->next! =NULL)
        if(p->data! =p->next->data)
            p=p->next; //结点值不同,指针后移
        else
          { q=p->next;//删除多余结点
            p->next=q->next;
            free(q);
          }
    }
}
```

模拟试题 3 参考答案

一、单项选择题

1. C	2. B	3. A	4. B	5. C
6. D	7. A	8. B	9. D	10. C
11. D	12. A	13. C	14. B	15. C

二、填空题

16. head—>next==p 或 p==head—>next

17. 确定性　可行性

18. 直接插入排序

19. (sq. front+1)%m (sq. rear+1)%m==sq. front

20. 开放定址法 拉链法

21. 单循环链表 双循环链表

22. 树形选择排序 $O(n\log_2 n)$

23. $O(n^2)$

24. 单关键字文件 多关键字文件

25. $O(n+e)$

三、解答题

26. (1) 该图是一个强连通图。

(2) 邻接表和逆邻接表如图Ⅲ.16 所示。

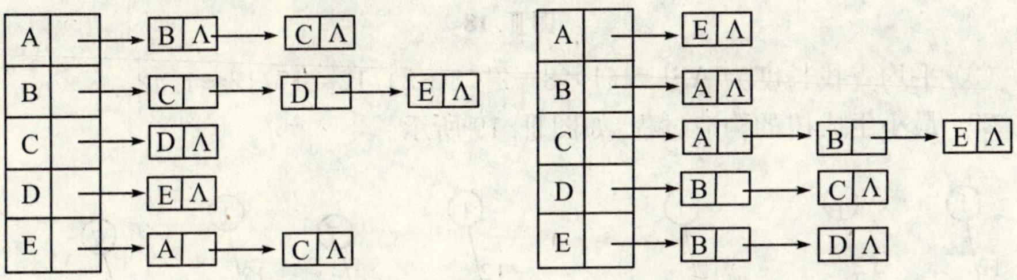

(a) 邻接表(出边表) (b) 逆邻接表(入边表)

图Ⅲ.16

27. (1) 该二叉树原由 4 棵树 T1、T2、T3 和 T4 组成,如图Ⅲ.17 所示。

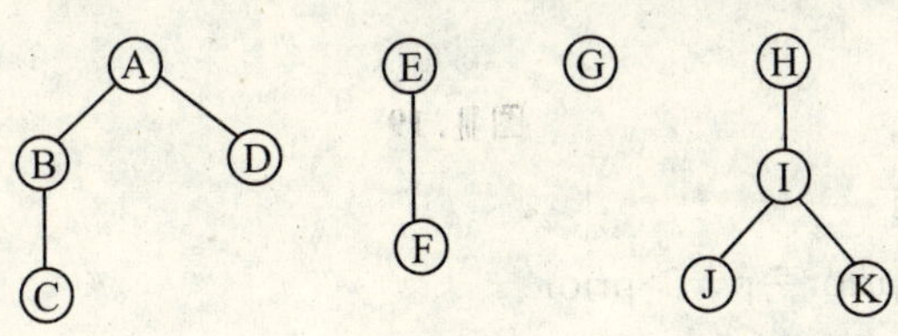

图Ⅲ.17

(2) 先根遍历序列:ABCDEFGHIJK

后根遍历序列:CBDAFEGJKIH

28. (1) 其关键字对应的地址如表Ⅲ.4 所示。

表Ⅲ.4

17	04	09	21	69	84	19	44	37	02	25	54
4	4	9	8	4	5	6	5	11	2	12	2

因此,散列表如图Ⅲ.18 所示。

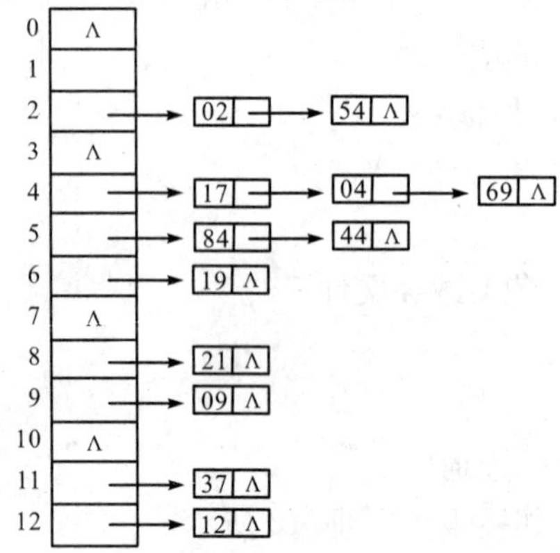

图Ⅲ.18

(2) 平均查找长度为 ASL=(1×8+2×3+3)/12=17/12≈1.42。

29. 最小生成树的构造过程,如图Ⅲ.19 所示。

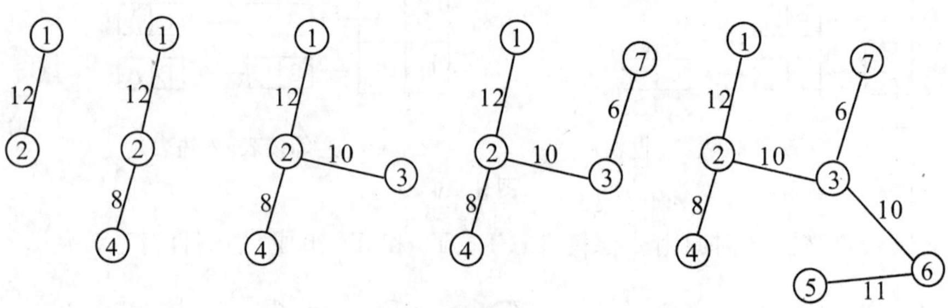

图Ⅲ.19

四、算法阅读题

30. (1) q->prior=p->prior

    (2) q->next=p

    (3) p->prior->next=q

    (4) p->prior=q

31. (1) q! =NULL

    (2) q=q->next

    (3) p->data=q->data

32. (1) ① R[j].key>R[j+1].key　　② b=1

    (2) 是冒泡排序算法

33. (1) p! =head

    (2) q->next=s

(3) p－＞next＝q

五、算法设计题

34. 其算法描述如下：

```
void zxxssbl(BinThrTree * T)
{//中序线索二叉树的中序遍历算法
    if(T! =NULL) {
        while(T! =NULL) {
            while(T->ltag==0)
                T=T->lchild;
            do{  printf("%c",T->data);
                 bit=T->rtag; //取出右标志
                 T=T->rchild;
            }while(bit! =0 && T! =NULL);
        }
    }
}
```

模拟试题 4 参考答案

一、单项选择题

1. D　2. D　3. A　4. D　5. B

6. D　7. C　8. D　9. C　10. B

11. C　12. B　13. D　14. A　15. C

二、填空题

16. 存储结构

17. 不一定连续　一定是连续的

18. s. top＝＝－1　s. top＝＝maxsize－1

19. 节省存储空间

20. 99

21. n－1　n(n－1)

22. －1

23. 9,4,6,7,8

24. 1

25. n－1

三、解答题

26. 数据的逻辑结构有线性结构和非线性结构两大类。

27. 这 7 种量级的增长排序是：$O(1)$，$O(\log_2 n)$，$O(n)$，$O(n\log_2 n)$，$O(n^2)$，$O(n^3)$，$O(2^n)$。

28. 在开始结点之前附设的一个结点称为头结点，它的数据域值是无意义的，而开始结点是链表中存储线性表第一个元素的结点。

29. n 个顶点的连通图至少有 n－1 条边，而强连通图至少有 n 条边。

四、应用题

30. 该树的前、中、后序遍历序列分别为：

前序　a,b,c,e,d,f,h,g,i,j

中序　e,c,b,h,f,d,j,i,g,a

后序　e,c,h,f,j,i,g,d,b,a

31. 排序的每一趟结果如下：

初始	100	12	20	31	1	5	44	66	61	200	30	80	150	4	8
d=7	8	12	20	30	1	5	4	66	61	200	31	80	150	44	100
d=3	4	1	5	8	12	20	30	31	61	150	44	80	200	66	100
d=1	1	4	5	8	12	20	30	31	44	61	66	80	100	150	200

32. (1) 该图的邻接表如图Ⅲ.20 所示。

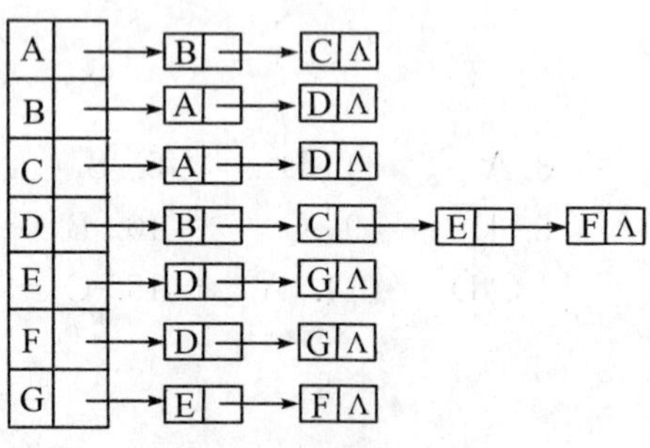

图Ⅲ.20

(2) 从顶点 a 出发按深度优先搜索遍历序列(不惟一)为：a,b,d,c,e,g,f。

从顶点 a 出发按广度优先搜索遍历序列(不惟一)为：a,b,c,d,e,f,g。

33. 线性探查法得散列表如下所示。

0	1	2	3	4	5	6	7	8	9	10	11	12	13	14
208	78	350	29	3		240	345	189	100	20	21	35	99	45
1	2	6	1	2		1	1	2	1	4	4	4	6	9

查找成功的平均查找长度 $ASL=(5*1+3*2+3*4+2*6+1*9)/14=$

43/14。

查找不成功的平均查找长度=(6+5+4+3+2+1+15+14+13+12+11+10+9)/13=105/13。

五、算法阅读题

34. (1) pre! =NULL (2) pre->next (3) pre->data

(4) pre->next (5) return(0)

35. (1) 若链表不带头结点,只要把算法的第一条可执行语句“p=L->next”改为“p=L”即可,其他不需改动。

(2) 取其中部分修改或全部修改都不能得到正确的算法。

六、算法设计题

```
36. Boolean pdlist(LinkList head)
{
 ListNode *p,*q,*r;  Boolean bl;
  p=head; //p指向开始结点
  bl=TRUE;
  while(p->next->next! =head && bl)
    { q=p->next;r=q->next;//q指向第二个结点,r指向第三个结点
      if(p->data+q->data==r->data)
        p=p->next;//相等则继续
      else
        bl=FALSE;
    }
    return(bl);
}
```

模拟试题 5 参考答案

一、单项选择题

1. C 2. B 3. C 4. B 5. D
6. A 7. D 8. D 9. C 10. B
11. D 12. C 13. C 14. B 15. D

二、填空题

16. 单链表 双链表

17. s.top<maxsize-1

x=s.data[s.top];s.top=s.top+1；

18. S->prior->next=S；　或　P->prior->prior->next=S；

19. (n+r-f)%n

20. head(tail(head(tail(A))))

21. 被排序记录已基本有序　被排序记录完全无序

22. $O(n^2)$　$O(e\log_2 e)$

23. 直接插入排序

24. 关键字值　开放定址法和拉链法

25. 先存取第 i-1 个记录

三、解答题

26. s->next=p;s->prior=p->prior;

p->prior=s;p->prior->next=s;

27. 只设头指针的入队操作时间复杂度为 O(n)，只设尾指针的入队操作时间复杂度为 O(1)。

28. 采用压缩存储之后，稀疏矩阵会失去随机存取功能，因为在存储稀疏矩阵时，为了节省存储单元，只存储非零元素。由于非零元素的分布一般是没有规律的，因此在存储非零元素的同时，还必须存储适当的辅助信息。显然，稀疏矩阵的压缩存储会失去随机存取功能。

29. 在无向图 G 中，若从顶点 v_i 到顶点 v_j 有路径，则称 v_i 和 v_j 是连通的；若 V(G)中任意两个不同的结点 v_i 和 v_j 都连通，则称图 G 为连通图。

四、应用题

30. 后序线索化如图Ⅲ.21 所示。

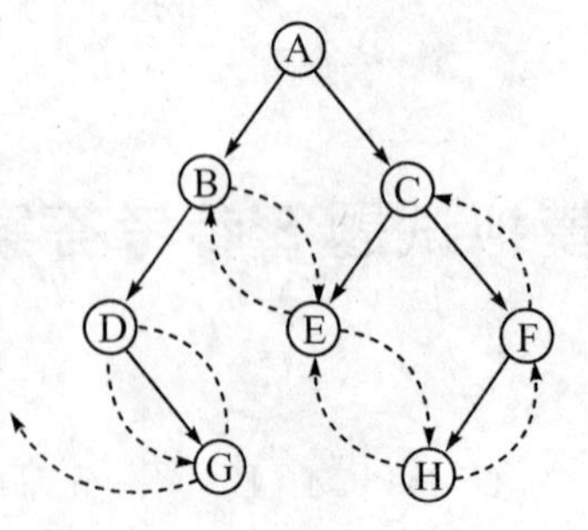

图Ⅲ.21

31. 顶点 a 到其他各顶点的最短路径如下：

(a→b)：　{a,c,f,e,d,g,b}=15

(a→c)：　{a,c}=2

(a→d)：　{a,c,f,d}=11

(a→e)：　{a,c,e}=10

(a→f)：　{a,c,f}=6

(a→g)：　{a,c,f,d,g}=14

32. (1)已是大根堆,而(2)也已经为小根堆,因此(1)和(2)无需调整。

(3)可调整为大根堆:103,97,100,38,66,56,42,12,30,52,06,23。

(4)可调整为小根堆:05,23,20,28,40,38,29,61,35,76,56,100。

33. (1) 用拉链法构造的散列表如图Ⅲ.22所示。

(2) 查找成功的平均查找长度 ASL=(1*7+2*4+3*1)/12=1.5。

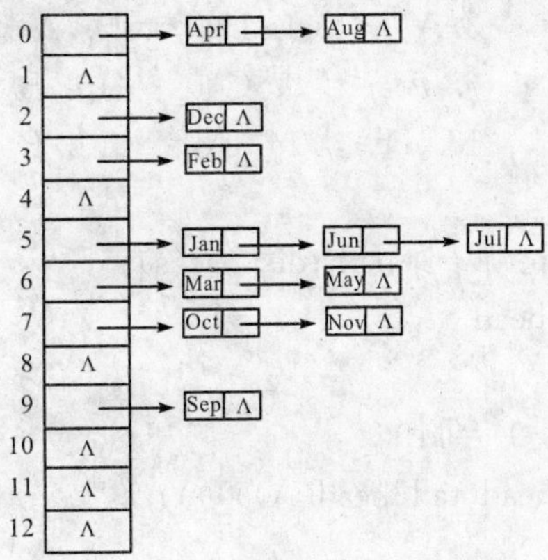

图Ⅲ.22

五、算法阅读题

34. (1) p! =NULL　(2) s　(3) s　(4) NULL　(5) head2->next

35. (1) v[s1.top]　(2) s1.top=s1.top-1　(3) v[s2.top]

(4) s2.top=s2.top-1　(5) return(y)

六、算法设计题

36. 根据二叉排序树的定义可知,对树中的每棵子树来说,左子树中任意一个结点的关键字值均小于根结点的值,右子树中任意一个结点的关键字值均大于根结点的值,所以可以从根结点开始,顺着左子树向下搜索,先找到最小值,再向上搜索根和右子树,直到搜索完为止。实现本题功能的递归算法如下:

```
void inorderLDR(BSTree T)
{
    if(T! =NULL)
```

```
    {
      inorderLDR(T->lchikd);
      printf("%d",T->data);
      inorderLDR(T->rchild);
    }
}
```

模拟试题 6 参考答案

一、单项选择题

1. C　2. D　3. A　4. D　5. A
6. C　7. B　8. A　9. C　10. B
11. B　12. A　13. D　14. A　15. B

二、填空题

16. s=p->next;p=p->next;dispose(s);
17. p->next==head
18. n-1
19. 1000+4*(40+9)=1196
20. head(tail(tail(head(tail(head(A))))))
21. 2n-1
22. O(n+e)　O(n+e)
23. 树形选择排序　完全二叉树
24. 8,3,5,6
25. 随机存取　顺序存取

三、解答题

26. 显然,选用的算法首先应该是正确的,此外,主要考虑如下 3 点:
(1) 执行算法所耗费的时间;
(2) 执行算法所耗费的存储空间,主要是辅助空间;
(3) 算法的易读、易于编码、易于调试等。

27. (1) 分为单链表和双链表(或多重链表)。
(2) 分为普通链表和循环链表。

28. 设 I 为进栈操作,O 为出栈操作。其中(1)、(3)是不可能的;(2)是可能的,其操作序列为 IIIOOOIOIO;(4)是可以的,其操作序列为 IOIIOOIIOO。

29. 高度为 h 的完全二叉树至少有 2^{h-1} 个结点，至多有 2^h-1 个结点。

四、应用题

30. 根据广义表的结构可知，该树的根结点为 a，b、c、d 为 a 的子树，b 又有两棵子树……该广义表对应的树形结构如图Ⅲ.23 所示。

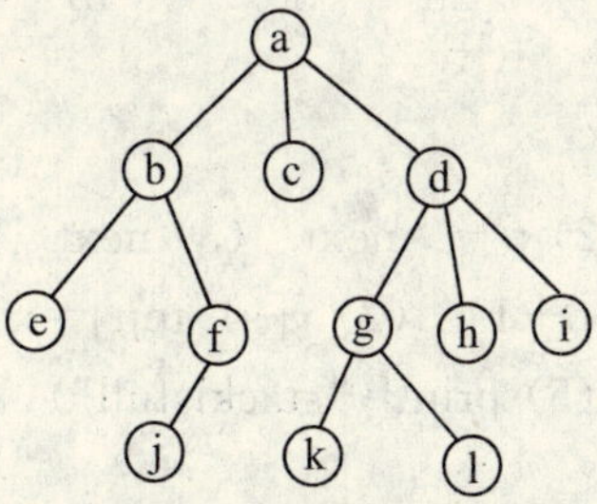

图Ⅲ.23

31. 构造的哈夫曼树如图Ⅲ.24 所示。

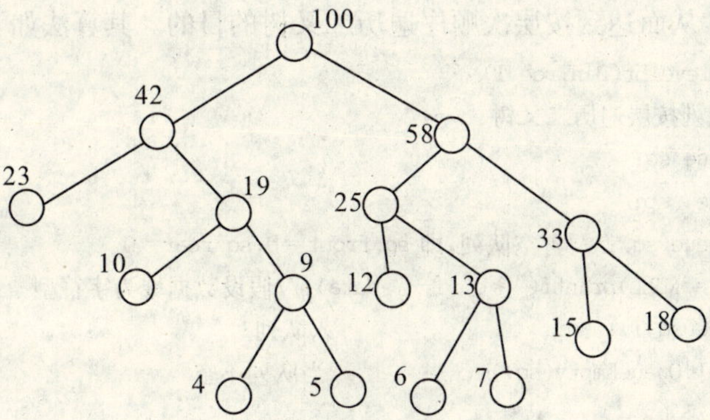

图Ⅲ.24

其带权路径长度 WPL=23＊2+(10+12+15+18)＊3+(4+5+6+7)＊4=299。

32. 求得带权图的一棵最小生成树如图Ⅲ.25 所示。

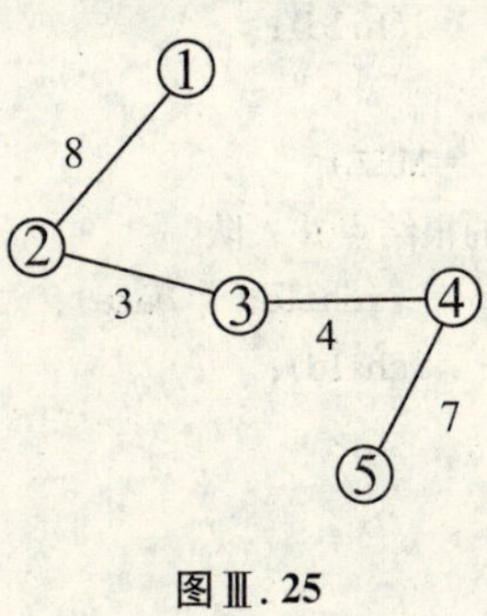

图Ⅲ.25

33. 快速排序的每一趟结果如下所示：

初始关键字	[37	23	42	55	61	36	28]
一趟排序后	[28	23	36]	37	[55	61	42]
二趟排序后	[23]	28	[36]	37	[42]	55	[61]
三趟排序后	23	28	36	37	42	55	61

排序结束！

五、算法阅读题

34. (1) p! =head (2) p->next (3) next (4) next (5) prior

35. (1) s1. top=s1. top+1 (2) v[s1. top]=x (3) s2. top=s2. top+1 (4) v[s2. top]=x (5) printf("stackisfull")

六、算法设计题

36. 依题意，本算法的基本思想是：定义一个顺序队列 sq，先将二叉树的根结点入队列，然后出队，输出该结点，如若它有左子树，则将其左子树根结点入队，若它有右子树，则将右子树的根结点入队，如此下去直到队列空为止。因为队列的特点是先进先出，从而达到按层次顺序遍历二叉树的目的。其算法如下：

```
void translevelbt(BinTree T)
{ //利用队列按层遍历二叉树
    SeqQueue sq;
    BinNode *p;
    InitQueue(sq); //置空队列，即 sq.front=0,sq.rear=0
    if(T! =NULL)printf("%c",T->data);//假设数据域为字符型
    EnQueue(sq,T);                    //入队列
    while(! QueueEmpty(sq))           //当队列不空
      {
          p=DeQueue(sq);
          if(p->lchild! =NULL)
          {//输出左子树的根结点并入队
            printf("%c",p->lchild->data);
            EnQueue(sq,p->lchild);
          }
          if(p->rchild! =NULL)
          { //输出右子树的根结点并入队
            printf("%c",p->rchild->data);
            EnQueue(sq,p->rchild);
          }
      }
}
```

模拟试题 7 参考答案

一、单项选择题

1. B	2. D	3. A	4. D	5. A
6. B	7. C	8. C	9. C	10. B
11. D	12. A	13. C	14. B	15. C

二、填空题

16. 数据元素 数据项

17. L－>next

18. 栈满 空栈

19. L＝＝L－>prior

20. 1000＋5 * (55－1)＝1270

21. bt－>lchild! ＝NULL

22. 归并排序

23. n 环状

24. 9,14,11

25. (p－>lchild＝＝NULL)&&(p－>rchild＝＝NULL)

三、解答题

26. 有 4 种基本的存储方法：

(1) 顺序存储方法； (2) 链接存储方法；

(3) 索引存储方法； (4) 散列存储方法。

27. 在顺序表中插入或删除一个结点平均约需要移动表长一半的结点。具体移动次数取决于插入或删除结点的位置。

28. (1) 不含任何字符的串称为空串，其长度为 0；仅含空格字符的串称为空格串，它的长度为串中空格符的个数。

(2) 两串相等的充要条件是：两串的长度相等，且对应位置的字符相等。

29. 广义表又称为列表，是线性表的推广。线性表的元素仅限于原子项，原子项是作为结构上不可再分割的成分，它可以是一个数或一个结构；而广义表的元素可以是原子或者是一个广义表。

四、应用题

30. 该二叉树如图Ⅲ.26 所示。

31. (1) 该邻接矩阵对应的图形如图Ⅲ.27 所示。

(2) 深度优先搜索遍历序列为:a,b,d,c,e。

广度优先搜索遍历序列为:a,b,e,d,c。

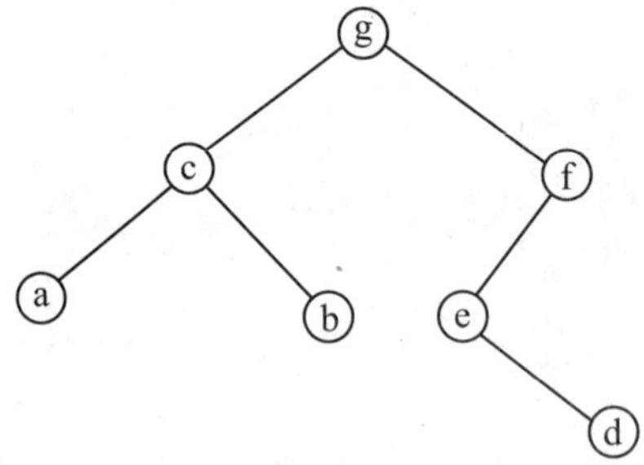

图Ⅲ.26

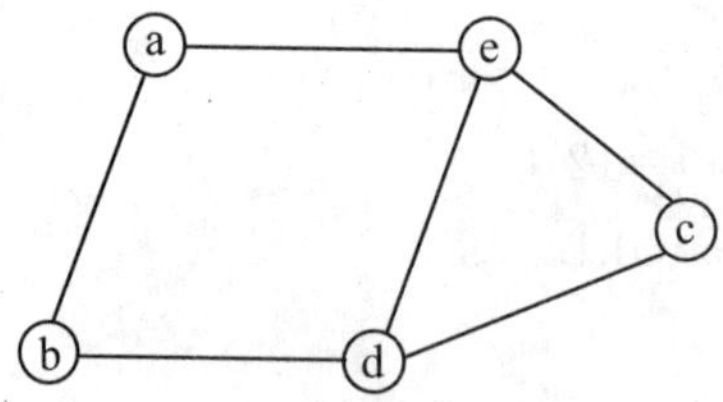

图Ⅲ.27

32. 冒泡排序的每一趟结果如下(循环从表头向后执行):

初始关键字	17	18	60	40	7	32	73	65	85
第一趟	17	18	40	7	32	60	65	73	85
第二趟	17	18	7	32	40	60	65	73	85
第三趟	17	7	18	32	40	60	65	73	85
第四趟	7	17	18	32	40	60	65	73	85
第五趟	无元素交换,排序结束。								

33. 首先从入度为 0 的顶点 1 开始,接着选 2 可得:1,2,3,6,5,4;如若在选 1 之后,接着选 3 可得序列为:1,3,2,6,5,4;若在选 3 之后再选 6,则可得序列为:1,3,6,2,5,4。所以图的所有拓扑排序序列为:1,2,3,6,5,4;1,3,2,6,5,4;1,3,6,2,5,4。

五、算法阅读题

34. (1) j>i　(2) exchange=TRUE　(3) !exchange　(4) return

35. 该算法是一个非递归的中序遍历二叉树的算法,因此,对所给二叉树,执行算法后得到的遍历序列为:C,B,E,D,F,A,H,I,G,K,J。

六、算法设计题

36. 在二叉排序树中，按照二叉排序树的定义，对每棵子树来说，左子树中任意一个结点的关键字值均小于根结点的值，因此，如果左子树不空，则元素值最小的结点一定在左子树中，因此可在左子树中查找；若左子树为空，则根结点的值为最小。所以可以从根结点开始，顺着左子树向下搜索，直到遇到没有左孩子的结点为止。实现本题功能的算法如下：

```
KeyType MinBSKey(BSTree *T)
{
  BSTNode *p;
  if(T==NULL)
    printf("error")
  else
  {
    p=T;
    while(p->lchild!=NULL)
      p=p->lchild;
    return(p->key);
  }
}
```

附录Ⅳ 自学考试试题

2000 年下半年全国高等教育自学考试全国统一命题考试

第一部分 选择题(共 20 分)

一、单项选择题(每小题 2 分,共 20 分)在每小题列出的 4 个备选答案中,选出一个正确的答案,并将其代码填在题后的括号内。

1. 下列有关线性表的叙述中,正确的是(　　)。

   A. 线性表中的元素之间是线性关系

   B. 线性表中至少有一个元素

   C. 线性表中任何一个元素有且仅有一个直接前趋

   D. 线性中任何一个元素有且仅有一个直接后继

2. 下列关于串的叙述中,正确的是(　　)。

   A. 一个串的字符个数即该串的长度

   B. 一个串的长度至少是 1

   C. 空串是一个由空格字符组成的串

   D. 两个串 S1 和 S2 若长度相同,则这两个串相等

3. 4 个元素 a_1、a_2、a_3 和 a_4 依次通过一个栈,在 a_4 进栈前,栈的状态是:a_1、a_2、a_3,a_1 是栈底元素,a_3 是栈顶元素,则不可能的出栈序列是(　　)。

   A. $a_4a_3a_2a_1$　　　　B. $a_3a_2a_4a_1$

   C. $a_3a_1a_4a_2$　　　　D. $a_3a_4a_2a_1$

4. 以数组 Q[0..m-1]存放循环队列中的元素,变量 rear 和 qulen 分别指示循环队列中队尾元素的实际位置和当前队列中元素的个数,则队列第一个元素的实际位置是(　　)。

A. rear－qulen　　　　B. rear－qulen＋m

C. m－qulen　　　　D. 1＋(rear＋m－qulen)%m

5. 若二叉树根结点的层次为1，所有含有15个结点的二叉树中，最小高度是(　　)。

A. 6　　　　B. 5

C. 4　　　　D. 3

6. 设结点x和结点y是二叉树T中的任意两个结点，若在先根序列中x在y之前，而在后根序列中x在y之后，则x和y的关系是(　　)。

A. x是y的左兄弟　　　　B. x是y的右兄弟

C. x是y的祖先　　　　D. x是y的后代

7. 下列4种排序方法中，不稳定的方法是(　　)。

A. 直接插入排序　　　　B. 冒泡排序

C. 归并排序　　　　D. 直接选择排序

8. 设有一个长度为100的已排好序的表，用二分查找进行查找，若查找不成功，至少比较(　　)次。

A. 9　　B. 8　　C. 7　　D. 6

9. 一棵二叉排序树T，用(　　)方法进行遍历，可以得到各结点键值的递增序列。

A. 先根遍历　　　　B. 中根遍历

C. 层次遍历　　　　D. 后根遍历

10. 连通带权图如图Ⅳ.1所示，用Prim算法求其最小代价生成树。在算法执行的某一时刻，已选取的顶点集合U＝{1,2,3}，边的集合TE＝{(1,2),(2,3)}，要选取下一条权值最小的边，应当从(　　)组中选取。

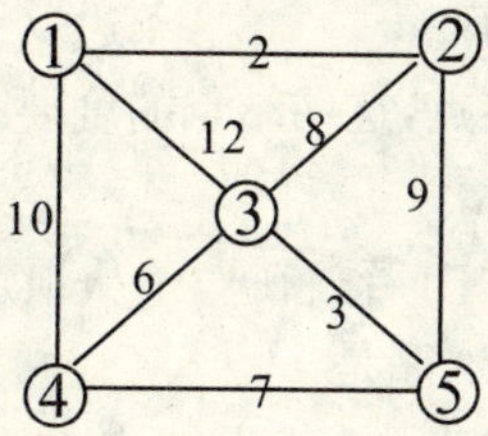

图Ⅳ.1　最小代价生成树

A. [(1,4),(3,4),(3,5),(2,5)]　　　　B. [(4,5),(1,3),(3,5)]

C. [(1,2),(2,3),(3,5)]　　　　D. [(3,4),(3,5),(4,5)]

第二部分　非选择题(共 80 分)

二、判断题(判断下列各题是否正确,正确的在括号内打“√”,错误的打“×”。每小题 1 分,共 10 分)

11. 数据的机内表示称为数据的存储结构。　(　　)

12. 线性表的链式存储中,表中元素的逻辑顺序与物理顺序一定相同。　(　　)

13. 二叉树中任何一个结点的度都是 2。　(　　)

14. 由二叉树结点的先根序列和后根序列可以惟一地确定一棵二叉树。　(　　)

15. 一个无向图的邻接矩阵中各元素之和与图中边的条数相等。　(　　)

16. 用直接选择排序方法分别对序列 S1=(1,2,3,4,5,6,7)和序列 S2=(7,5,3,2,4,1,6)进行排序,两者的比较次数不相同。　(　　)

17. 一棵哈夫曼树中不存在度为 1 的结点。　(　　)

18. 用二分查找法对一个顺序表进行查找,这个顺序表可以是按键值排好序的,也可以是没有按键值排好。　(　　)

19. 顺序文件适宜顺序存取,不适宜随机存取。　(　　)

20. 平衡二叉排序树上任何一个结点的左、右子树的高度之差的绝对值不大于 1。　(　　)

三、填空题(每空 2 分,共 30 分)

21. 一个 $n\times n$ 的下三角矩阵 A 中的元素 a_{ij}($i\geqslant j,1\leqslant i,j\leqslant n$)按行存于一个一维数组 B[1..n(n+1)/2]中,对其中的任一元素 a_{ij},若在 B 中的位置为 k,则 k=__________。

22. 含有 100 个结点的树有________条边。

23. 一棵二叉树有 67 个结点,这些结点的度要么是 0,要么是 2。这棵二叉树中度为 2 的结点有______个。

24. 在一个无环有向图 G 中,若存在一条从顶点 i 到 j 的弧,则在顶点的拓扑序列中,顶点 i 与顶点 j 的先后次序是________。

25. 在一个无向图的邻接表中,若表结点的个数是 m,则图中边的条数是________。

26. 设一个散列表的容量为 m,用线性控查法解决冲突,要插入一个键值,若插入成功,至多要进行________次比较。

27. 设一棵二叉树结点的先根序列为 ABDECFGH,中根序列为 DEBAFCHG,则二叉树中叶子结点是________。

28. 一棵哈夫曼树有 19 个结点，则其叶子结点的个数是________。

29. 将两个长度分别为 m 和 n(m>n)的排好序的表归并成一个排好序的表，至少要进行________次键值比较。

30. 设二维数组 M:array[-1..4,0..3]of integer，每个元素(整数)占 2 个存储单元，元素按行优先顺序存储，数组的起始地址为 200，则元素 M[2,1]的地址是________。

31. 线性表 $L=(a_1,a_2,\cdots,a_n)$采用顺序存储，假定在不同的 n+1 个位置上插入的概率相同，则插入一个新元素平均需要移动的元素个数是________。

32. 设栈 S 和队列 Q 的初始状态皆为空，如果按元素 a_1,a_2,a_3,a_4,a_5,a_6，次序入栈，入栈过程中可出栈并将元素入队列，使得队列中元素顺序为：a_3,a_5,a_4,a_6,a_2,a_1，则栈 S 至少应该容纳________个元素。

33. 两个序列如下：

L1={25,57,48,37,92,86,12,33}

L2={25,37,33,12,48,57,86,92}

用冒泡排序方法分别对序列 L1 和 L2 进行排序，交换次数较少的是序列________。

34. 将一棵有 50 个结点的完全二叉树从根结点开始，由根向下，每一层从左至右，顺序地存储在一个一维数组 bt[1..50]中，这棵二叉树最下面一层上最左边一个结点存储在数组元素________中。

35. 一个索引文件由________两部分组成。

四、应用题(共 26 分)

36. 设二叉树(图Ⅳ.2)与某森林对应，回答下列问题。(5 分)

(1) 森林中有几棵树？

(2) 每一棵树的根结点分别是什么？

(3) 第一棵树中有几个结点？

(4) 第二棵树中有几个结点？

(5) 森林中有几个叶子结点？

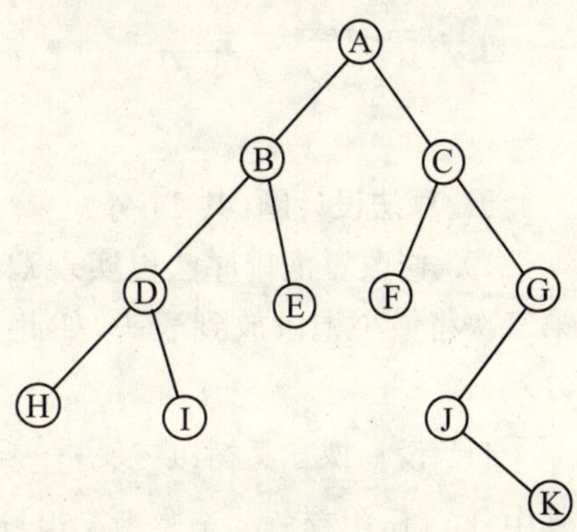

图Ⅳ.2

37. 初始输入序列的键值如下：

(72,73,71,23,94,16,05,68,48,19,26)

试采用二路归并排序法进行从小到大的排序，写出该序列在每遍扫描时的合并过程。(5 分)

38. 设散列表容量为 T。给定表{30,36,47,52,34}，散列函数 H(k)=k mod 6。采用

线性探测法解决冲突。要求：

(1) 构造此散列表。(4 分)

0	1	2	3	4	5	6

(2) 求查找数 34 需要进行比较的次数。(2 分)

39. 已知一个带头结点的单链表，head 为头指针，每个结点按 data 字段值递增顺序链接，r 指向一个新结点。下面是将 r 所指的新结点插入链表中的算法，插入后结点仍按 data 字段值的递增顺序链接。请在算法的空白处填上正确的成分。(每空 2 分，共 10 分)

```
typedef struct node {
      DataType data;
      struct node *next;
}ListNode;
typedef ListNode * LinkList;
void insert(LinkList head, ListNode r)
{   ListNode * q, * pred;
    pred=__(1)__;
    q=head->next;
    while(__(2)__ && (q->data<=r->data)){
      pred=q;
      __(3)__;
    }
    r->next=__(4)__;
    __(5)__;
}
```

五、算法设计题(共 14 分)

40. 修改冒泡排序法以实现双向冒泡排序。即第一次把最大记录放到表尾，第二次将最小记录放到表头，如此反复进行，直至排序结束。试编写此算法。(8 分)

41. 设一棵二叉树以二叉链表为存储结构，结点结构为 | lchild | data | rchild |，其中 data 域中存放一个整数。设计一个算法，求此二叉树中 data 域的值为最小的结点。(6 分)

参考答案

一、单项选择题

1. A　2. A　3. C　4. D　5. C

6. C　7. D　8. C　9. B　10. D

二、判断题

11. √　12. ×　13. ×　14. ×　15. ×

16. √　17. ×　18. ×　19. √　20. √

三、填空题

21. i(i+1)/2+j

22. 99

23. 33

24. j,i

25. m/2

26. m(m+1)/2

27. E,F,H

28. 4

29. 1

30. 239

31. N/2

32. 4

33. L2

34. bt[32]

35. 文件数据区和索引表

四、应用题

36. (1) 3 棵

(2) A　C　G

(3) 6 个

(4) 2 个

(5) 6 个

37. 第一趟:[72　73][23　71][16　94][05　68][19　48][26]

第二趟:[23　71　72　73][5　16　68　94][19　26　48]

第三趟:[23　71　72　73][5　16　19　26　48　68　94]

第四趟:[5 16 19 23 26 48 68 71 72 73 94]

38. (1)

30	36		34	52	47	

(2) 2 次

39. (1) head

(2) q—>next! =NULL

(3) q=q—>next

(4) q

(5) pred—>next=r

五、算法设计题

40. 参考算法如下:

```
void Dbubblesort(SeqList R)
{//R[1..n]是待排序文件,采用自顶向下,
 //自下而上交替双向扫描冒泡排序
        int i, j;
        RecType t;//t 作为排序交换记录的中间变量
        int NoSwap;//逻辑变量,表示一趟扫描是否有交换,为假时表示无交换
        NoSwap=TRUE;//首先假设有交换,表无序
        i=1;
        while(NoSwap)//当有交换时做循环
        {NoSwap=FALSE;//置成无交换
          for(j=n-i+1;j>=i+1;j--)//自顶向下扫描
            if(R[j].key<R[j-1].key)
              {//若反序(后面的小于前面的),即交换
                t=R[j];
                R[j]=R[j-1];
                R[j-1]=t;
                NoSwap=TRUE; //说明有交换
              }
            for(j=i+1;j<=n+i-1;j++)//自下向上扫描
            if(R[j].key>R[j+1])
              {//若反序(前面的大于后面的),即交换
                t=R[j];
                R[j]=R[j+1];
                R[j+1]=t;
                NoSwap=TRUE; //说明有交换
              }
```

```
        i=i+1;
      }
      return;
}
```

41. 参考算法如下：

```
void findmin(BinTNode * bt)
{ BinTNode * S[10];
  int top=-1;temp=0
  BinTNode * p=bt;
  while(top ! =-1 || p! =NULL)
    { while(p! =NULL)
        { top++;s[top]=p;
          if(temp>=p->data)
            temp=p->data;
          p=p->lchild;
        }
      if(top! =-1){
        p=s[top];top--;
        if(temp>=p->data)
        temp=p->data;
        p=p->rchild;
      }
    }
}
```

2001 年下半年全国高等教育自学考试全国统一命题考试

第一部分　选择题(共 30 分)

一、单项选择题(本大题共 15 小题，每小题 2 分，共 30 分)在每小题列出的 4 个选项中只有一个是符合题目要求的，请将其代码填在题后的括号内。

1. 算法指的是(　　)。

　A. 计算机程序　　　　B. 解决问题的计算方法

C. 排序算法　　D. 解决问题的有限运算序列

2. 线性表采用链式存储时，结点的存储地址(　　)。

A. 必须是不连续的　　B. 连续与否均可

C. 必须是连续的　　D. 和头结点的存储地址相连续

3. 将长度为 n 的单链表链接在长度为 m 的单链表之后的算法的时间复杂度为(　　)。

A. O(1)　　B. O(n)

C. O(m)　　D. O(m+n)

4. 两个栈共享一个向量空间的好处是(　　)。

A. 减少存取时间，降低下溢发生的几率

B. 节省存储空间，降低上溢发生的几率

C. 减少存取时间，降低上溢发生的几率

D. 节省存储空间，降低下溢发生的几率

5. 设数组 data[m]为循环队列 SQ 的存储空间，front 为队头指针，rear 为队尾指针，则执行出队操作后其头指针 front 的值为(　　)。

A. front=front+1　　B. front=(front+1)%(m-1)

C. front=(front-1)%m　　D. front=(front+1)%m

6. 如下陈述中正确的是(　　)。

A. 串是一种特殊的线性表　　B. 串的长度必须大于零

C. 串中元素只能是字母　　D. 空串就是空白串

7. 若目标串的长度为 n，模式串的长度为$\lceil n/3 \rceil$，则执行模式匹配算法时，在最坏情况下的时间复杂度是(　　)。

A. O(1)　　B. O(n)

C. $O(n^2)$　　D. $O(n^3)$

8. 一个非空广义表的表头(　　)。

A. 不可能是子表　　B. 只能是子表

C. 只能是原子　　D. 可以是子表或原子

9. 假设以带行表的三元组表表示稀疏矩阵，则和行表

0	2	3	3	5

对应的稀疏矩阵是(　　)。

A. $\begin{bmatrix} 0 & -8 & 0 & 6 \\ 7 & 0 & 0 & 0 \\ 0 & 0 & 0 & 0 \\ -5 & 0 & 4 & 0 \\ 0 & 0 & 0 & 0 \end{bmatrix}$ B. $\begin{bmatrix} 0 & -8 & 0 & 6 \\ 7 & 0 & 0 & 0 \\ -5 & 0 & 4 & 0 \\ 0 & 0 & 0 & 0 \\ 0 & 3 & 0 & 0 \end{bmatrix}$

C. $\begin{bmatrix} 0 & -8 & 0 & 6 \\ 0 & 0 & 0 & 0 \\ 0 & 2 & 0 & 0 \\ -5 & 0 & 4 & 0 \\ 0 & 0 & 0 & 0 \end{bmatrix}$ D. $\begin{bmatrix} 0 & -8 & 0 & 6 \\ 0 & 0 & 0 & 0 \\ 7 & 0 & 0 & 0 \\ -5 & 0 & 4 & 0 \\ 0 & 3 & 0 & 0 \end{bmatrix}$

10. 在一棵度为 3 的树中，度为 3 的结点个数为 2，度为 2 的结点个数为 1，则度为 0 的结点个数为(　　)。

A. 4　　B. 5

C. 6　　D. 7

11. 在含 n 个顶点和 e 条边的无向图的邻接矩阵中，零元素的个数为(　　)。

A. e　　B. 2e

C. n^2-e　　D. n^2-2e

12. 假设一个有 n 个顶点和 e 条弧的有向图用邻接表表示，则删除与某个顶点 Vi 相关的所有弧的时间复杂度是(　　)。

A. O(n)　　B. O(e)

C. O(n+e)　　D. O(n∗e)

13. 用某种排序方法对关键字序列(25,84,21,47,15,27,68,35,20)进行排序时，序列的变化情况如下：

20,15,21,25,47,27,68,35,84

15,20,21,25,35,27,47,68,84

15,20,21,25,27,35,47,68,84

则所采用的排序方法是(　　)。

A. 选择排序　　B. 希尔排序

C. 归并排序　　D. 快速排序

14. 适于对动态查找表进行高效率查找的组织结构是(　　)。

A. 有序表　　B. 分块有序表

C. 二叉排序树　　D. 线性链表

15. 不定长文件是指(　　)。

A. 文件的长度不固定　　B. 记录的长度不固定

C. 字段的长度不固定　　　　　　D. 关键字项的长度不固定

第二部分　非选择题(共 70 分)

二、填空题(本大题共 10 小题,每小题 2 分,若有两个空格,每个空格 1 分,共 20 分)不写解答过程,将正确的答案写在每小题的空格内。错填或不填均无分。

16. 数据的逻辑结构是从逻辑关系上描述数据,它与数据的________无关,是独立于计算机的。

17. 在一个带头结点的单向循环链表中,p 指向尾结点的直接前驱,则指向头结点的指针 head 可用 p 表示为 head=________。

18. 栈顶的位置是随着________操作而变化的。

19. 在串 S=“structure”中,以“t”为首字符的子串有________个。

20. 假设一个 9 阶的上三角矩阵 A 按列优先顺序压缩存储在一维数组 B 中,其中 B[0]存储矩阵中第 1 个元素 $a_{1,1}$,则 B[31]中存放的元素是________。

21. 已知一棵完全二叉树中共有 768 个结点,则该树中共有________个叶子结点。

22. 已知一个图的广度优先生成树如图Ⅳ.3 所示,则与此相应的广度优先遍历序列为________。

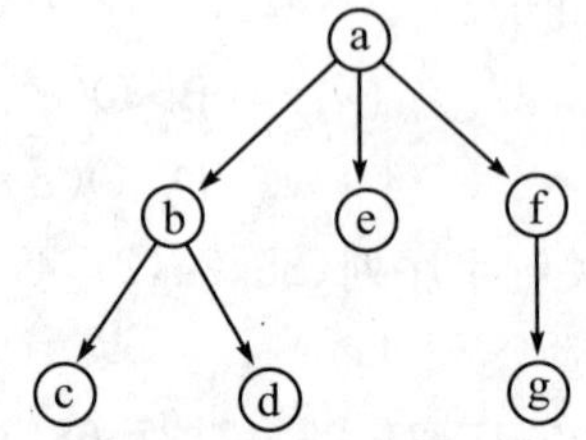

图Ⅳ.3

23. 在单链表上难以实现的排序方法有________和________。

24. 在有序表(12,24,36,48,60,72,84)中二分查找关键字 72 时,所需进行的关键字比较次数为________。

25. 多重表文件和倒排文件都归属于________文件。

三、解答题(本大题共 4 小题,每小题 5 分,共 20 分)

26. 画出广义表 P=(((z),(x,y)),((x,y),x)(2))的共享结构图形。

27. 请画出与如图Ⅳ.4 所示的二叉树对应的森林。

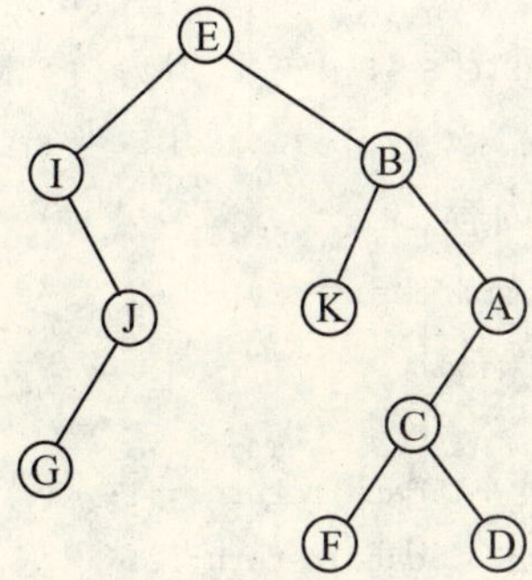

图Ⅳ.4

28. 已知一个无向图的顶点集为{a,b,c,d,e}，其邻接矩阵如下所示：

$$\begin{array}{c} a \\ b \\ c \\ d \\ e \end{array}\begin{bmatrix} 0 & 1 & 0 & 0 & 1 \\ 1 & 0 & 0 & 1 & 0 \\ 0 & 0 & 0 & 1 & 1 \\ 0 & 1 & 1 & 0 & 1 \\ 1 & 0 & 1 & 1 & 0 \end{bmatrix}$$

(1) 画出该图的图形；

(2) 根据邻接矩阵从顶点 a 出发进行深度优先遍历和广度优先遍历，写出相应的遍历序列。

29. 已知一个散列表如下所示：

0	1	2	3	4	5	6	7	8	9	10	11	12
		35		20			33		48			59

其散列函数为 h(key)＝key%13，处理冲突的方法为双重散列法，探查序列为：

$$h_i = (h(key) + i * hl(key))\%m \quad i=0,1,\cdots,m-1$$

其中

$$hl(key) = key\%11 + 1$$

回答下列问题：

(1) 对表中关键字 35、20、33 和 48 进行查找时，所需进行的比较次数各为多少？

(2) 该散列表在等概率查找时查找成功的平均查找长度为多少？

四、算法阅读题(本大题共 4 小题，每小题 5 分，共 20 分)

30. 下列算法的功能是比较两个链串的大小，其返回值为：

$$comstr(s_1, s_2)=\begin{cases} -1 & 当\ s_1<s_2 \\ 0 & 当\ s_1=s_2 \\ 1 & 当\ s_1>s_2 \end{cases}$$

请在空白处填入适当的内容。

```
int comstr(LinkString s1,LinkString s2)
{// s1 和 s2 为两个链串的头指针
    while(s1 && s2){
        if(s1->data<s2->data)return -1;
        if(s1->data>s2->data)return 1;
    ___(1)___;
    ___(2)___;
    }
    if(___(3)___)return -1;
    if(___(4)___)return 1;
    ___(5)___;
}
```

(1)

(2)

(3)

(4)

(5)

31. 阅读下面的算法：

```
LinkList mynote(LinkList L)
{// L 是不带头结点的单链表的头指针
    if(L && L->next){
        q=L;L=L->next;p=L;
        S1:  while(p->next)  p=p->next;
        S2:  p->next=q;q->next=NULL;
    }
    return L;
}
```

请回答下列问题：

(1) 说明语句 S1 的功能；

(2) 说明语句组 S2 的功能；

(3) 设链表表示的线性表为$(a_1, a_2, \cdots, a_n)$，写出算法执行后的返回值所表示的线性表。

32. 假设两个队列共享一个循环向量空间(图Ⅳ.5)，其类型 Queue2 定义如下：

```
typedef struct {
    DataType data [MaxSize];
    intfront [2],rear [2];
}Queue2;
```

对于 i=0 或 1,front[i]和 rear[i]分别为第 i 个队列的头指针和尾指针。请对以下算法填空,实现第 i 个队列的入队操作。

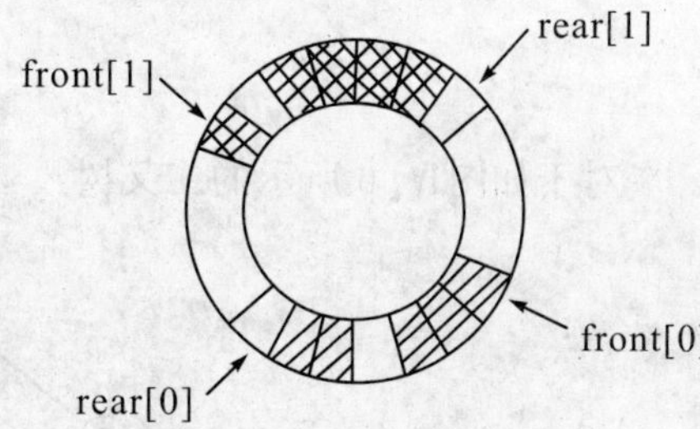

图Ⅳ.5

```
int EnQueue(Queue2 * Q,int i,DataTypex)
{//若第 i 个队列不满,则元素 x 入队列,并返回 1;否则返回 0
    if(i<0 || i>1)return0;
    if(Q->rear[i]==Q->front[ (1) ])return 0;
    Q->data[ (2) ]=x;
    Q->rear[i]= (3) ;
    return 1;
}
```

(1) ________

(2) ________

(3) ________

33. 已知二叉树的存储结构为二叉链表,阅读下面的算法：

```
Typedef struct node {
DataType data;
struct node * next;
  } ListNOde;
typedef ListNode * LinkList;
LinkList Leafhead=NULL;
vold lnorder(BinTree T)
{
    LinkList s;
    if(T) {
      Inorder(T->lchild);
    if((! T->lchild) && (! T->rchild)) {
            s=(ListNOde *)malloc (sizeof (ListNOde));
            s->data=T->dara;
            s->next=Leaf head;
            Leafhead=s;
```

```
        }
        Inorder(T->rehild);
        }
}
```

对于如图Ⅳ.6 所示的二叉树：

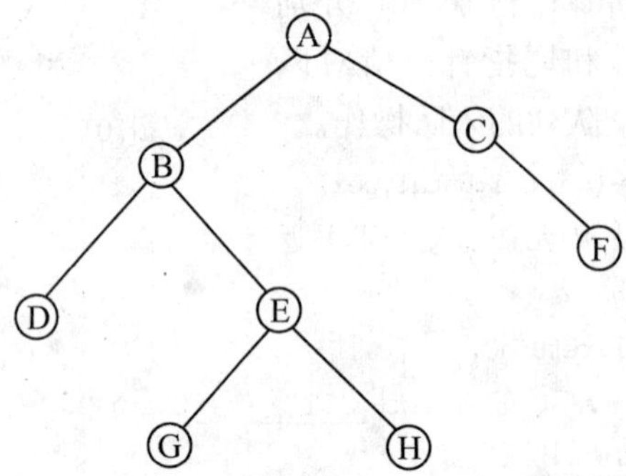

图Ⅳ.6

(1) 画出执行上述算法后所建立的结构；

(2) 说明该算法的功能。

五、算法设计题(本题共 10 分)

34. 阅读下列函数：

```
int arrange(int a [],int l,int h,int x)
{//l 和 h 分别为数据区的下界和上界
      int i, j, t;
      i=l; j=h;
      while(i<j) {
        while(i<j && a [j] >=x)j--;
        while(i<j && a [j] <x)i++;
        if(i<j)
        {t=a[j];a [j]=a [i];a[i]=t; }
      }
      if(a [i])<x)return i;
      else return i -1;
}
```

(1) 写出该函数的功能；

(2) 写一个调用上述函数实现下列功能的算法：对一整型数组 b[n]中的元素进行重新排列，将所有负数均调整到数组的低下标端，将所有正数均调整到数组的高下标端，若有零值，则置于两者之间，并返回数组中零元素的个数。

参考答案

一、单项选择题

1. D　2. B　3. C　4. B　5. D
6. A　7. C　8. D　9. A　10. C
11. D　12. C　13. D　14. C　15. B

二、填空题

16. 存储(或存储结构)
17. p－＞next－＞next
18. 进栈和退栈
19. 12
20. $a_{4,8}$
21. 384
22. abefcdg
23. 快速排序、堆排序、希尔排序(任选两个)
24. 2
25. 多关键字

三、解答题

26. 如图Ⅳ.7、图Ⅳ.8 所示。

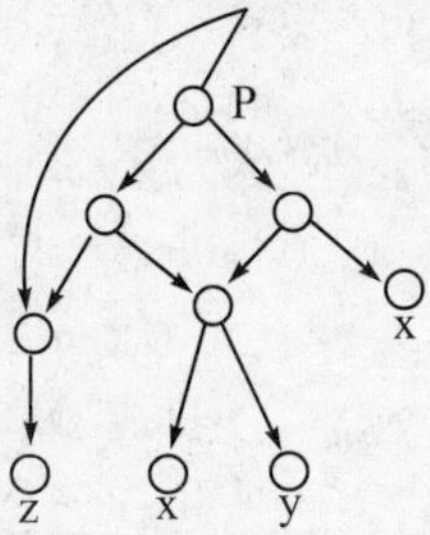

图Ⅳ.7

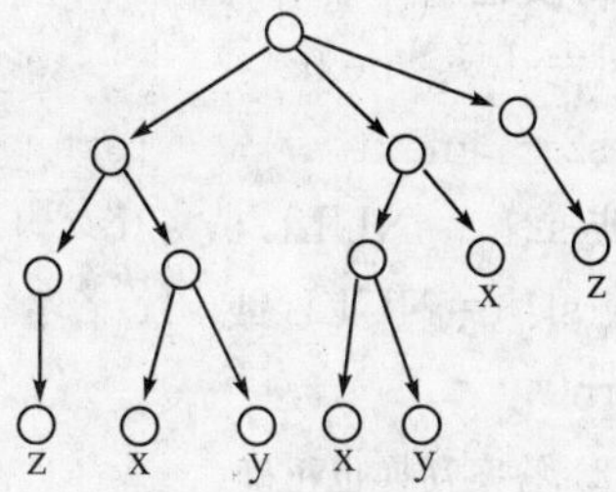

图Ⅳ.8

27. 如图Ⅳ.9 所示。

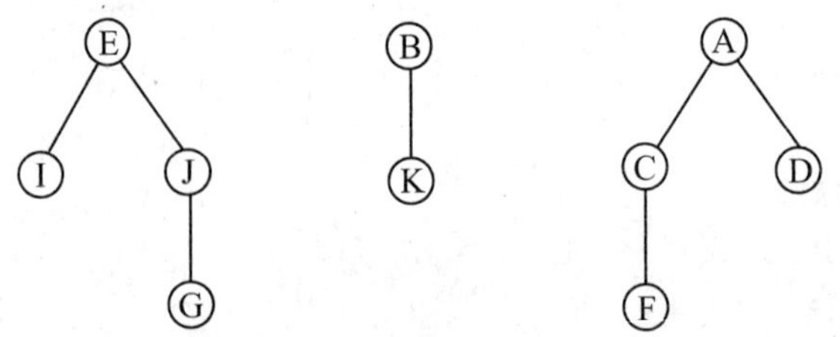

图Ⅳ.9

28.（1）如图Ⅳ.10所示。

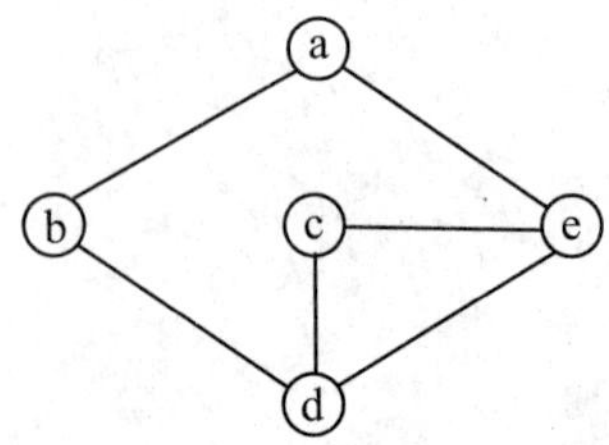

图Ⅳ.10

（2）深度优先遍历序列为：abdee。广度优先遍历序列为：abedc。

29.（1）对关键字35、20、33和48进行查找的比较次数分别为3、2、1、1。

（2）平均查找长度 $ASL=\frac{3+2+1+1+2}{5}=\frac{9}{5}$。

四、算法阅读题

30.（1）sl=sl－＞next

（2）s2=s2－＞next

（3）s2（或s2！=NULL或s2&&！si）

（4）si（或sl！=NULL或s1&&！s2）

（5）return0

注：（1）、（2）答案互换也正确。

31.（1）查询链表的尾结点。

（2）将第一个结点链接到链表的尾部，作为新的尾结点。

（3）返回的线性表为（$a_2,a_3,\cdots,a_n,a_1$）。

32.（1）（i+l）%2（或1－i）

（2）Q－＞rear[i]

（3）（Q－＞rear[i]+l）%MaxSize

33.（1）

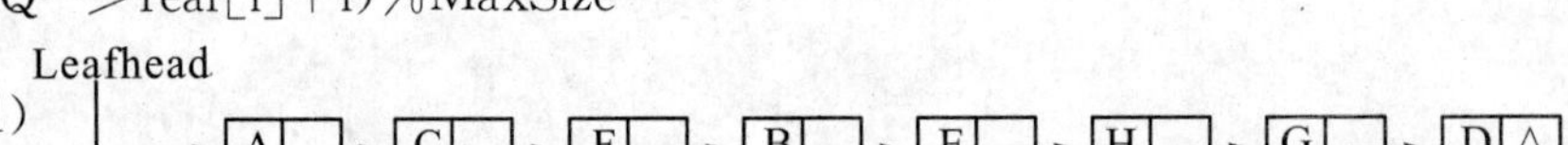

(2) 中序遍历二叉树，按遍历序列中叶子结点数据域的值构建一个以 Leafhead 为头指针的逆序单链表(或按二叉树中叶子结点数据自右至左链接成一个链表)。

五、算法设计题

34. (1) 该函数的功能是：调整整数数组 a[]中的元素并返回分界值 i，使所有＜x 的元素均落在 a[l..i]上，使所有≥x 的元素均落在 a[i+l..h]上。

(2)
```
int f (int b [],int n)
{
  int p,q;
  p=arrange(b,0,n-1,0);
  q=arrange(b,p+1,n-1,1);
  return q-p;
}
```

或者

```
int f(int b [],int n)
{
  int p,q;int p,q;
  p=arrange(b,0,n-1,1);
  q=arrange(b,0,p,0);
  return p-q;
}
```

2002 年下半年全国高等教育自学考试全国统一命题考试

一、单项选择题(本大题共 15 小题，每小题 2 分，共 30 分)在每小题列出的 4 个选项中只有一个是符合题目要求的，请将其代码填在题后的括号内。

1. 若结点的存储地址与其关键字之间存在某种映射关系，则称这种存储结构为(　　)。

A. 顺序存储结构　　B. 链式存储结构

C. 索引存储结构　　D. 散列存储结构

2. 在长度为 n 的顺序表的第 i(1≤i≤n+1)个位置上插入一个元素，元素的移动次数为(　　)。

A. n-i+l　　B. n-i　　C. i　　D. i-1

3. 对于只在表的首、尾两端进行插入操作的线性表，宜采用的存储结构为

(　　)。

A. 顺序表　　B. 用头指针表示的单循环链表

C. 用尾指针表示的单循环链表　　D. 单链表

4. 若进栈序列为 a,b,c,则通过入、出栈操作可能得到的 a,b,c 的不同排列个数为(　　)。

A. 4　　B. 5　　C. 6　　D. 7

5. 为查找某一特定单词在文本中出现的位置,可应用的串运算是(　　)。

A. 插入　　B. 删除

C. 串联接　　D. 子串定位

6. 已知函数 Sub(s,i,j)的功能是返回串 s 中从第 i 个字符起长度为 j 的子串,函数 Scopy(s,t)的功能为复制串 t 到 s。若字符串 S="SCIENCESTUDY",则调用函数 Scopy(P,Sub(S,1,7))后,得(　　)。

A. P="SCIENCE"　　B. P=－"STUDY"

C. S="SCIENCE"　　D. S="STUDY"

7. 三维数组 A[4][5][6]按行优先存储方法存储在内存中,若每个元素占 2 个存储单元,且数组中第一个元素的存储地址为 120,则元素 A[3][4][5]的存储地址为(　　)。

A. 356　　B. 358　　C. 360　　D. 362

8. 如图Ⅳ.11 所示广义表是一种(　　)。

A. 线性表　　B. 纯表

C. 结点共享表　　D. 递归表

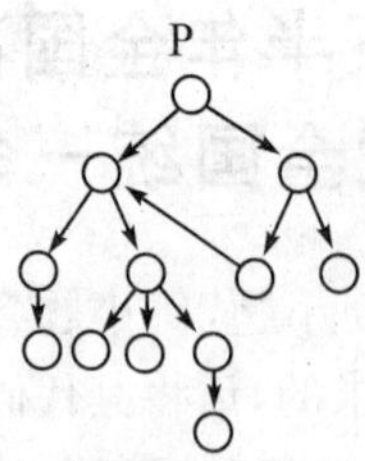

图Ⅳ.11

9. 下列陈述中正确的是(　　)。

A. 二叉树是度为 2 的有序树

B. 二叉树中结点只有一个孩子时无左右之分

C. 二叉树中必有度为 2 的结点

D. 二叉树中最多只有两棵子树,并且有左右之分

10. n 个顶点的有向完全图中含有有向边的数目最多为(　　)。

A. n－1　　　　B. n

C. n(n－1)/2　　　　D. n(n－1)

11. 已知一个有向图如图Ⅳ.12 所示，则从顶点 a 出发进行深度优先遍历，不可能得到的 DFS 序列为(　　)。

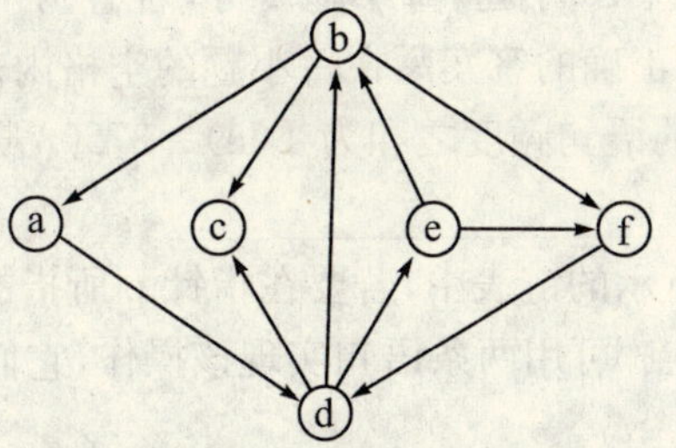

图Ⅳ.12

A. adbefc　　　　B. adcefb

C. adcbfe　　　　D. adefcb

12. 在最好和最坏情况下时间复杂度均为 O(nlogn)且稳定的排序方法是(　　)。

A. 快速排序　　　　B. 堆排序

C. 归并排序　　　　D. 基数排序

13. 不可能生成如图Ⅳ.13 所示的二叉排序树的关键字序列是(　　)。

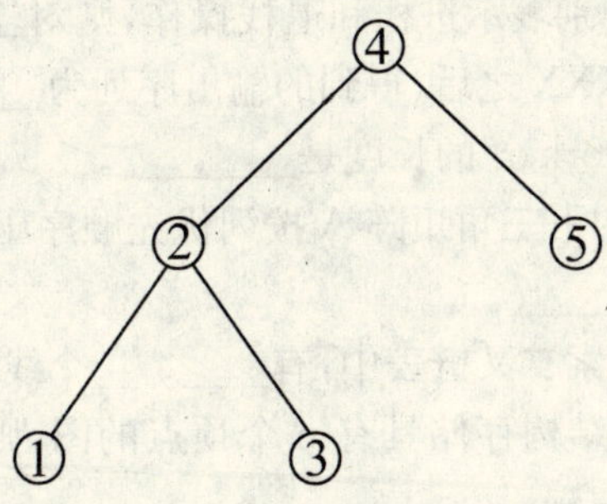

图Ⅳ.13

A. 4 5 3 1 2　　　　B. 4 2 5 3 1

C. 4 5 2 1 3　　　　D. 4 2 3 1 5

14. AVL 树是一种平衡的二叉排序树，树中任一结点的(　　)。

A. 左、右子树的高度均相同

B. 左、右子树高度差的绝对值不超过 1

C. 左子树的高度均大于右子树的高度

D. 左子树的高度均小于右子树的高度

15. 在 VSAM 文件的控制区间中，记录的存储方式为(　　)。

A. 无序顺序　　B. 有序顺序

C. 无序链接　　D. 有序链接

二、填空题(本大题共 10 小题，每小题 2 分，若有两个空格，每个空格 1 分，共 20 分)不写解答过程，将正确的答案写在每小题的空格内。错填或不填均无分。

16. 若一个算法中的语句频度之和为 T(n)＝3720n＋4nlogn，则算法的时间复杂度为＿＿＿＿＿＿＿＿＿＿＿＿＿＿＿＿。

17. 在如图Ⅳ.14 所示的链表中，若要在指针 p 所指的结点之后插入数据域值相继为 a 和 b 的两个结点，可用两条语句实现该操作，它们依次是＿＿＿＿＿＿＿＿＿＿＿＿＿＿和＿＿＿＿＿＿＿＿＿＿＿＿。

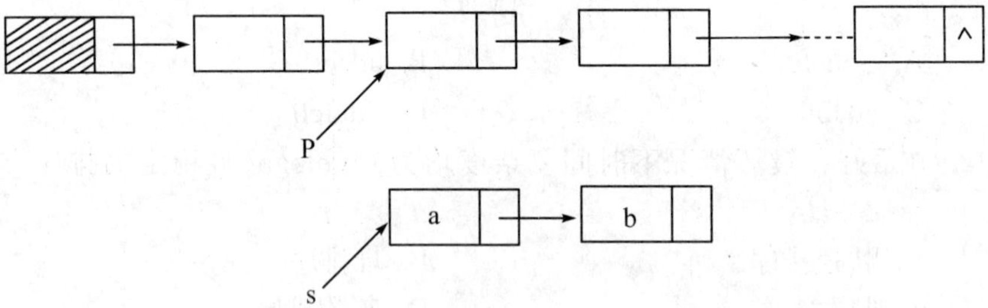

图Ⅳ.14

18. 假设以 S 和 X 分别表示进栈和退栈操作，则对输入序列 a,b,c,d,e,进行一系列栈操作 SSXSXSSXXX 之后，得到的输出序列为＿＿＿＿＿＿。

19. 串 S＝“I am a worker”的长度是＿＿＿＿＿＿。

20. 假设一个 10 阶的下三角矩阵 A 按列优先顺序压缩存储在一维数组 C 中，则 C 数组的大小应为＿＿＿＿＿＿。

21. 在 n 个结点的线索二叉链表中，有＿＿＿＿＿＿个线索指针。

22. 若采用邻接矩阵结构存储具有 n 个顶点的图，则对该图进行广度优先遍历的算法时间复杂度为＿＿＿＿＿＿。

23. 对关键字序列(52,80,63,44,48,91)进行一趟快速排序之后得到的结果为＿＿＿＿＿＿＿＿＿＿＿＿＿＿＿＿＿＿＿＿。

24. 由 10000 个结点构成的二叉排序树，在等概率查找的假设下，查找成功时的平均查找长度的最大值可能达到＿＿＿＿＿＿＿＿＿＿＿＿＿＿＿＿。

25. 若要找出所有工资低于 1500 元、职称是副教授，及所有工资低于 2000 元、职称是教授的记录，查询条件是＿＿＿＿＿＿＿＿＿＿＿＿＿＿＿＿＿＿。

三、解答题(本大题共 4 小题,每小题 5 分,共 20 分)

26. 已知一个 6 行 5 列的稀疏矩阵中非零元素的值分别为:-90,41,-76,28,-54,65 和-8,它们在矩阵中的列号依次为:1,4,5,1,2,4 和 5。当以带行表的三元组表作存储结构时,其行表 RowTab 中的值依次为 0,0,2,2,3 和 5。请写出该稀疏矩阵(矩阵元素的行、列下标均从 1 开始)。

27. 已知树 T 的先序遍历序列为 ABCDEFGHIJKL,后序遍历序列为 CBEFDJIKLHGA。请画出树 T。

28. 对关键字序列(72,87,61,23,94,16,05,58)进行堆排序,使之按关键字递减次序排列。请写出排序过程中得到的初始堆和前三趟的序列状态。

初始堆:____________________

第 1 趟:____________________

第 2 趟:____________________

第 3 趟:____________________

29. 在关键字序列(07,12,15,18,27,32,41,92)中用二分查找法查找和给定值 92 相等的关键字,请写出查找过程中依次和给定值 92 比较的关键字。

四、算法阅读题(本大题共 4 小题,每小题 5 分,共 20 分)

30. 以下函数中,h 是带头结点的双向循环链表的头指针。

(1) 说明程序的功能;

(2) 当链表中结点数分别为 1 和 6(不包括头结点)时,请写出程序中 while 循环体的执行次数。

```
int f (DListNode * h)
{
  DListNode * p, * q;
  int j=1;
  p=h->next;
  q=h->prior;
  while(p! =q && p->prior! =q && j)
  if(p->data==q->data)
  {
  p=p->next;
  q=q->prior;
  }
  else j=0;
  return j;
}
```

31. 设栈 S=(1,2,3,4,5,6,7),其中 7 为栈顶元素。请写出调用 algo(&5)后

栈 S 的状态。

```
void algo (Stack * S)
{
  int i=0;
  Queue Q;Stack T;
  InitQueue(&Q);InitStack(&T);
  while(! StackEmpty(S))
  {
    if((i=! i)! =0)Push(&T,Pop(&S));
    elseEnQueue(&Q,Pop(&S));
  }
  while(! QueueEmpty(Q))
    Push(&S,DeQueue(&Q));
  While(! StackEmpty(T));
  Push(&S,Pop(&T));
}
```

32. 已知带权图的邻接矩阵表示和邻接表表示的形式说明分别如下：

```
# define MaxNum 50 //图的最大顶点数
# define INFINITY INT_MAX //INT_MAX 为最大整数,表示∞
typedef struct {
  char vexs [MaxNum]; //字符顶点表
  int edges [MaxNum][MaxNum]; //权值为整型的邻接矩阵
  int n,e; //图中当前的顶点数和边数
} MGraph; //邻接矩阵结构描述
typedef struct node {
  int adjvex; //邻接点域
  int weight; //边的权值
  struct node * next; //顶点域
} EdgeNode; //边表头指针
typedef struct {
  char vertex; //顶点域
  EdgeNode * firstedge; //边表头指针
} VertexMode; //顶点表结点结构描述
typedef struct {
  VertexNode adjlist [MaxNum]; //邻接点表
  intn,e; //图中当前的顶点数和边数
} ALGraph; //邻接表结构描述
```

下列算法是根据一个带权图的邻接矩阵存储结构G1建立该图的邻接表存储结构G2,请填入合适的内容,使其成为一个完整的算法。

```
void convertM (MGraph * G1,ALGraph * G2)
{
  int i,j;
  EdgeNode * p;
  G2->n=G1->n;
  G2->e=G1->e;
  for (i=0,i<G1->n;i++)
  {
    G2->adjlist [i].vertex=G1->vexs [i];
    G2->adjlist [i].firstedge= ___(1)___ ;
  }
  for (i=0;i<G1->n;i++)
    for (j=0;j<G1->n;j++)
      if(G1->edges[i] [j]<INFINITY)
      {
        p=(EdgeNode * )malloc (sizeof (EdgeNode));
        p->weight= ___(2)___ ;
        p->adjvex=j;
        p->next=G2->adjlst[i].fstedge;
        ___(3)___ ;
      }
}
```

33. 阅读下列算法,并回答下列问题:

(1) 该算法采用何种策略进行排序?

(2) 算法中R[n+1]的作用是什么?

```
typedef struct {
   KeyType key;
   infoType otherinfo;
} nodeType;
typedef nodeType SqList [MAXLEN];
void sort(SqList R,int n)
{
   //n/小于 MAXLEN-1
   int k,i;
   for(k=n-1;k>=1;k--)
```

```
        if(R [k] .key>R [k+1] .key)
        {
          R [n+1] =R [k];
          for(i=k+1;R [i] .key<R [n+1] .key;i++)
            R [i-1] =R [i];
          R [i-1] =R [n+1];
          }
  }
```

五、算法设计题(本题共 10 分)

34. 假设二叉树 T 采用如下定义的存储结构：

```
typedef structn ode {
      DataType data;
      struct node * lehild, * rchild, * parent;
} PBinTree;
```

其中,结点的 lchild 域和 rchild 域已分别填有指向其左、右孩子结点的指针，而 parent 域中的值为空指针(拟作为指向双亲结点的指针域)。请编写一个递归算法,将该存储结构中各结点的 parent 域的值修改成指向其双亲结点的指针。

参考答案

一、单项选择题

1. D	2. A	3. C	4. B	5. D
6. A	7. B	8. C	9. D	10. D
11. A	12. C	13. A	14. B	15. B

二、填空题

16. O(nlogn)

17. s->next->next=p->next;

    p->next=s;

18. b,c,e,d,a

19. 13

20. 55

21. n+1

22. $O(n^2)$

23. (48,44,52,63,80,91)

24. $\frac{10001}{2}$(或 5000.5)

25. (职称＝“副教授”)and(工资＜1500)or(职称＝“教授”)and(工资＜2000)
(说明:符合布尔运算交换律的其他答案均为正确。)

三、解答题

26.

$$\begin{bmatrix} 0 & 0 & 0 & 0 & 0 \\ -90 & 0 & 0 & 41 & 0 \\ 0 & 0 & 0 & 0 & 0 \\ 0 & 0 & 0 & 0 & -76 \\ 28 & -54 & 0 & 0 & 0 \\ 0 & 0 & 0 & 65 & -8 \end{bmatrix}$$

27. 树 T 如图Ⅳ.15 所示。

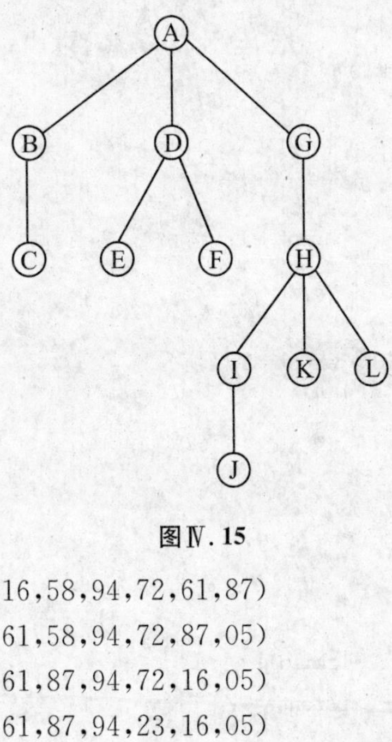

图Ⅳ.15

28. 初始堆:(05,23,16,58,94,72,61,87)
    第一趟:(16,23,61,58,94,72,87,05)
    第二趟:(23,58,61,87,94,72,16,05)
    第三趟:(58,72,61,87,94,23,16,05)

29. 18,32,41,92

四、算法阅读题

30. (1) 判断该链表是否对称。
    (2) 结点数为 1 时,执行 0 次;结点数为 6 时,执行 3 次。

31. s＝(6,4,2,1,3,5,7)

32. (1) NULL
    (2) Gl－＞edges[i][j]

(3) G2－＞adjlist[i]. firstedge＝p

33.(1) 插入排序。

(2) 作为监视哨(或哨兵)。

五、算法设计题

34. 参考答案之一：

```
void SetParent(PBinTree T,PBinTree p){// p的初始值为NULL
  if(T){
      T－＞parent＝p;
      SetParent(T－＞lchild,T);
      SetParent(T－＞rchild,T);
  }
}
```

参考答案之二：

```
void SetParent(PBinTree T){
  if(T){
    SetParent(T－＞lchild);
    if(T－＞lchild)
          T－＞lchild－＞parent＝T;
    SetParent(t－＞rchild);
    if(T－＞rchild)
          T－＞rchild－＞parent＝T;
  }
}
```

参考答案之三：

```
void SetParent(PBinTree T){
  if(T){
    if(T－＞lchild){
          SetParent(T－＞lchild);
          T－＞lchild－＞parent＝T;
    }
    if(T－＞rchild){
          SetParent(t－＞rchild);
          T－＞rchild－＞parent＝T;
    }
  }
}
```

(说明：本题的算法与遍历的次序无关，其他类似解答酌情给分。)

参考文献

[1] 苏仕华.C++程序设计实用教程[M].北京:清华大学出版社,2006.

[2] 苏仕华.数据结构课程设计[M].北京:机械工业出版社,2005.

[3] 苏仕华.数据结构与算法解析[M].合肥:中国科学技术大学出版社,2007.

[4] 黄刘生.数据结构:自考独立本科段[M].北京:经济科学出版社,2000.

[5] 苏仕华.数据结构自学辅导[M].北京:清华大学出版社,2002.

[6] 严蔚敏,吴伟民.数据结构:C语言版[M].北京:清华大学出版社,1997.

[7] CLIFFORD A SHAFFER.数据结构与算法分析[M].张铭,刘小丹,译.北京:电子工业出版社,2001.

[8] 殷新春,等.数据结构学习与解题指南[M].武汉:华中科技大学出版社,2001.

[9] 李春葆.数据结构习题与解析[M].北京:清华大学出版社,1999.

[10] 刘大有,等.数据结构[M].北京:高等教育出版社,2001.

[11] 唐策善,黄刘生.数据结构[M].合肥:中国科学技术大学出版社,1992.